U0262582

国家高性能计算环境发展报告
(2002—2017 年)

迟学斌 等 编著

科学出版社

北 京

内 容 简 介

　　高性能计算水平体现一个国家的科技综合实力，是国家创新体系的重要组成部分，是发达国家争夺的战略制高点。本书全面阐述国家高性能计算环境(中国国家网格)，共分4篇。综述篇重点介绍发展历程与国际类似环境；计算资源与技术篇详细介绍超级计算基础设施和核心技术；应用与成果篇介绍4个应用社区和100个典型应用成果案例以及入围戈登·贝尔奖的5个应用；评价与展望篇介绍我国首次提出的高性能计算环境发展水平综合评价指标体系并进行综合评价，对未来发展提出设想。

　　本书可作为从事高性能计算行业的科研工作者与管理人员的参考资料，也可作为高等院校并行计算专业的本科生或研究生的选修教材，也能为关注高性能计算发展的各界人士提供有益的参考。

图书在版编目（CIP）数据

国家高性能计算环境发展报告(2002—2017年)/迟学斌等编著. —北京：科学出版社，2018.12
　　ISBN 978-7-03-060345-6

　　Ⅰ.①国…　Ⅱ.①迟…　Ⅲ.①高性能计算机-研究报告-中国-2002—2017　Ⅳ.①TP38

中国版本图书馆CIP数据核字（2018）第299274号

责任编辑：余　丁 / 责任校对：张凤琴
责任印制：师艳茹 / 封面设计：蓝　正

科 学 出 版 社　出版
北京东黄城根北街16号
邮政编码：100717
http://www.sciencep.com

北京通州皇家印刷厂 印刷
科学出版社发行　各地新华书店经销

*

2018年12月第 一 版　开本：720×1000　1/16
2018年12月第一次印刷　印张：22 3/4
字数：427 000
定价：148.00元
(如有印装质量问题，我社负责调换)

专家委员会

(按姓氏拼音首字母顺序)

主　任

钱德沛　北京航空航天大学教授、国家重点研发计划"高性能计算"重点专
项总体组组长

副主任

桂文庄　研究员，曾任中国科学院高技术研究与发展局局长

廖方宇　中国科学院计算机网络信息中心主任、研究员

委　员

陈明奇　中国科学院网络安全和信息化领导小组办公室副主任

冯圣中　中国科学院深圳先进技术研究院研究员

郭兆电　中国航空工业集团公司第一飞机设计研究院副总设计师、研究员

金　钟　中国科学院计算机网络信息中心研究员

卢宇彤　中山大学国家超级计算广州中心主任、教授

陆忠华　中国科学院计算机网络信息中心副总工程师、研究员

谢向辉　国家并行计算机工程技术研究中心研究员

杨广文　国家超级计算无锡中心主任、清华大学教授

于坤千　中国科学院上海药物研究所研究员

张林波　中国科学院数学与系统科学研究院科学与工程计算国家重点实验室
主任、研究员

《高性能计算环境发展水平评价体系》顾问名单

(按姓氏拼音首字母顺序)

陈明奇　中国科学院网络安全和信息化领导小组办公室副主任
董小社　西安交通大学教授
杜云飞　中山大学国家超级计算广州中心总工程师、教授
冯圣中　中国科学院深圳先进技术研究院研究员
高　亮　中国科学院国家天文台研究员
金　海　华中科技大学教授
李根国　上海超级计算中心副主任
李　京　中国科学技术大学教授
李　隽　清华大学教授
李肯立　湖南大学国家超级计算长沙中心主任、教授
刘晓东　中国科学院计算机网络信息中心信息化评估主管
卢宇彤　中山大学国家超级计算广州中心主任、教授
陆忠华　中国科学院计算机网络信息中心副总工程师、研究员
栾钟治　北京航空航天大学副教授
罗红兵　北京应用物理与计算数学研究所研究员
王　斌　中国科学院大气物理研究所研究员、清华大学教授
王卓立　香港大学教授
魏宇杰　中国科学院力学研究所副所长、研究员
肖海力　中国科学院计算机网络信息中心研究员
肖景发　中国科学院北京基因组研究所研究员
杨广文　国家超级计算无锡中心主任、清华大学教授
张林波　中国科学院数学与系统科学研究院科学与工程计算国家重点实验室
　　　　主任、研究员
张云泉　国家超级计算济南中心主任、中国科学院计算技术研究所研究员
者建武　甘肃省计算中心主任
朱维良　中国科学院上海药物研究所研究员

编写委员会

(按姓氏拼音首字母顺序)

主　任

迟学斌　中国科学院计算机网络信息中心副主任、研究员

副主任

刘利萍　中国科学院计算机网络信息中心高级工程师

王彦棡　中国科学院计算机网络信息中心研究员

统　稿

刘利萍　中国科学院计算机网络信息中心高级工程师

孔丽华　《科研信息化技术与应用》《中国科学数据》期刊编辑部主任

王小宁　中国科学院计算机网络信息中心副研究员

委　员

邓笋根　中国科学院计算机网络信息中心高级工程师

杜云飞　中山大学国家超级计算广州中心总工程师、教授

房俊明　中国科学院成都文献情报中心研究员

付昊桓　清华大学副教授

郭　猛　国家超级计算济南中心工程师

胡永宏　中央财经大学教授

菅晓东　国家超级计算天津中心高级工程师

金能智　甘肃省计算中心副研究员

冷　灿　湖南大学国家超级计算长沙中心工程师

李会民　中国科学技术大学高级工程师

李根国　上海超级计算中心副主任

栾钟治　北京航空航天大学副教授

刘　倩　中国科学院计算机网络信息中心副研究员

刘国罡　国家超级计算深圳中心工程师

卢莎莎　中国科学院计算机网络信息中心工程师

孙　贺　吉林省计算中心高级工程师

钱　芳　国家超级计算无锡中心工程师

秦　晨　中央财经大学在读硕士研究生

王　洋　吉林省计算中心工程师

王小宁　中国科学院计算机网络信息中心副研究员

王一超　上海交通大学工程师

肖海力　中国科学院计算机网络信息中心研究员

张　鉴　　中国科学院计算机网络信息中心研究员
张武生　　清华大学副教授
朱正东　　西安交通大学研究员
赵一宁　　中国科学院计算机网络信息中心助理研究员
数据采集
柴芳姣　　中国科学院计算机网络信息中心工程师
邓笋根　　中国科学院计算机网络信息中心高级工程师
冯景华　　国家超级计算天津中心高级工程师
和　荣　　中国科学院计算机网络信息中心工程师
寇大治　　上海超级计算中心高级工程师
刘　芳　　中国科学院计算机网络信息中心副研究员
牛　铁　　中国科学院计算机网络信息中心高级工程师
陈　健　　北京并行科技股份有限公司总经理
杜云飞　　中山大学国家超级计算广州中心总工程师、教授
龚　斌　　山东大学教授
郭　猛　　国家超级计算济南中心工程师
金能智　　甘肃省计算中心副研究员
冷　灿　　湖南大学国家超级计算长沙中心工程师
李根国　　上海超级计算中心副主任
李会民　　中国科学技术大学高级工程师
林　皎　　清华大学工程师
刘　军　　浪潮集团有限公司 AI 与高性能产品部总经理
刘利萍　　中国科学院计算机网络信息中心高级工程师
罗红兵　　北京应用物理与计算数学研究所研究员
王多强　　华中科技大学副教授
王彦棡　　中国科学院计算机网络信息中心研究员
王　洋　　吉林省计算中心工程师
韦建文　　上海交通大学工程师
魏彦杰　　中国科学院深圳先进技术研究院副研究员
邬　鸿　　国家超级计算深圳中心工程师
袁　良　　中国科学院计算技术研究所助理研究员
张　健　　国家超级计算天津中心工程师
张武生　　清华大学副教授
张兆瑞　　香港大学在读博士生
赵　毅　　中国科学院计算机网络信息中心高级工程师
赵芸卿　　中国科学院计算机网络信息中心工程师
朱正东　　西安交通大学研究员

序 言 一

　　计算模拟是继理论分析、实验观察之后人类研究客观世界的第三种手段。自世界上第一台计算机问世以来，计算在科学研究、经济建设、社会发展中起着不可替代的作用。以超级计算机的发展和应用为代表的高性能计算更是人类解决能源、材料、环境、健康等方面所面临的重大挑战性问题的利器，其基础性、前沿性、前瞻性的特点决定了它是世界主要发达国家激烈竞争的战略制高点。

　　中国高性能计算的发展得到了国家科技计划的持续支持。863 计划在高性能计算方面的支持可以追溯到 20 世纪 90 年代初。在充分分析国内的需求和世界技术走向的基础上，863 计划智能计算机主题果断地将研究重点从智能计算机转向并行计算机，也即高性能计算机。这一战略转变的成果是诞生了曙光系列高性能计算机，也催生了曙光公司这样致力于科研成果产业化的高技术企业。20 世纪 90 年代中后期，为了更好地推动高性能计算应用，促进资源共享和协同工作，863 计划又将研究重点从单台高性能计算机转向基于互联网的国家级高性能计算环境。从 1998 年起，863 计划连续实施了一个重大课题和三个重大专项，不仅使我国超级计算机的性能从 10 亿次级发展到 10 亿亿次级，而且建立了我国高性能计算的基础设施，研发了一批领域和行业的高性能计算应用，使我国高性能计算领域从跟踪走向领先，实现了伟大的历史性转变。

　　今天，我们又站在一个新的历史转折点。中国和世界发达国家之间曾经的合作共赢关系正在悄悄发生变化，高强度的竞争可能成为未来一段时间的主旋律。依托自主可控技术发展我的高性能计算机，构建基于自主技术的高性能计算应用生态环境，切实拓展超级计算机的应用面，提高应用水平，使高性能计算在创新型国家建设过程中发挥更大的作用，这是新的历史时期提出的新的挑战。温故知新，只有认真回顾历史，总结经验，才能更好地面向未来。这是该书的目的。

　　该书全面介绍了我国国家高性能计算环境即中国国家网格的发展历程。像一个孩子成长一样，国家高性能计算环境经历了孕育、诞生、成长到基本成熟的过程，历时 20 年之久。今天，初具规模的国家高性能计算环境汇聚了我国最重要的计算资源，由 19 个高性能计算结点组成，整合了这些结点的计算能力和软件资源，聚合的优质计算资源超过 200PFlops，居世界同类环境的领先地位，这是我国高性能计算领域几代科技工作者辛勤耕耘的丰硕成果。特别值得欣慰的是，高性能计算已经从少数科学家关心的阳春白雪式技术和工具，变成渗透到我国经济和社会发展方方面面的基础性技术。该书汇编了我国 100 个典型的高性能计算应用成果案例,并从作业规模和应用领域两个维度对这些案例做了分析,这在国内尚属首次。学习这些案例,既有助于读者了解昔日曲高和寡的高性能计算如何飞入寻常百姓家,也能启发读者在自身领域开拓新的应用。

国家高性能计算环境的研发正在催生我国的计算服务业,要把计算力的供应变成像水和电一样的社会基础设施性服务,必须不断探索计算环境的运营新模式和运行新机制,走出中国高性能计算服务业的新路。该书开创性地建立了国家高性能计算环境发展水平综合评价指标体系,用于对国家高性能计算环境及高性能计算应用进行综合评价,力求为国家相关部门在科研布局、基础设施建设和应用规划方面的决策提供参考和科学依据。该项工作要坚持做下去,通过长期跟踪与评价,必将对我国高性能计算技术的进步和计算服务业的发展产生深远的影响。

"雄关漫道真如铁,而今迈步从头越"。过去 20 年,中国高性能计算走了一条超常发展的道路,我们在 20 年里走完了别人 30 年甚至 40 年所走过的路。但是我们也要清醒地看到,这只是万里长征第一步。与欧美发达国家相比,我们在基础研究的深度与广度、核心关键技术的自主可控、应用的普及程度以及高素质人才的数量上仍然存在很大的差距,构建自主可控的高性能计算环境任重道远。我们必须以只争朝夕的精神,虚心学习世界上一切先进的技术,努力发展中国自己的核心技术,探索有中国特色的高性能计算可持续发展道路,让高性能计算为更多的行业和领域服务,真正造福于人民大众。

钱德沛

北京航空航天大学教授,国家重点研发计划"高性能计算"重点专项总体组组长

2018 年 12 月于北京

序 言 二

作为曾经在中国科学院超级计算领域奋战过的一名老兵，收到该书的书稿，读后十分感慨。我国超级计算发展的情景历历在目：我国从事超级计算研究的同行们，在 863 计划的支持下，经过不懈努力和奋斗，克服了无数困难，终于收获了今日的辉煌。我国的高性能计算领域已经跻身世界前列，作为现代社会重要科技基础设施的高性能计算环境已经为我国科技发展、经济建设和国防建设发挥了不可取代的重要作用。

回顾 30 多年前，我国超级计算在相当落后的条件下起步。1981 年我赴美留学，看到美国先进的计算机设备，实验室里就可以用到每秒百万次运算能力的工作站，通过网络就可以使用远端的亿次超级计算机，我国的访问学者很多人都在用。1985 年我回到中国科学院计算中心，我们只有两台每秒 100 万次的计算机 IBM4341 和 IBM4331 供研究使用，中国科学院研制的每秒 200 万次的计算机 013 是一台单用户机，专为特定用户使用。

很快，个人电脑兴起，国外的计算机涌入我国，我国自主研制计算机基本停滞了。但是国外卖给我们的计算机的性能受到严格限制，高端产品不卖给我们。我们都还记得，我国为石油物探引进的计算机仅有每秒数百万次运算能力，合同中规定机器要放在隔离的房间，中国人不许入内操作，真是难忘的耻辱！

1987 年，原中国科学院计算中心主任、我国计算数学泰斗冯康先生发表文章《科学计算是科学的第三手段》，明确提出"科学计算"是科学研究的基本手段，是继"科学实验""理论分析"之后的"第三手段"。他和著名的应用物理与计算数学的先驱周毓麟院士一同向时任国务院总理李鹏同志汇报了加强科学工程计算的建议。

1988 年，国家批准中国科学院牵头利用世界银行贷款项目建设"中关村教育与科研示范网(NCFC)"，同时在中国科学院计算中心建设"科学与工程计算国家重点实验室"，需要引进一台高端计算机，但是因为禁运限制，拖了许多年。我当时配合冯康先生负责实验室的建设，经过考察，鉴于出口限制，我们只能引进一批当时性能较高的工作站(每秒数百万次)。直到 1996 年，我们才引进了 SGI 的 Power Challenge XL 计算机(6GFlops/16CPU/2GB 内存/150GB 硬盘)。而当时国外的高端计算机运算速度已经达到每秒几百亿次。

直到 21 世纪初，在 863 计划的支持下，我国高性能计算机的研制取得了重大进展。与此同时,中国科学院设立了信息化建设专项,大幅度加强了对科研信息化基础设施建设的支持。2000 年中国科学院超算中心装备了 863 计划支持研制的"曙光 2000"(200GFlops),2004 年装备了 863 计划支持研制的"深腾 6800"(4TFlops),2009 年装备了"深腾 7000"(100TFlops),目前装备的是千万亿次超级计算机"元"。虽然由于中国科学院的规划问题,目前超算中心装备的不是国内最强大的超级计算机,但是从它的发展历程看,仍然体现了我国超级计算机的重大进步,对促进中国科学院乃至全国科学计算的发展起到了重要支撑作用。

中国科学院于 20 世纪 90 年代初成立科学与工程计算国家重点实验室,1994 年改组原中国科学院计算中心,成立计算数学研究所(现归属中国科学院数学与系统科学研究院),1996 年在中国科学院计算机网络信息中心建立中国科学院超级计算中心,都表明中国科学院把科学计算作为一个重要的学科方向。

2000 年之后,中国科学院在知识创新工程中设立了信息化建设专项,明确了信息化包括科研活动信息化和科研管理信息化两部分。科研信息化对科学技术发展具有革命性影响,科研活动信息化的水平是国家核心竞争力和科学技术水平的重要标志之一;大型科学计算水平是提高我国科研能力的关键之一,是我国科研走向世界一流的重要条件;超级计算和科学数据库作为科研信息化基础设施起着关键作用,在信息化建设规划中对其进行了全面部署和长期支持。对于中国科学院信息化建设,863 计划高性能计算专项起到了重要支持作用。

中国科学院一直高度重视高性能计算,配合国家科技计划并且紧密结合自身科研应用的需要,做了许多工作:

① 20 世纪 90 年代,配合 863 计划,依托中国科学院计算技术研究所建设了国家智能计算机研究开发中心,开始了高性能计算机"曙光一号"的研制。这对后来曙光系列高性能计算机的发展和产业化,以及曙光公司的诞生和发展起到了关键作用。目前曙光公司已成为我国高性能计算机领域的领军公司。

② 从 21 世纪初开始,配合 863 计划和国家重大专项,持续支持了龙芯 CPU 的研制和发展,龙芯已成为我国目前主要国产 CPU 种类之一,得到重要应用。

③ 结合学科重要应用,支持研制了结合计算生物学、气候变化、过程工程多尺度计算等方面的高性能计算机及其应用软件。这在一定程度上配合了 863 计划的前期预研工作。

④ 在国内最早支持研制高性能 GPU 计算机,促进了 GPU 在我国科学计算领域的应用,对后来我国发展起来的 CPU+GPU 异构超级计算机有一定推动和借鉴作用。

⑤ 支持 863 计划在中国科学院计算机网络与信息中心建立了中国国家网格

主结点和运行中心，配合建立超级计算创新联盟，推动我国超级计算的产学研用全生态链可持续发展。

⑥ 把超级计算作为科研信息化建设的主要内容之一，在中国科学院信息化规划专项中给予持续重点支持。一是支持中国科学院超级计算中心的运行环境建设，包括硬件购置(主要来源于 863 计划的研制项目)、网格环境和后来的超级云计算环境建设；二是支持超级计算的基础并行软件和算法的研发；三是支持大型科学计算在各科学领域的应用算法及软件的研发，大力推动各学科领域的 e-Science 应用。

该书收集了大量翔实的资料，全面、客观、真实地反映了我国高性能计算环境发展的整体概况，同时开创性地建立了国家高性能计算环境发展水平综合评价指标体系，对国家高性能计算环境及超级计算应用进行综合评价，是第一部反映我国高性能计算环境发展的综合性报告。

该书牵头作者迟学斌研究员是冯康先生 1986 年招收的博士生，是中国首批毕业的并行计算方向博士研究生。1989 年博士毕业以后，他就留在中国科学院计算中心从事超级计算技术与应用方面的研发，30 余年一直致力于发展我国超级计算技术与应用。我有幸作为他的第二博士生导师，看着他从当初编写第一行并行程序代码的年轻学子，成长为中国科学院超级计算技术研发的学科带头人和国家863 计划"高效能计算机及应用服务环境"重大项目总体专家组成员。现在他是中国科学院计算机网络信息中心副主任、中国国家网格运行管理中心主任、中国计算机学会高性能计算专业委员会副主任。他直接主持了国家高性能计算环境的建设和发展工作，亲身经历了 30 多年来我国高性能计算环境建设的全部过程，由他来牵头完成该书是非常合适的。

我很乐意推荐该书，相信读者能从该书获得自己感兴趣的知识信息，也相信该书能够有助于我国高性能计算环境的进一步发展。

研究员，曾任中国科学院高技术研究与发展局局长

2018 年 12 月于北京

序　言　三

高性能计算领域同行迟学斌研究员将书稿发给了我，浏览之后感到非常高兴！

这是我国第一部国家高性能计算环境发展综合性报告，全面、客观、真实地反映了我国高性能计算环境发展的整体概况。同时，该书开创性地建立了国家高性能计算环境发展水平综合评价指标体系，并依此对国家高性能计算环境及超级计算应用进行了综合评价，对态势进行了分析，对未来的发展提出了设想。

高性能计算机也叫做超级计算机，顾名思义就是具备高性能计算能力的机器系统，与普通的计算机在体积、复杂度、解决问题规模与速度等方面都有本质的区别，是高性能计算机领域的"珠穆朗玛峰"。

高性能计算机一直以来被认为是阳春白雪，最重要的原因就是其起源于科学研究与工程计算应用，使用门槛高。随着我国经济实力日益增强，高性能计算机快速发展，越来越多的应用领域需要使用高性能计算机，其"神机妙算"之功力越来越得到公众的认可与信赖，特别是随着人工智能浪潮的到来，高性能计算应用需求愈加强烈。

在超级计算领域有句众所周知的名言"造机器难，用好机器更难！"

我参与了天河系列多台超级计算机的研制，对研制超级计算机之难心中有数。建设高性能计算应用服务环境就是为了降低应用门槛，让更多想使用高性能计算机的用户能便捷使用。通过软件和网络联通分布在各地的超级计算机，形成一张由超级计算机为节点的网络，用户登录该网络就可以便利地使用超级计算机，如同大家使用电力那样方便，这是我们造超级计算机和用超级计算机的群体的共同期待。从起初的中国国家网格到现在的国家高性能计算环境建设，都是在为实现"降低超级计算应用门槛"和"用好超级计算机"的目标而努力。

感到欣喜的是，经过 10 多年的不懈努力，在国家 863 计划和国家重点研发计划的相继支持下，中国的高性能计算环境从无到有，高性能计算应用规模从十几核发展到数百万核，并实现戈登·贝尔奖零的突破，中国高性能计算应用取得了长足进步。中国国家网格从起步正在步入可实际应用的国家高性能计算环境，将成为国家高性能计算服务基础设施，通过提供高效、优质的高性能计算技术与应用服务，打造中国高性能计算可持续发展生态链。

我非常高兴推荐该书，相信读者通过阅读会获得一些启发。

中国工程院院士，国防科技大学计算机学院院长

2018 年 12 月于长沙

序 言 四

计算已经成为重要的社会生产力，成为衡量社会和经济发展水平的关键指标之一。

该书引起了我的几个思考，和读者分享如下：

第一，高性能计算发展的性能指标与应用的关系。我国高性能计算发展相比西方国家要晚一点，但最近20多年，通过我国科研工作者不断的努力与付出，"天河一号""天河二号""神威·太湖之光"等相继拿到了世界第一。然而应用层面一直是我国超算发展的一个痛点，发展方向应该回归到应用，因为超级计算还是要面向应用的。国家层面要以应用为引导，国家相关部委及企业应该建立联合应用基金，以满足应用，引领应用，来推动高性能计算产业化、技术发展和学术研究。

第二，研究与产业。我国的高性能计算产业相比西方国家整体上也是有差距的。从一开始我国的高性能计算机研究与产业就是两条线，而西方国家是一条线。就好比西方国家的高性能计算机的山峰是在山脉里面的，而我国的山峰是在海洋里面的。那么这种模式是否也需要引起我们的思考？我国把山峰建在海洋里面，研究和产业是两条线，单纯依靠国家财政支出去支撑一两台峰值计算机，这对于高性能计算机持续健康发展是不利的。第一的领先技术不能转化为产业竞争力，也就不能得到产业发展带来的持续支持。这应当是需要去改变的方面。

第三，守正与创新。科技日新月异，云计算、物联网、人工智能等各种新技术层出不穷。我们所处的信息社会、智能社会的支撑就是计算。最初计算机的诞生就是面向科学计算的，而今天我们是否应当去深入思考高性能计算与其他计算是什么关系，高性能计算的本源是什么？首先要守正，不忘初心，要在解决重大科学问题上持续发力。同时要结合这些新的技术发展需求去思考高性能计算新的应用领域。比如云计算，能够满足一些高性能计算的需求，但云计算不等于高性能计算。目前，人工智能计算快速发展，高性能计算能够为人工智能计算提供支撑，但人工智能计算不等于高性能计算。所以关于高性能计算的守正与创新，也是需要大家共同思考的问题。

中国工程院院士

2018 年 12 月于北京

前　言

　　回顾过往，"十五"期间，在 863 计划支持下，中国国家网格诞生了！从此开始，历经"十一五""十二五"积极探索，在"十三五"伊始，中国国家网格继续得到科技部国家重点研发计划专项支持，中国高性能计算人不忘初心，携手前行，取得了可喜的成绩。作为国家高性能计算环境的重要组成部分，一代代标志性的超级计算机"深腾""星云""天河一号""神威蓝光""天河二号""神威·太湖之光"等相继面世，其中"天河一号"和"天河二号"以及"神威·太湖之光"自 2010 年开始至今共计 11 次位居世界超级计算机 Top500 榜首！更为可喜的是实现被誉为世界高性能计算应用领域最具标志的戈登·贝尔奖设立 29 年以来中国获奖零突破，并于 2016 年和 2017 年连续两次获此殊荣。中国高性能计算技术与应用已经跻身国际先进行列。截至 2017 年年底，国家高性能计算环境已聚合计算资源超过 200PFlops，总存储资源超过 167PB，各类科研用户账号万余个，应用涵盖科学计算和工程仿真领域的几乎所有学科方向和应用种类，国家高性能计算环境已经由探索步入实际应用服务新征程。

　　本书是国家重点研发计划"高性能计算"专项"国家高性能计算环境服务化机制与支撑体系研究"项目的成果之一。作为一本综合性报告，力图全面、客观、真实地反映我国高性能计算环境发展的整体概况。同时，书中介绍了国家高性能计算环境发展水平综合评价指标体系，对国家高性能计算环境及超级计算应用进行了综合评价。

　　本书包括以下四方面的内容：

　　第一篇，综述篇。该篇介绍了我国高性能计算行业概况，对国家高性能计算环境发展历程进行了回顾，并对国际发展态势进行了跟踪介绍。

　　第二篇，计算资源与技术篇。该篇对国家高性能计算环境中的核心组成部分——超级计算基础设施进行了介绍，同时重点讲述了国家高性能计算环境中的核心技术，包括资源聚合与调度技术、计算服务化客户端技术、资源监控与运维技术、环境安全保障、环境运行与服务支撑等五个方面。

　　第三篇，应用与成果篇。该篇介绍了国家高性能计算环境的重点应用成果，包括 4 个应用社区和典型应用成果案例，其中典型应用成果案例从应用领域和作业规模两个维度进行收集与整理，最后精选出最具代表性的 100 个应用成果案例。同时，专门介绍了入围戈登·贝尔奖的 5 个应用。这些案例生动地呈现了我国在不同应用领域的现状与水平。

　　第四篇，评价与展望篇。该篇介绍了我国首次提出的高性能计算环境发展水平综合评价指标体系，并依此对国家高性能计算环境及超级计算应用进行了综合评价，并对未来的发展提出了设想，对态势进行了分析。

　　希望本书成为读者了解中国高性能计算环境与应用发展的一个窗口，成为超级计算机硬件研制、软件研发和领域及行业应用之间加深彼此了解的一个媒介，成为激发青年学子对高性能计算领域产生兴趣的一种催化剂。希望本书能为奋战在我国高性能计算研发第一线的科研工作者以及关注高性能计算的各界人士提供有益参考，能为国家相关部门提供高性能计算发展的科学依据和决策支撑。

　　大鹏之动，非一羽之轻也；骐骥之速，非一足之力也。在本书编撰过程中，我们得到了科技部相关领导和业界众多专家的指导与帮助，在此表示最衷心的感谢。由于涉及众多单位，专业性强，数据量大，统计来源、数据选取和统计时段各有侧重，因此数据统计分析和统稿工作困难重重。虽然编写团队殚精竭虑，但是疏漏之处在所难免，希望读者批评指正，以便有机会予以完善。

中国科学院计算机网络信息中心研究员

2018 年 4 月于北京

目　录

第一篇　综　述　篇

第四篇　评价与展望篇

第一篇 综 述 篇

第 1 章　我国高性能计算行业概况

1.1　高性能计算简述

计算继传统的理论和实验方法之后，已经并列成为推动人类科技发展和社会文明进步的第三种科学研究方法。理论科学以推理和演绎为基本特征，以数学学科为代表。实验科学以观察和总结自然规律为基本特征，以物理学科为代表。计算科学(computational science)是一个利用数学模型构建、定量分析方法以及计算机来分析和解决科学问题的研究领域，以设计和构造为基本特征，以计算机学科为代表。

并行计算(parallel computing)是计算科学中重要的研究内容与技术手段。并行计算简而言之，就是在并行计算机上所做的计算。并行计算通常定义为同时使用多种计算资源解决计算问题的过程，是提高计算机系统计算速度和处理能力的一种有效手段。其基本思想是使用多个处理机来协同求解同一问题，即将被求解的问题分解成若干个部分，各部分均由一个独立的处理机来并行计算。

高性能计算(high performance computing，HPC)泛指量大、快速、高效的运算。而超级计算(supercomputing，SC)是高性能计算的一个子集。随着芯片技术的发展，计算能力越来越强，所以超级计算一词用得越来越普遍。

从广义上讲，并行计算和高性能计算(或超级计算)是同义词，因为任何高性能计算(或超级计算)都离不开并行计算，欲达到高性能必须采用并行计算手段；而运行了并行计算技术，是达到高性能的必由之路[①]。

通常用每秒执行的浮点运算次数(floating-point operation per second，Flops)来衡量一台高性能计算机(或超级计算机)的计算能力，该指标的量纲如表 1-1 所示。目前主要使用 TFlops，也就是万亿次。

表 1-1　高性能计算的量纲

前缀	缩写	基幂	含义	数值
Kilo	K	$10^3(2^{10})$	Thousand	千
Mega	M	$10^6(2^{20})$	Million	兆

---

① 陈国良，孙广中，徐云，等. 并行计算的一体化研究现状与发展趋势. 科学通报，2009, 54(8): 1043-1049.

续表

前缀	缩写	基幂	含义	数值
Giga	G	$10^9(2^{30})$	Billion	千兆
Tera	T	$10^{12}(2^{40})$	Trillion	万亿
Peta	P	$10^{15}(2^{50})$	Quadrillion	千万亿
Exa	E	$10^{18}(2^{60})$	Quitillion	百亿亿

高性能计算是战略性、前沿性的高技术，是解决国家经济建设、社会发展、科学进步、国家安全方面一系列重大挑战性问题的重要手段，是国家创新体系的重要组成部分，是发达国家争夺的战略制高点。高性能计算产生的原始创新和高端技术会影响下游产业的发展，因此美国、日本、欧盟等在这方面均有大量的投入，包括资金和人力，以确保其技术始终保持着领先地位。世界各国家或地区有关高性能计算的主要行动计划如表 1-2 所示。

表 1-2　世界各国家或地区有关高性能计算的主要行动计划

序号	国家或地区	年份	颁布机构	行动计划名称	主要内容
1	美国	1993	美国科学工程技术联邦协调理事会	高性能计算与通信重大挑战(High Performance Computing & Communication(HPCC) Grand Challenge)	提出发展万亿次计算计划
2	美国	1995	美国能源部和劳伦斯·利弗摩尔国家实验室(Lawrence Livermore National Laboratory，LLNL)、洛斯阿拉莫斯国家实验室(Los Alamos National Laboratory，LANL)、桑迪亚国家实验室(Sandia National Laboratory)三大国家实验室	加速战略计算计划(Accelerated Strategic Computing Initiative，ASCI)	计划研制 5 代计算平台，提出发展千万亿次计算机的目标
3	美国	1997—1998		HPCC 计划，其中包括高端计算与通信(High End Computing & Communication，HECC)，后被扩张为计算、信息、通信(Computing，Information，Communication，CIC)蓝皮书	CIC 蓝皮书将千万亿次计算机硬件和软件研制列入计划
4	美国	2002	美国国防高级研究计划局(Defense Advanced Research Projects Agency，DARPA)	高效计算系统(High Productivity Computing Systems, HPCS)	希望确定未来 10—20 年超级计算机的体系结构

续表

序号	国家或地区	年份	颁布机构	行动计划名称	主要内容
5	中国	2006	国务院	国家中长期科学和技术发展规划纲要(2006-2020)	提出加速发展高性能计算对国防建设与国家安全、国家经济建设、国家重大工程、基础科学、尖端科技领域的核心支撑能力,具有十分重要的战略意义
6	美国	2010	美国国防高级研究计划局	无处不在的高性能计算(Ubiquitous High Performance Computing, UHPC)	研制机箱级、空气冷却、极大能效、高可信和易编程的普适计算机系统
7	俄罗斯	2011	联邦原子能署		批准了"2012—2020 年百亿亿次超级计算机为基础的高性能计算技术构想"
8	日本	2014	文部省	高性能计算基础设施建设(High Performance Computing Infrastructure, HPCI)	计划 2020 年实现 E 级机(代号"postK")
9	美国	2015	时任美国总统奥巴马签发 13702 号总统令	国家战略计算计划(National Strategic Computing Initiative, NSCI)	NSCI 是美国举全国之力以维持和增强美国高性能计算领导力的项目,其中目标之一是百亿亿次计算系统
10	欧洲	2017	欧盟	高性能计算机开发计划"Euro-HPC"	到 2020 年开发出至少两台近百亿亿次的高性能计算机,并在 2023 年前实现百亿亿次速度的稳定运行

1.2　高性能计算机发展概况

高性能计算机,顾名思义,就是具备高性能计算能力的机器系统,与普通的计算机在体积、复杂度、解决问题规模与速度等方面都有本质的区别。超级计算机指在当前时代运算速度最快的大容量大型计算机,是高性能计算机领域的"珠穆朗玛峰"。

全球超级计算机排行榜 TOP500(简称 TOP500)是目前国际最具权威的超级计算机排名榜,相当于高性能计算界的"奥斯卡",已成为衡量各国超级计算水平的最重要的参考依据。该排行榜是 1993 年由德国曼海姆大学汉斯(Hans Meuer)、埃里克(Erich Strohmaier)、杰克·唐加拉(Jack Dongarra)等人发起创建的,如图 1-1 所示。目前由德国曼海姆大学、美国田纳西大学、美国能源研究科学计算中心以及劳伦斯伯克利国家实验室联合实施,每年发布两次,上半年 6 月在德国国际超级计算大会(International Supercomputing，ISC)发布，下半年 11 月在美国全球超级计算大会(Supercomputing Conference，SC)发布。在 TOP500 列表中，超级计算机首先按其 Rmax(maximal LINPACK performance achieved，获得最大 LINPACK 性能)值排序。在不同超级计算机 Rmax 值相同的情况下，将选择按 Rpeak(theoretical peak performance，理论峰值速度)值排序。对于具有相同计算机的不同安装地点，顺序是按内存大小，然后按字母顺序排列。

图 1-1　TOP500 创始人(从左到右：Hans Meuer、Erich Strohmaier、Jack Dongarra)[①]

国际上高性能计算机的发展经历了大型机(如誉为世界上第一台超级计算机的 CDC6600)、小型机(如 HP Superdome)、向量机(如 Cray-1)、大规模并行处理系统(massively parallel processor，MPP，如 ASCI Option Red)，直到共享存储系统(symmetric multi processor，SMP，如 SGI Altix 系列)、一致缓存非均匀存储器存取系统(cache-coherent non-uniform memory access，ccNUMA，如 SGI Original 2000 和 Sun Enterprise 6500)和机群(Cluster)系统，其中机群系统因可编程性、可移植性、性价比高等优势最具活力。2017 年 11 月公布的 TOP500 官方数据显示，全球最快的前 500 台超级计算机中，437 台是机群系统，占有绝对主导地位(87.4%)，剩余 63 台是 MPP 系统(12.6%)。

我国的并行计算研究和国际走向大致相同，自 20 世纪 60 年代末至今，历经以下几个阶段：

第一阶段，20 世纪 60 年代至 70 年代末，主要从事大型机中的并行处理技术研究；

第二阶段，20 世纪 70 年代末至 80 年代初，主要从事向量机和并行多处理器系统研究；

第三阶段，20 世纪 80 年代末至今，主要从事 MPP 系统及机群系统研究，其中 90 年代末发展的机群系统后来很快在全国遍地开花。[②]

本书重点回顾在 863 计划支持下的我国高性能计算机发展概况。

---

① https://www.top500.org.
② 陈国良，孙广中，徐云，等. 并行计算的一体化研究现状与发展趋势. 科学通报，2009, 54(8): 1043-1049.

1.2.1　亿次时代(1980—1999 年)

1987 年，863 计划设立了智能计算机系统主题，即"306"主题。

1990 年，"306"主题根据技术和应用的发展，审时度势，将研发重点转向并行计算机系统，从此开始了 863 计划高性能计算机的发展历程。经国家科学技术委员会(现科学技术部，简称科技部)批准，依托中国科学院计算技术研究所成立了国家智能计算机研究开发中心(简称智能中心)。智能中心主要任务是承接"306"主题的关键系统研制任务，并开展产业化推广工作。

1993 年，智能中心研制成功国内第一台全对称紧耦合的共享内存并行计算机"曙光一号"。

1995 年，"曙光 1000"大规模并行计算机系统通过鉴定。该系统采用了当时国际最新的 i860 超标量处理器，理论峰值速度达到每秒 25 亿次，实际运算速度达到每秒 15.8 亿次，是当时中国性能最高的计算机系统。

1998 年，理论峰值速度为每秒 200 亿次的"曙光 2000"超级计算机研制成功，该系统在单一系统映像、全局文件系统等方面有重要创新，在应用上更具通用性。

1.2.2　万亿次时代(2000—2005 年)

2001 年，"曙光 3000"面世，理论峰值速度达到每秒 4032 亿次。

2002 年，世界上第一个万亿次机群系统联想"深腾 1800"问世，并首次进入 TOP500，位列第 43 名，结束了在 TOP500 中没有中国高性能计算机的历史。

2003 年，联想"深腾 6800"问世，理论峰值速度超过每秒 5 万亿次，把世界机群计算推向新的高峰。

2004 年，"曙光 4000A"研制成功，理论峰值速度突破每秒 10 万亿次大关，进入 TOP500 前 10 名，使中国成为当时除美国、日本外，第三个能制造 10 万亿次商用高性能计算机的国家。

1.2.3　百万亿次时代，千万亿次兴起(2006—2010 年)

2008 年，"曙光 5000A(魔方)"和联想"深腾 7000"研制成功，从 10 万亿次飞越到百万亿次，使中国成为继美国之后第二个能制造和应用百万亿次商用高性能计算机的国家。

2010 年 5 月，"曙光 6000(星云)"再次刷新了纪录，实际运算速度达到每秒 1271 万亿次，成为中国首台实测千万亿次超级计算机，TOP500 排名第 2。

2010 年 11 月，国防科技大学研制的"天河一号"以理论峰值速度每秒 4700 万亿次、实际运算速度每秒 2566 万亿次的性能首次夺得世界第一。

1.2.4　千万亿次时代(2011 年至今)

2011 年，采用国产 CPU 的"神威蓝光"研制成功。

2013 年 6 月，"天河二号"以理论峰值速度每秒 5.49 亿亿次、持续计算速度每秒 3.39 亿亿次的优异性能位居 TOP500 榜首，亦在接下来的 3 年中在运算速度排名中实现六连冠，标志着我国在超级计算机领域已走在世界前列。

2016 年 6 月，"神威·太湖之光"以实际运算速度超过每秒 9.3 亿亿次(93PFlops)的性能位居 TOP500 榜首，并且连续 4 次问鼎 TOP500 榜首。

2017 年 11 月，在 TOP500 中，中国超级计算机上榜数量达到 202 台，排名第一；美国 143 台，排名第二。

2018 年，由国防科技大学、曙光信息产业股份有限公司以及国家并行计算机工程技术研究中心 3 家单位齐头并进研制的 3 台 E 级高性能计算机原型系统即将面世。通过原型系统的研制验证关键技术设想，对技术难点进行测试和改进，为中国研制 E 级超级计算机做好铺垫，打下扎实基础。

经过 30 多年的努力，我国高性能计算机行业进入了黄金发展时期，超级计算机作为国之重器、国之利器，屹立于世界之林。

1.3　高性能计算环境发展概况

我国国家高性能计算环境(中国国家网格，China National Grid, CNGrid)的建立要追溯到 20 世纪 90 年代后期。1999 年，"306"主题设立了重大课题"国家高性能计算环境"。该课题不仅在 2001 年研制成功了理论峰值速度达到每秒 4032 亿次的"曙光 3000"高性能计算机，而且建立了由分布在全国各地(合肥、成都、武汉、北京等)的数个高性能计算中心构成的国家高性能计算环境，支持了一系列示范应用的开发。

经过十几年的建设，国家高性能计算环境在资源准入和分级标准、基于应用的全局资源优化调度、环境运行管理支撑、环境构建与资源提升等方面开展了深入的研究工作，完成了国家高性能计算环境资源评价标准白皮书的初版；建立了作业运行历史数据集，并通过深度学习方法对典型应用运行时间进行了预测，取得了较好的预测准确率和召回率测试结果；完成了面向环境整体运行状态监控展示的可视化方法研究，实现了大屏幕展示；优化了系统核心服务，提升了计算服务用户交互的便捷性；构建了环境事件流处理与分发平台，实时输出环境各类事件并展示；并多维度多层次构建了高性能计算环境安全体系。

国家高性能计算环境稳定运行 10 余年。截至 2017 年 12 月，根据运行管理中心统计的数据，国家高性能计算环境聚合计算资源超过 200PFlops，总存储资源超过 167PB，已成为我国不可或缺的新型基础设施，将更加高效地支撑国家重大行业应用，助力科技创新，加快行业科研成果的产业化应用。国家高性能计算环境官方网站链接为 http://www.cngrid.org，首页如图 1-2 所示。

图 1-2　国家高性能计算环境官方网站首页

1.4　高性能计算应用发展概况

高性能计算机一直以来被认为是阳春白雪，很难"飞入寻常百姓家"，最重要的原因就是高性能计算机主要用于深墙高院的科学研究。但是随着我国经济实力日益增强，高性能计算机快速发展，水涨船高，越来越多的应用领域需要使用高性能计算机，越来越离不开高性能计算机，其"神机妙算"之功力越来越得到公众的认可与信赖。

根据我国超级计算创新联盟(Supercomputing Innovation Alliance)的调查数据，目前我国高性能计算应用主要集中在传统的科学计算和工程仿真领域，而在经济、金融、公共安全领域的实际应用相对偏少。主要应用领域分布如下：

① 力学：流体力学、气动仿真、强度仿真、气动外形优化设计、噪声计算、直接法湍流模拟等。

② 材料：计算材料、新材料、电磁场、光学计算、材料设计、理论模型的数值计算等。

③ 天文：天体物理、粒子物理与强相互作用物理基本问题、宇宙学与暗物质及重子物质起源、宇宙暴胀模型及暗能量研究、引力理论与共形场论相关基本物理问题的研究等。

④ 生命科学：生物信息学、计算生物学、生物医药、基因测序与比对、工业用计算机断层成像技术(工业 CT)等。

⑤ 化学：计算化学、纳米材料、理论化学、量子化学、催化材料计算、生物大分子动力学模拟等。

⑥ 物理：高能物理、等离子物理、应用物理、化学物理、理论物理、等离子体物理、计算凝聚态物理、透射电镜的数据收集处理及三维重构、质谱原始数据的处理、晶体结构解析、电磁分析、复杂系统与统计物理的基本问题、拓扑量子计算的理论研究、量子测量与人工光合作用及冷原子体系的量子模拟、电磁场、声学等。

⑦ 地球科学：气象、气候、海洋数值模拟、天气预报、环境科学、气象环境、物理海洋、结冰模拟、环境系统模拟预测和机理研究、陆面工程模拟、水文水资源监测、遥感数据处理、测绘信息处理等。

⑧ 新能源：能源动力、能源环境、面向新能源领域的聚变和裂变应用、核能物理等。

⑨ 工程仿真：航空航天、钢铁、核电、船舶、机械、市政工程、高端装备制造、土木工程设计、电池设计、现代机械设计等。

⑩ 石油：油气开发、石油地球物理技术研究、石油软件研发、地震资料处理与解释、地震采集工程设计服务等。

⑪ 信息技术：图形图像处理、多媒体、语音识别、互联网信息处理、智能信息处理、网格计算、网络技术研究、并行集群程序设计语言、大规模快速傅里叶变换、基础数学库、数学与统计、水利信息化、信息安全等。

随着云计算、大数据和人工智能的发展，高性能计算应用领域越来越广泛，融合多个交叉学科，行业应用将得到更进一步的发展，拥有更广阔的前景，发挥更大的价值。

在众多的应用领域中，用户需要相应的应用软件来实现并行计算。应用软件包括商业软件、开源软件和自主研发软件三大类。目前，我国大多数应用领域依然需要使用国外的开源软件和商业软件，国内自主研发的软件相对缺乏或不太成熟。比如，材料科学、生命科学和大气科学多使用国外的开源软件；计算机辅助工程(computer aided engineering，CAE)、计算流体动力学(computational fluid dynamics，CFD)多为国外大型商业软件，国内开源软件适用范围还不大；量子动力学领域主要以自主研发的程序为主。

高性能计算应用领域很多，限于篇幅，仅仅列举如下几个典型应用领域：

① 计算流体动力学：在国外，通用的商业计算流体动力学软件应用相当广泛，比如 Fluent、Star-CD、CFX、CFD++等商业软件已广泛应用于工业中。此外国外各大科研机构和企业(如美国国家航空航天局、波音公司等)都有内部专有的计算流体动力学软件。在国内，处理复杂工业问题的大规模并行计算软件几乎没有。目前国内以中国航空工业集团公司第一飞机设计研究院为主开发的中国计算流体动力学(China computational fluid dynamics，CCFD)软件，已经实现了隐格式 30 万核高效并行求解，并实现高效并行多体分离模拟等特色功能，替代了国外同类软件，但是离实际工业应用尚有一定距离，还需要进一步努力。

② 工程仿真：应用软件以商业软件为主，且价格比较昂贵，主要包括 ANSYS、ABAQUS、MSC、HyperWorks、LS-DYNA、Fluent、Matlab、Accelrys、CFX、CFD、ICEM CFD、AutoDYN、Icepak、Tgrid、EKM、DDSCAT 等。

③ 大气和海洋：模式主要是国外开源软件，包括 CCSM3、FVCOM、HYCOM、POP、ROMS、MM5、ECHAM4、CESM、MITgcm、WRF、SWAN、FGOALS等。中国科学院大气物理研究所曾庆存院士带领的团队一直致力于研究属于中国的地球系统模式。

④ 生物信息学：软件基本都是国外开源软件，包括 CAP3、MPI-BLAST、Glimmer、Muscle、Phylip、Infernal、Phyml、Interproscan、RepeatMasker、Mireap、SOAP、Velvet、Mrbayes、Phylobayes3.3b、RAxML、Mira、NAMD、Samtools 等。

⑤ 新药研发：应用软件主要采用国外商业软件，如 Glide、Gold 等，以及开源软件，如 Dock、AutoDock 等。

⑥ 计算生物学：蛋白质模拟软件包括开源软件 GROMACS、NAMD 和商业软件 Amber、Charmm 等。

⑦ 新能源：国内在该领域尚未形成成熟的应用软件，国外在该领域的应用软件对国内进行封锁。

⑧ 地震资料处理与解释：国外的地球物理服务公司一般运行自己的软件系

统，如西方公司的 Omega 系统、CGG 公司的 GeoVation 等，需要高性能计算的软件集中于地震资料的偏移成像计算机反演计算上，使用的计算机系统一般为 Linux 集群系统，规模可达几千到上万个节点。地震资料解释使用的软件系统通常为 Landmark 的解释软件系统 R5000、斯伦贝谢的 GeoFrame、帕拉代姆的 Epos 系统等，在个别的属性计算及正反演计算上需要高性能计算的支持。在采集设计软件方面一般也只是在正演计算上使用高性能计算，使用的软件如 Omini 等。在国内，地震资料处理使用的占主导地位的软件系统与国外使用的软件系统相同，同时也有一些自主研发的软件系统在生产中应用，如中石油的 GeoEast、中石化的 iCluster 地震成像系统等。地震资料解释软件同处理软件一样，国外的软件系统在生产中占主导地位，同时自主的软件系统也得到一定程度的应用，如中石油的 GeoEast、中国石化的 NEWS 系统等。同时，国内的石油企业正在大力发展自主软件系统的开发工作，逐步扩大自主软件的占有份额。

⑨ 工业 CT：应用的软件采用 GPU 加速为主，加速比超过 1000 倍，属于国际一流的加速水平，比如大整数运算软件 GMP，数域筛法程序 GGNFS、CADO-NFS。目前 GGNFS 和 CADO-NFS 是数域筛法的主流程序，应用最为广泛。

国产的超级计算机需要国产的自主应用软件。在国家与地方项目的大力支持下，很多应用单位积极开发自主知识产权的核心应用软件。比如自主超大规模虚拟药物筛选及蛋白质折叠与构象变化研究的数值模拟软件系统、自主海洋学软件、自主集成电路设计与制造中的参数提取和光刻模拟软件、自主磁约束聚变 MHD 计算软件、自主第一性原理电子结构计算软件、自主离子通道数值模拟软件和自主版权的结构分析软件等。

应用是推动超级计算发展的原动力。我国在科学研究、经济建设、社会发展、国防安全应用方面对高性能计算有着巨大的需求，但要把潜在的应用需求变成实际的应用，还需要付出巨大的努力。做好一款应用软件不是一朝一夕的功夫，而需要经过几年、十几年甚至几十年、几代人不懈努力，不断迭代。国家及地方需要继续加大超级计算应用投入，继续坚持应用牵引，拓展应用领域，在深化科学与工程计算领域应用的同时，更要关注我国的经济、金融、国家和社会安全等领域的应用，使得高性能计算应用的发展与国家战略需求相结合、相统一，以此充分发挥超级计算的社会效益。

1.5　高性能计算教育发展概况

党的十九大报告中明确提出"人才是实现民族振兴、赢得国际竞争主动的战略资源"。总体而言，我国高性能计算领域的复合型交叉人才储备严重不足，严重制约了应用发展，需要通过学科交叉，拓宽人才培养渠道，在实践中再培训，切实解决人才不足的问题。

一方面，高性能计算应用发展涉及多个学科和环节。例如，医学的重大突破很可能是在生物学家、化学家、计算机科学家跨领域的合作研究下取得，所以需要在高性能计算领域培养大量与应用领域交叉的创新型人才。

另一方面，随着我国超级计算环境的进一步发展和超级计算系统复杂性的提升，系统维护、服务支撑、技术研发等方面的人才匮乏局面日益显现，需要加大对超级计算运维与技术支持服务专业化人才的培养。

同时，需要建立从本科、硕士到博士的系统人才培养计划和专业课程体系，包括计算机软件、计算机应用、计算机工程、计算机系统结构、计算机网络、计算数学、凝聚态物理、理论物理、光学、等离子物理、计算流体力学、计算固体力学、物理海洋、计算机辅助药物设计等。另外，加强针对性强的职业培训，吸引更多人才加入到高性能计算行业。

实践证明，"创新型人才必须在创新实践中培养"，将一流教学与一流科研相结合，是高性能计算这一交叉学科创新型人才培养的必由之路①。为了加强人才培养，提升高性能计算实践创新教育水平，我国组织开展了多个高性能计算大赛，已取得了较好的社会效应。

1.5.1　ASC 世界大学生超级计算机竞赛

ASC 世界大学生超级计算机竞赛(Asia Supercomputer Community Student Supercomputer Challenge)，简称 ASC 超算竞赛，与全球超级计算机竞赛(SC 超算竞赛)、国际超级计算机竞赛(ISC 超算竞赛)并列为世界最具权威的大学生超算竞赛。ASC 超算竞赛于 2012 年由中国倡议成立，与日本、俄罗斯、韩国、新加坡、泰国、中国台湾、中国香港等国家和地区的高性能计算专家和机构共同发起，并得到美国、欧洲等国家和地区超算学者和组织的积极响应和支持。竞赛旨在推动各国家和地区间超级计算青年人才的交流和培养，提升超级计算应用水平和研发能力，发挥超算的科技驱动力，促进科技与产业创新。

该竞赛创办至今已连续举行 7 届，参赛范围和人数规模逐年增加，共吸引了全球超过 5500 名年轻人才，参赛队伍总数超过 1100 支，是目前全球规模最大、参与人数最多的大学生超算赛事。从 2016 年起，ASC、SC 和 ISC 三大超算竞赛联手合作，宣布荣获其中一项大赛冠军的队伍可直接晋级另两项大赛的决赛。

从组织赛前集训、采用国产应用作为赛题、引入世界级顶级超级计算系统作为竞赛平台，再到出版全球第一本超算竞赛专著，ASC 超算竞赛极大地推动了国

① 安虹. 中国高性能计算教育中的挑战. 民主与科学, 2017(4): 28-29.

产超算应用的发展和超算人才的培养。ASC 2018 专家团和比赛现场如图 1-3 和图 1-4 所示。

图 1-3　ASC 2018 专家团

图 1-4　ASC 2018 比赛现场

1.5.2　全国并行应用挑战赛

全国并行应用挑战赛(Parallel Application Challenge，PAC)(http://www.pac-hpc.com)是目前我国最大规模的并行应用挑战赛，由中国计算机学会高性能计算专业委员会(CCF TCHPC)指导，教育部计算机类专业教学指导委员会联合英特尔(中国)有限公司、北京并行科技股份有限公司共同倡导发起，中山大学国家超级计算广州中心、电子商务与电子支付国家工程实验室、中国科学院计算技术研究所、中国科学院计算机网络信息中心、清华大学等单位支持。挑战赛旨在普及和培养学生的并行计算思想和并行计算系统能力，寻找行业最佳应用，提高学生在全球人才市场的竞争力，将"国之重器"超算尽其用，让中国制造发其声，实现超算助推强国梦。

　　该挑战赛自 2013 年创办，已成功举办 5 届，累计来自 35 座城市 300 所高校的 6000 余师生参加。2017 年新增人工智能赛道，联合国内顶尖人工智能专家一起为人工智能技术的发展和普及做出应有的贡献，并与优化组、应用组组成三大赛道，是国内乃至国际同类大赛中最丰富的赛事。竞赛邀请到国内高性能计算行业著名学者专家，举办了 30 余场全国并行应用挑战赛走进高校专题培训，并与院校学科负责人共同交流高性计算并行课程建设，有效促进了中国高校并行计算课程更新与建设。通过 5 年的赛事宣传、推广和培训，选拔出众多的优秀技术人才，历届比赛获胜的优秀团队成员可以直接获得考研加分、申请奖学金、推荐出国留学等资格，推动了并行计算人才的培养，成为国内同类赛事中的翘楚。

　　该挑战赛也诞生很多优秀的应用作品和创新的优化算法，从高性能计算到大数据分析，并行计算的理念和方法开始在新一代大学生中生根发芽，为高性能计算行业应用带来了新鲜血液。历届的参赛作品或者实现了自主功能，或者开发了开源软件，或者优化了现有软件；参赛内容从能源、气象、流体、化学、粒子模拟、图像动画等领域拓展到生物信息、航空航天、金融分析以及宇宙暗物质等。从代码开发的角度参赛作品也呈现出不同的技术亮点，有的算法上采用了四维矩阵压缩降维策略，有效降低了算法时空复杂度；有的采用一致性梯度排序，将多轮排序降低为一轮，时空效率提高多倍。PAC 2017 比赛现场如图 1-5 所示。

图 1-5　PAC 2017 比赛现场

1.5.3　国产 CPU 并行应用挑战赛

国产 CPU 并行应用挑战赛(China Parallel Application Challenge on Domestic CPU)，简称 CPC 大赛，由中国计算机学会高性能计算专业委员会指导，中国计算机学会高性能计算委员会提供专家支持，中国计算机学会无锡分部、国家超级计算无锡中心、国家超级计算济南中心、北京并行科技股份有限公司共同承办，国家并行计算机工程技术研究中心、国家高性能集成电路(上海)设计中心协办，是我国国产芯片领域最大规模的并行挑战竞赛。挑战赛旨在激励学术和产业界开发国产 CPU 应用的积极性、创新性，理论实践相结合，硬件软件相结合，发掘典型应用，培养创新人才。

该挑战赛 2017 年首次举办，共收到来自 21 个省(直辖市)的 81 家参赛单位的 146 支队伍的报名。比赛过程中，参赛队伍对申威 26010 芯片进行了细致的研究，充分利用异构体系结构，将计算数据加载到从核阵列上进行了高效的加速计算，通过设计和实现与申威 26010 芯片架构紧密结合的优化方法，发挥了申威 CPU 的超强计算能力。相对于原始版本代码，参赛队伍将运行时间由 320 余秒提升到 1.42 秒，获得了高达 220 余倍的加速效果。

截至目前，该挑战赛汇聚业内 100 余位专家、中青年教师，引导 2000 余人初次关注国产 CPU 平台，120 余人初次了解和使用"神威·太湖之光"。发掘了一批并行计算等综合能力优秀的选手，推进了一批科研院所和高校了解和使用国产芯片搭建的超算系统，这将为国产 CPU 生态圈的全面建立奠定强有力的基础。CPC 2017 比赛现场如图 1-6 所示。

图 1-6　CPC 2017 比赛现场

第 2 章 国家高性能计算环境发展历程

2.1 孕育期(2002—2005 年)

"十五"期间，高性能计算方向的研发得到了 863 计划的进一步支持，2002 年启动了"高性能计算机及核心软件"重大专项，该专项的主要任务是研制每秒 4 万亿次的高性能计算机系统,研究和突破网格关键技术,建立聚合计算能力 5—7 万亿次的高性能计算环境(即中国国家网格)，开发一批网格示范应用。从"十五" 863 计划开始，高性能计算机的研发打破了过去定向委托一家承担的做法，引入了竞争机制，注重发挥用户的作用。通过竞争和用户参与的遴选，中国科学院计算技术研究所和联想集团分别赢得了高性能计算机的研发任务，促进了研发与应用结合。

2003 年，联想集团成功研制"深腾 6800"超级计算机系统，理论峰值速度达到每秒 5.3 万亿次，LINPACK 速度达到每秒 4.183 万亿次，该系统在 2003 年 11 月 TOP500 中位列第 14。如图 2-1 所示。

图 2-1 "深腾 6800"及 TOP500 证书

2004 年，"曙光 4000A"研制成功,理论峰值速度达到每秒 11.2 万亿次,LINPACK 速度达到每秒 8.06 万亿次, 在 2004 年 6 月 TOP500 中位列第 10。这是当时中国超级计算机得到国际同行认可的最好成绩。这标志着中国已成为继美国、日本之后第三个能制造和应用 10 万亿次级商用高性能计算机的国家。如图 2-2 所示。

这两台超级计算机都超过了 863 重大专项所期的任务指标。联想"深腾 6800" 安装在中国科学院计算机网络信息中心，"曙光 4000A"安装在上海超级计算中心。这是当时国内最快的两个超级计算机系统，因此两家单位分别成为国家高性能计算环境的北方主结点和南方主结点。

图 2-2　"曙光 4000A"及 TOP500 证书

2005 年 12 月 21 日,中英开放中间件基础架构研究所与中国国家网格运行管理中心揭牌仪式在中国科学院计算机网络信息中心举行,时任科技部部长徐冠华等为中英开放中间件基础架构研究所与中国国家网格运行管理中心揭牌,这标志着中国国家网格正式开通。如图 2-3 所示。

图 2-3　中国国家网格运行管理中心揭牌仪式

同年,支持网格环境运行和网格应用示范的网格软件 CNGrid GOS 投入实际运行。该网格软件提供了网格资源的管理与任务调度、网格资源的共享与协同机制、网格系统管理和监控、网格数据管理和服务、网格系统的安全机制、网格用户管理和服务、网格应用开发与使用环境等功能。

"国家地质调查网格""航空制造网格""中国气象应用网格""科学数据网格""新药发现网格""生物信息应用网格"等重要的行业应用网格研制成功,并在应用领域取得一批重要的应用成果,包括:以计算机模拟进行化合物筛选支持糖尿病新药的研制,支持 GRAPES 数值气象预报新模式协同研究的平台,支持飞机异地设计、模拟、制造的航空制造网格平台,地下水资源评价和固体矿产资源评价服务,分布式异构科学数据库集成共享及宇宙射线数据预处理等应用,基于网格技术的石油地震勘探软件,支持退耕还林工程和森林资源监测分析的数字林业网格,提供基因排序、标注和基因数据资源共享等功能的生物信息应用网格,复杂产品仿真,上海市智能交通信息服务等。

经过积极努力与探索,国家高性能计算环境在网格资源集成和共享、网格服务技术等方面得到重大突破，将多种分布异构的高性能计算资源、存储资源和软件资源集成起来，形成一个统一的、易于使用的共享资源空间。依托国产高性能计算机所建立的中国国家网格试验床包含了分布在全国各地的 8 个结点，即中国科学院计算机网络信息中心、上海超级计算中心、国防科技大学、清华大学、西安交通大学、中国科学技术大学、北京应用物理和计算数学研究所、香港大学，聚合计算能力 18 万亿次，总存储容量 200TB，共享软件 50 多个，数据库约 150 个，资源能力居当时世界国家级同类网格的第二位。

2.2　成长期(2006—2010 年)

2006 年，国家启动 863 计划"高效能计算机及网格服务环境"重大项目，专项经费 92355 万元，项目围绕战略目标和重点任务，设置了高效能计算机、网格服务环境和高性能计算与网格应用三方面的 41 个研究课题，项目共有参研单位 59 个，其中大学 22 个，科研院所 19 个，企业科研机构 4 个，企业 7 个，应用单位 7 个。该重大项目将研制千万亿次高效能计算机列为主要目标之一。从高性能到高效能，一字之差，体现了研究路线的转变。高效能意味着衡量计算机系统的能力和水平不仅要看峰值性能，更要看应用所获得的实际性能，要强调应用程序开发的效率和程序编写的容易程度，要强调现有程序的可移植性，强调系统的鲁棒性。重大项目的另一主要目标是提升中国国家网格的资源能力和服务水平，将其从试验床升级为网格服务环境，从而更好地支持应用。

2007 年 12 月 11 日，由中国科学院计算机网络信息中心等参与完成的"中国国家网格"项目荣获 2007 年国家科学技术进步奖二等奖，如图 2-4 所示。

2008 年，中国科学院计算技术研究所和联想集团分别研制完成 233 万亿次的"曙光 5000A"和 157 万亿次的联想"深腾 7000"百万亿次高效能计算机，如图 2-5 和图 2-6 所示。

图 2-4　"中国国家网格"项目的国家科学技术进步奖二等奖证书

图 2-5   "曙光 5000A" 及 TOP500 证书

图 2-6   "深腾 7000" 及 TOP500 证书

2009 年，重大项目部署了 3 台千万亿次高效能计算机的研制：由中国科学院计算技术研究所和曙光公司为国家超级计算深圳中心研制"曙光 6000"系统，由国防科技大学和浪潮集团有限公司为国家超级计算天津中心研制"天河一号"系统，由国家并行计算机工程技术研究中心为国家超级计算济南中心研制"神威蓝光"系统。

2010 年 5 月，"曙光 6000"系统研制成功，在 2010 年 5 月 31 日发布的第 35 届 TOP500 排行榜上，以 1.271PFlops 的 LINPACK 实测值排名第二，这是我国的高性能计算机系统在该排行榜上的历史最好成绩。如图 2-7 所示。

图 2-7   "曙光 6000" 及 TOP500 证书

2010 年 8 月，"天河一号"系统研制成功；2010 年 10 月 28 日，"天河一号"高效能计算机系统正式对外发布；2010 年 11 月 17 日，在 TOP500 排行榜上，"天河一号"以理论峰值速度每秒 4700 万亿次、实际运算速度每秒 2566 万亿次夺得世界第一。如图 2-8 所示。

图 2-8　"天河一号"及 TOP500 证书

　　2010 年 11 月 2 日，科技部在北京召开了国家 863 计划"高效能计算机及网格服务环境"重大项目成果发布会。时任科技部党组书记李学勇和国家发展改革委、教育部、中国科学院、国家自然科学基金委员会有关领导出席了会议。我国信息技术领域知名专家金怡濂院士、沈绪榜院士、李国杰院士、陈左宁院士等出席了会议。本次发布会集中展示了"十一五"期间国家 863 计划"高效能计算机及网格服务环境"重大项目在千万亿次高效能计算机研制、网格服务环境建设、高性能计算及网格应用等方面取得的重大进展。重大项目总体专家组组长钱德沛教授发布了"天河一号"高效能计算机、中国国家网格应用环境及其在飞机设计、铁路运输、气象预报、新药研制、水利信息、天体物理等应用领域取得的重大成果。如图 2-9 所示。

图 2-9　"高效能计算机及网格服务环境"重大项目成果发布会合影

　　2011 年，第三台千万亿次高效能计算机"神威蓝光"研制成功，并安装在国家超级计算济南中心。如图 2-10 所示。

　　到 2010 年年末，在"高效能计算机及网格服务环境"重大项目支持下，我国建成了 14 个结点的国家级高性能计算服务环境,聚合计算能力超过 3000 万亿次，是 2005 年的 167 倍，存储能力超过 15PB，部署了 450 多个软件与服务，支持了

1100 多项国家与地方科技项目。

图 2-10 "神威蓝光"高效能计算机

2.3 发展期(2011—2015 年)

2013 年，在"十二五"863 计划信息技术领域"高效能计算机研制"重大项目的支持下，"天河二号"超级计算机系统研制成功。6 月 17 日，在德国莱比锡举行的 SC13 大会正式发布第 41 届 TOP500 排行榜，"天河二号"以理论峰值速度每秒 5.49 亿亿次、实际运算速度每秒 3.39 亿亿次的优异性能位居榜首。这是继2010 年国防科技大学研制的"天河一号"首次夺冠后，我国超级计算机再次登上世界超算之巅。中共中央总书记、国家主席、中央军委主席习近平对国防科技大学研制成功"天河二号"超级计算机系统做出重要批示，对取得这一成绩表示热烈祝贺。习近平指出，"天河二号"超级计算机系统研制成功，标志着我国在超级计算机领域已走在世界前列。

特别值得一提的是，"天河二号"连续 3 年 6 届(2013—2015 年)位列 TOP500首位，这是有史以来中国占据 TOP500 榜首位置最久的超级计算机。如图 2-11 所示。

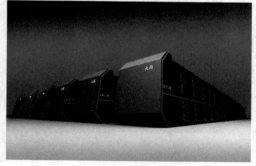

图 2-11 "天河二号"及 TOP500 证书

2013 年 9 月 25 日，我国超级计算创新联盟在科技部的指导与支持下正式成立，将造机器、管机器、用机器三个群体有机联合起来，共同探索构建超级计算创新平台，促进行业技术进步和应用发展，更好地服务社会与广大用户，壮大我国超级计算事业。如图 2-12 所示。

图 2-12　超级计算创新联盟成立大会合影

2014 年 2 月 20 日，"十一五" 863 计划信息技术领域 "高效能计算机及网格服务环境" 重大项目成果 "国家高性能计算服务环境关键技术与应用" 通过鉴定。鉴定结论是："该项目设计思想先进，系统复杂、规模大，参研单位多，研制难度很大。在具有新型服务形态的国家高性能计算服务环境、支持环境运行和应用服务的网格服务软件、万核级大规模并行计算技术和高性能计算与网格应用等方面有重大创新，促进了我国高性能计算基础设施与高性能计算应用的跨越式发展，整体技术水平处于世界领先行列。鉴定委员会一致同意通过成果鉴定。"如图 2-13 所示。

图 2-13　"国家高性能计算服务环境关键技术与应用"成果鉴定会

2014 年 9 月 25 日，在超级计算创新联盟成立一周年暨年度全体会议上，中国国家网格服务环境示范专网开通仪式正式启动，北京(中国科学院计算机网络信息中心)、天津(国家超级计算天津中心)和济南(国家超级计算济南中心)三个示范结点的超级计算资源通过专网连接实现资源共享，并对外提供服务。如图 2-14 所示。

图 2-14　中国国家网格服务环境示范专网开通仪式

截至 2015 年末，国家高性能计算环境包含 15 个结点单位资源，聚合计算资源超过 12PFlops，存储资源 34PB。具体信息如表 2-1 所示。

表 2-1　国家高性能计算环境结点单位基本信息

序号	结点单位	资源概况	
		计算资源/TFlops	存储资源/TB
1	中国科学院计算机网络信息中心	2300	6000
2	上海超级计算中心	400	1000
3	国家超级计算天津中心	4700	4000
4	国家超级计算济南中心	1100	2000
5	国家超级计算深圳中心	1271	17200
6	湖南大学国家超级计算长沙中心	1372	1280
7	清华大学	104	1000
8	香港大学	31	130
9	山东大学	20	20
10	西安交通大学	15	100
11	华中科技大学	240	500
12	中国科学技术大学	288	200

续表

序号	结点单位	资源概况	
		计算资源/TFlops	存储资源/TB
13	中国科学院深圳先进技术研究院	210	500
14	北京应用物理与计算数学研究所	40	100
15	甘肃省计算中心	40	50

2.4　成熟期(2016 年至今)

　　根据国家科技计划体制的改革，将科技部管理的 973 计划、863 计划、国家科技支撑计划、国际科技合作与交流专项，国家发展改革委、工信部共同管理的产业技术研究与开发资金，农业部、卫计委等 13 个部门管理的公益性行业科研专项等，整合形成一个国家重点研发计划。该计划针对事关国计民生的重大社会公益性研究，以及事关产业核心竞争力、整体自主创新能力和国家安全的战略性、基础性、前瞻性重大科学问题、重大共性关键技术和产品，为国民经济和社会发展主要领域提供持续性的支撑和引领。

　　2016 年 2 月 16 日，国家重点研发计划首批重点专项指南正式发布，标志着整合了多项科技计划的国家重点研发计划从即日起正式启动实施。

　　2016 年，国家重点研发计划"高性能计算"重点专项经形式审查、预评审、正式申报、视频答辩评审、项目预算评估及项目任务书的签订等环节，科技部高技术中心顺利完成了"高性能计算"重点专项首批 19 个项目的立项工作，对 10 个重点研究任务进行了部署。本重点专项的总体目标是突破 E 级(百亿亿次级)计算机核心技术，依托自主可控技术，研制满足应用需求的 E 级高性能计算机系统，使我国高性能计算机的性能在"十三五"末保持世界领先水平。研发一批关键领域和行业的高性能计算应用软件，建立国家级高性能计算应用软件中心，构建高性能计算应用生态环境。建立具有世界一流资源能力和服务水平的国家高性能计算环境，促进我国计算服务业发展。围绕 E 级高性能计算机系统研制、高性能计算应用软件研发、高性能计算环境研发 3 个技术方向，专项共设置了 21 个重点研究任务，实施时间至 2020 年年底。

　　2016 年 6 月 20 日，在德国法兰克福国际超级计算大会上，"神威·太湖之光"以实际运算速度超过每秒 9.3 亿亿次的性能位居 TOP500 榜首。如图 2-15 所示。

图 2-15　"神威·太湖之光"及 TOP500 证书

　　2016 年 10 月 19 日，由中国科学院计算机网络信息中心牵头，国家重点研发计划高性能计算专项"国家高性能计算环境服务化机制与支撑体系研究"项目启动会顺利召开。国家高性能计算环境聚合国内优秀的高性能计算资源，面向用户提供便捷的高性能计算服务。该项目在"十二五"项目工作基础上预计将从资源接入评价和标准、核心服务优化、运行管理支撑体系完善、基础设施提升、综合评价体系等几方面开展服务化全面升级工作，预期构建具有基础设施形态、支持服务化模式运行的国家高性能计算环境，达到 E 级计算资源服务承载水平，提供用户个性化高性能计算服务，全面推动环境服务化建设迈上新台阶。该项目预期将突破高性能计算环境发展的几类技术和机制体制重大问题，激励各类超级计算中心加入环境共享计算资源，吸引更多应用领域的用户，促进产生更多的应用成果，推进行业应用发展，并促使从高性能计算机运维到用户应用服务形成良好的生态环境。如图 2-16 所示。

　　2017 年 3 月 16 日，在上海举行了中国国家网格合肥运行中心授牌仪式，宣布中国国家网格合肥运行中心正式启用，如图 2-17 所示。至此，国家高性能计算环境拥有北京和合肥双运行中心，数据可异地备份，服务更加可靠和有保障。

图 2-16　"国家高性能计算环境服务化机
　　　　制与支撑体系研究"启动会

图 2-17　中国国家网格合肥运行中心挂牌仪式

　　2017 年 9 月 15 日，超级计算创新联盟在江苏无锡顺利召开年度全体会议。会议期间，举行了国家高性能计算环境本年度新加入结点授牌仪式。迟学斌研究员为吉林省计算中心和上海交通大学授牌，加上之前加入的中山大学国家超级计算广州中心和国家超级计算无锡中心，国家高性能计算环境结点单位达到 19 家：中国科学院计算机网络信息中心、上海超级计算中心、国家超级计算天津中心、国家超级计算济南中心、国家超级计算深圳中心、湖南大学国家超级计算长沙中心、清华大学、香港大学、山东大学、西安交通大学、华中科技大学、中国科学技术大学、中国科学院深圳先进技术研究院、北京应用物理与计算数学研究所、甘肃省计算中心、吉林省计算中心、国家超级计算无锡中心、上海交通大学、中山大学国家超级计算广州中心。

　　2017 年 11 月，第 50 届 TOP500 在美国丹佛的 SC17 上揭晓，排在榜首的仍然是来自中国的"神威·太湖之光"，实现四连冠；昔日冠军"天河二号"紧随其后。加上此前"天河二号"创造的六连冠记录，中国已经连续 5 年 10 届(2013—2017 年)实现对该榜单的领跑。此外，在这份榜单中，中国超级计算机跻身 TOP500 的席位数由 6 个月前的 160 套升至 202 套，美国由 169 套降至 143 套。这也是继 2016 年 6 月中国超级计算机份额首次以微弱优势(167 套：165 套)超越美国后，再次实现大幅度超越(202 套：143 套)。

　　截至 2017 年 12 月，根据运行管理中心统计的数据，国家高性能计算环境聚合计算资源超过 200PFlops，总存储资源超过 167PB。

第 3 章 国外同类环境的分析与比较

3.1 美国极限科学与工程发现环境

3.1.1 环境简介

2011 年 7 月 1 日，美国国家科学基金会(National Science Foundation，NSF)正式启动极限科学与工程发现环境(Extreme Science and Engineering Discovery Environment，XSEDE)项目，该项目为期 5 年，共获资 1.21 亿美元，是 TeraGrid 项目(2001—2011 年)的延续，目标是打造全球最先进、最强大和最稳定的集成式数字资源和服务环境[①]。

XSEDE 的宗旨是连接全球的计算机、数据和研究人员，建立可供科学家共享并用于开展研究的单一虚拟系统。XSEDE 项目愿景是为学者、研究者、工程师打造一个能够无缝访问先进计算资源和共享数据，实现多学科合作，解决社会巨大挑战的数字化环境。

XSEDE 的扩展合作支持服务(Extended Collaborative Support Services，ECSS)项目[②]可以为用户提供网络基础设施专家支持，这些专家拥有各种专业知识和技能，可以在数月到一年的时间内为科研人员提供免费帮助，从根本上提升科研人员使用 XSEDE 资源的水平。这些专家擅长的领域包括：性能分析、千万亿次优化、加速器的有效使用、I/O 优化、数据分析、可视化、通过科学网关使用 XSEDE、工作流等。

XSEDE 还为校园挑战赛(Campus Champion)项目提供支持，为来自 50 个州 200 所机构的志愿者提供高性能计算、高通量计算(HTC)及其他 XSEDE 数字服务、机遇与资源信息。参与挑战赛的校园能直接访问 XSEDE，获得其技术支持和资源配置，并帮助学校的研究人员使用 XSEDE 的资源。

3.1.2 参与机构

XSEDE 由伊利诺伊大学厄巴纳-香槟分校(UIUC)主持。除了 UIUC 的国家超算应用中心外，其他 18 家参与 XSEDE 的机构分别为：康奈尔大学先进计算中心，佐治亚理工学院集成科学、数学与计算教育中心，印第安纳大学(IU)泛在技术研

---

① https://www.xsede.org/web/guest/xsede-launch.

② https://www.xsede.org/ecss.

究所，田纳西大学和橡树岭国家实验室联合运作的国家计算科学研究所(National Institute for Computational Sciences，NICS)，俄克拉荷马州立大学高性能计算中心，俄克拉荷马大学科研教育超算中心，普渡大学罗森先进计算中心，加州大学圣地亚哥分校圣地亚哥超级计算中心(SDSC)，德州大学奥斯汀分校德州先进计算中心(TACC)，阿肯色大学阿肯色高性能计算中心，佐治亚大学特里商学院，南加州大学信息科学研究所，美国国家大气研究中心(NCAR)，俄亥俄超算中心，匹兹堡超算中心(PSC)，西北大学研究协会，阿贡国家实验室、非营利组织 Shodor(国家计算科学教育资源)。

3.1.3　资源

XSEDE 是一项大型的国家级协作项目，参与 XSEDE 的多家机构均为其贡献一种或多种可配置的资源与服务，这些资源包括高性能计算、高通量计算、可视化、数据存储等[①]。

①　高性能计算资源：位于匹兹堡超算中心的"桥"(Bridges)和"绿地"(Greenfield)，位于加州大学圣迭戈分校圣迭戈超算中心的"彗星"(Comet)和"戈登"(Gordon)，位于印第安纳大学和德州大学奥斯汀分校德州先进计算中心的"喷流"(Jetstream)，位于德州大学奥斯汀分校德州先进计算中心的"蜂拥"(Stampede)和"牧人"(Wrangler)，位于田纳西大学诺克斯维尔分校国家计算科学研究所的"灯塔"(Beacon)，位于路易斯安那州立大学(LSU)的"超级麦克"(SuperMIC)，位于斯坦福研究计算中心的"极根"(Xstream)。

②　高通量计算资源：即开放科学网格(Open Science Grid，OSG)，其联合了地区、社区与国家网络基础设施，以通过开放分布式计算促进科学研究。

③　可视化资源：德州大学奥斯汀分校德州先进计算中心的交互式可视化与数据分析系统及可视化门户 Maverick。

④　存储资源：德州大学奥斯汀分校德州先进计算中心长期磁带档案存储(Ranch 系统)，德州大学奥斯汀分校德州先进计算中心长期存储(Wrangler 存储系统)，印第安纳大学和德州大学奥斯汀分校德州先进计算中心存储(Jetstream 存储系统)，田纳西大学诺克斯维尔分校国家计算科学研究所长期磁带档案存储(HPSS 系统)，匹兹堡超算中心存储(Bridges Pylon 系统)，匹兹堡超算中心持久性磁盘存储(Data Super Cell 系统)，加州大学圣迭戈分校圣迭戈超算中心中期磁盘存储(Data Oasis 系统)，XSEDE 广泛文件系统。

此外，XSEDE 还提供多种软件资源，详见：https://www.xsede.org/ecosystem/resources。

---

① https://www.xsede.org/resources.

3.1.4　研究内容

2011 年 7 月第一期启动时，XSEDE 的目标是在 TeraGrid 的基础上建立一个可以提供私密安全环境的网络基础设施，使研究人员可以获得所需资源、服务和合作支持。XSEDE 提供一系列服务，确保研究人员能够充分利用超级计算机和工具。例如，印第安纳大学负责开发科学网关、在线工具和门户，使科学家更易于访问先进计算资源。此外，印第安纳大学还负责提供虚拟机、网络监控和备份操作等服务。田纳西大学(UT)辅助创建美国高性能计算机与研究设施之间的新一代连接。新的 XSEDE 超级计算机网格将创造出强大的工具来解决部分高度复杂的科学问题，如通过气候建模、药物开发、DNA 排序和各类模拟来解决气候变化、不治之症和能源危机等问题。此外，由田纳西大学和橡树岭国家实验室联合运作的国家计算科学研究所将负责改善高性能计算机、数据资源和实验设施之间的连接[①]。

XSEDE 为了简化对计算集群的管理，使科研人员和学生能更轻松地使用本地和国家网络基础设施，开发了名为 Rocks Roll 的软件套件。该套件实现了从预先定义的软件包创建一个集群的过程的自动化，能帮助科研人员和校园 IT 管理人员轻松创建一个兼容 XSEDE 的基础计算集群。Rocks Roll 使科研人员能更轻松地将数据从校园存储系统移至 XSEDE 环境，并在 XSEDE 的超级计算机上分析数据[②]。

2016 年，XSEDE 获得新的 5 年期资助，被称为 XSEDE 2.0。XSEDE 2.0 增加创新元素来满足日益发展的支撑技术及用户需求[③]。XSEDE 2.0 支持美国国家战略计算计划的目标，包括从整体上扩展国家高性能计算生态系统的能力，服务于教育和员工发展，培养当前和未来的研究人员与技术专家。XSEDE 2.0 将提供若干关键功能，包括：

① 面向超级计算机提供高端可视化、数据分析、资源管理等服务，以解决日益多样化的科学与工程挑战。

② 管理配置流程，方便研究人员访问先进计算资源；继续改进并创新该流程，使其与新的研究访问工作流与新的资源保持一致。

③ 基于 XSEDE 优秀用户服务的传统，通过连接校园高性能计算社团，以及教育、培训、拓展活动的开展，引进新一代的多样性计算研究人员，帮助研究人员访问当地和国家资源。

④ 提供扩展的合作支持服务，以将 XSEDE 的计算或软件工程专家与领域科

---

① https://www.xsede.org/web/guest/xsede-launch.

② https://www.xsede.org/xsede-announces-new-campus-bridging-services-and-tools.

③ https://www.nsf.gov/news/news_summ.jsp?cntn_id=189573&WT.mc_id=USNSF_51&WT.mc_ev=click.

学家组合起来，加强项目建设或开发促进研究所需的工具。

⑤ 继续运作并改善国家层面的 XSEDE 集成高性能计算能力，为 XSEDE 负责协调的网络基础设施生态系统的用户提供一站式体验。

3.1.5　管理和运行模式

XSEDE 建立了自己的组织结构和管理机制[①]。由于 XSEDE 是一个分布式的项目，利益相关者众多，用户众多，因此必须建立一个平衡效率和包容性的治理模型。XSEDE 组织由四层结构组成[②]：

L1(项目级别)：包括所有的职能区域以及外部组件，如用户咨询委员会(UAC)、XSEDE 顾问委员会(XAB)、服务提供商论坛(SPF)。

L2(功能领域)：由 6 个职能区域组成，分别是社区参与和丰富(CEE)、扩展合作支持服务、XSEDE 网络基础设施整合(XCI)、运营(Ops)、资源分配服务(RAS)，以及项目办公室。

L3(重点区域)：每个职能区域被分为多个重点区域。

L4(工作级)：团队成员完成 L3 的团队和个人分配的工作。

工作分解结构(WBS)方法适用于 L1—L3 级别。L2 的团队的建设目标与项目的战略目标一致。

XSEDE 的管理模式面向用户、服务提供商和美国国家科学基金会科学社群。各利益相关方通过三个不同的咨询机构提供意见，并且分别通过定期安排的会议直接与 XSEDE 总监和高级管理团队联系。XSEDE 领导层通过用户咨询委员会了解用户需求，通过服务提供商论坛和 XSEDE 顾问委员会接受咨询。XSEDE 由高级管理团队管理，该团队由项目总监担任主席，联合项目总监和项目主要领域关键负责人、用户咨询委员会主席、服务提供商论坛主席共同组成。该团队主要由负责项目日常运作的人员组成，是管理层中级别最高的。为了兼顾用户和服务提供商的需求与合作，用户咨询委员会主席和服务提供商论坛主席也在该团队中。

XSEDE 的机时分配需要提交申请(https://portal.xsede.org/allocations/policies)。

3.1.6　应用情况

XSEDE 可以为医学、工程学、地震科学、流行病学、基因组学、天文学和生物学等领域的科学发现提供网络基础设施服务和资源支持。这些服务和资源包括

---

① 　https://www.ideals.illinois.edu/bitstream/handle/2142/42548/XSEDE%20Year%202%20Program%20Plan%20-%20Final.pdf?sequence=2&isAllowed=y.

② 　https://www.xsede.org/about/organization.

超级计算机、数据收集和软件工具。XSEDE 应用场景很多，包括引力波的发现、高精度北极地图绘制、HIV 结构解析、预防交通事故受伤等。XSEDE 最近的一份总结报告详细介绍了 2017 年 1 月至 2018 年 1 月的重要应用案例，其中包括：

① 利用生物基化合物提供更绿色的碳纤维替代品。

② 将超算引入心理学。

③ 质子化肼键均裂和异裂过程中的非绝热行为。

④ 利用超算探寻骨骼的秘密。

⑤ 模拟和可视化大型风暴极端天气。

⑥ 验证资产定价理论。

⑦ 离子束和 SmS+键能的理论研究[①]。

3.1.7　项目资助情况

XSEDE 由美国国家科学基金会于 2011 年 7 月资助启动，项目为期 5 年，共获资 1.21 亿美元。2016 年 8 月 23 日，美国国家科学基金会宣布将在未来 5 年内再拨款 1.1 亿美元，资助伊利诺伊大学厄巴纳-香槟分校及 18 家合作机构继续开展并拓展基于 XSEDE 的活动。新的 5 年期资助被称为 XSEDE 2.0，将继续向其广大用户提供已有服务，并增加创新元素来满足日益发展的支撑技术及用户需求。XSEDE 2.0 支持美国国家战略计算计划的目标，包括从整体上扩展国家高性能计算生态系统的能力，服务于教育和员工发展，培养当前和未来的研究人员与技术专家。

3.2　欧洲网格基础设施

3.2.1　环境简介

欧洲网格基础设施(European Grid Infrastructure，EGI)是一个可持续的泛欧基础设施。EGI 的愿景是让所有学科的研究人员拥有简单、完整和开放的渠道来获取先进的数字功能、资源和专业知识，进行计算和数据密集型科学研究和创新。EGI 的使命是通过整合各个研究机构和国家的数字能力、资源和专业知识来为科学和研究基础设施创造并提供开放的解决方案[②]。截至 2016 年 9 月，EGI 提供 826500 颗 CPU 核用于高通量计算，6600 颗 CPU 核用于云计算，在线存储容量达到 285PB，档案存储容量达到 280PB。

---

① https://www.ideals.illinois.edu/bitstream/handle/2142/99773/XSEDE2-IPR5-Final.pdf?sequence=2&isAllowed=y.

② https://www.egi.eu/about/.

EGI 的前身是欧洲数据网格(European Data Grid，EDG)和欧洲科研信息化网格(Enabling Grid for e-Science，EGEE)，它们实现了对计算、存储和网络资源的跨国访问。然而，原有的整套服务是根据早期科学团体的需求量身定制的，并不总是满足新团体的需求，因此启动了 EGI。EGI 从 2010 年正式启动，第一阶段为面向欧洲科研人员的集成可持续泛欧基础设施(EGI-InSPIRE)项目，旨在创建一个无缝系统，满足当前和未来的科学工作需求。2014 年 12 月 EGI-InSPIRE 项目结束，2015 年 3 月第二阶段的促进 EGI 社区迈向开放科学公地(EGI-Engage)项目启动，旨在扩展欧洲在计算、存储、数据、通信、知识和技能方面的重要联合服务能力，加速开放科学共享的实施，以补充特定社区功能①。EGI 分阶段实施路线如图 3-1 所示。

图 3-1 EGI 分阶段实施路线

3.2.2 管理机构

EGI 理事会负责确定 EGI 联盟的战略方向。理事会是 EGI 基金会(EGI.eu)的高级决策和监督机构，负责界定整个 EGI 生态系统的战略方向。理事会参与者是代表国家电子基础设施的组织和一个欧洲政府间研究组织②。

EGI 基金会于 2010 年 2 月 8 日在阿姆斯特丹成立，是非营利性的，由 EGI 理事会负责治理。

日常业务由执行董事会监督。执行董事会监督 EGI 基金会的日常运作。董事会的 7 名成员与管理和技术总监在运营、技术和财务问题上密切合作③。

3.2.3 运行模式

EGI 提供计算、数据与存储、培训三大类服务④。

(1) 计算服务

① 云计算：可以按需部署和扩展虚拟机，提供安全和隔离环境中的有保障的计算资源并配备标准 API 访问，而不需对物理服务器进行管理。云计算服务使用户能从所有 EGI 云提供商提供的列表中选择预配置的虚拟设备(CPU、存储、磁盘、

---

① https://www.egi.eu/about/a-short-history-of-egi/.

② https://www.egi.eu/about/egi-council/.

③ https://www.egi.eu/about/egi-foundation/.

④ https://www.egi.eu/services/.

操作系统或软件等)。

② 云容器计算：可以按需部署和扩展容器，提高性能，很适合开发工作。利用轻量级环境实现性能最优化，提供标准接口以在多个服务提供商上实现部署，具备互操作性和透明性，消除开发和操作环境间的冲突。

③ 高通量计算：由计算中心组成的分布式网络提供，可以通过标准接口和虚拟组织成员资格访问，能大规模运行计算任务，帮助用户分析大型数据集并执行数以千计的并行计算任务。EGI 提供超过 65 万个 CPU 核，并支持每天约 160 万个计算任务的运行。高通量计算服务支撑从个体到大型合作各种规模的研究与创新活动。

(2) 存储与数据服务

① 在线存储：允许用户在可靠和高质量的环境中存储数据并通过分布式团队进行共享。用户的数据能通过不同的标准协议访问并在不同提供商之间复制，且容错率也有所提升。在线存储让用户能完全控制自己的数据。

② 档案存储：允许用户在安全环境中长期备份大量数据，释放有用的在线存储资源。由于采用了可互操作的开放标准，档案存储中的数据可在几个存储站点中复制。该服务针对不经常的访问进行了优化。

③ 数据传输：允许用户从一个站点到另一个站点异步移动任何类型的数据文件。

(3) 培训服务

① FitSM 培训：FitSM 是一个用于 IT 服务管理的轻量级标准，通过简单、实用的支持实现可追溯性，并提供一个通用的理念和流程模型来阐述现实需求。通过 FitSM 培训，用户能掌握 IT 服务管理的基本知识，以及如何在机构中实施 FitSM。相关培训项目分为基础、进阶和专家三个级别。

② 培训基础设施：培训基础设施是一个用于培训活动的基于云的计算与存储资源，可用于组织现场教学或研讨会以及在线培训课程，或作为自主学习的平台。培训基础设施同样使用 EGI 提供给科研人员高质量计算与存储环境，教员可在其上部署定制的虚拟机图像，为学生提供培训环境。虚拟机可根据具体的需求定制，而社区能从课程材料的简单部署和简单再利用中受益。

3.2.4　应用情况

EGI 在环境科学、生命和生物科学、物理和天文学、艺术和人文等方面均有应用。以下简要举例若干(详情见 https://www.egi.eu/use-cases/research-stories/)。

① 卫星观测帮助监测中国的空气质量——高吞吐量计算服务——通过 HellasGrid 提供计算资源。

② 研究保加利亚的大气成分——高吞吐量计算服务——通过保加利亚科学

院信息和通信技术研究所(IICT)提供计算资源。

③ 研究从二氧化碳中回收清洁甲烷的方法——高吞吐量计算服务——通过compchem 虚拟组织提供计算资源。

④ 研究自施肥是否能提高抗灭绝能力——高吞吐量计算服务——通过生物医学虚拟组织提供计算资源。

⑤ 研究老煤堆对生态系统是否有价值——高吞吐量计算服务——通过生物医学虚拟组织提供计算资源。

3.2.5　项目资助情况

EGI-InSPIRE 项目(2010 年 5 月—2014 年 12 月)由欧盟资助,资助额为 2500 万欧元[1]。

EGI-Engage 项目(2015 年 3 月—2017 年 8 月)由欧盟资助,资助额为 800 万欧元[2]。

3.3　全球大型强子对撞机计算网格

3.3.1　环境简介

全球大型强子对撞机计算网格(Worldwide LHC Computing Grid, WLCG)创建于 2002 年, 是一个全球性计算机中心合作项目,旨在提供资源用以存储、分发和分析大型强子对撞机(large hadron collider, LHC)每年产生的几十 PB 的数据。2016年, 大型强子对撞机产生的数据在过滤掉 99%以后, 还可能达到 50PB, 差不多等于 1500 万部高清电影[3]。

WLCG 由欧洲核子研究中心(European Organization for Nuclear Research, CERN)负责协调, 连接着全球 42 个国家的 170 多家计算中心, 以及数个国家与国际网格, 每天可运行 200 万个作业, 是当今世界上最大的网格计算环境。通过部署一个覆盖全球范围的计算网格服务, WLCG 项目将欧洲、美洲、亚洲等地区的超级计算中心集成到一个虚拟的计算组织中, 为大型强子对撞机实验提供计算资源, 包括 CPU 计算资源、数据存储能力、处理能力、传感器、可视化工具、网络通信设施及其他资源等。由大型强子对撞机实验产生的数据分布于全球, 欧洲核子研究中心会对原始数据进行备份。数据经过原始处理后, 将在计算网格全天候运行的支持下分布式存储到欧洲、北美和亚洲的 13 个顶尖研究中心, 再从那里

① https://cordis.europa.eu/project/rcn/95923_en.html.

② https://cordis.europa.eu/project/rcn/194937_en.html.

③ http://wlcg-public.web.cern.ch/about.

分散到世界各地上百所研究中心，由全世界多位物理学家合作处理实验数据。

3.3.2　组织架构

　　组成 WLCG 的各站点分为 4 层：Tier-0、Tier-1、Tier-2 和 Tier-3，每层均提供一套特定的服务，如图 3-2 所示[①]。

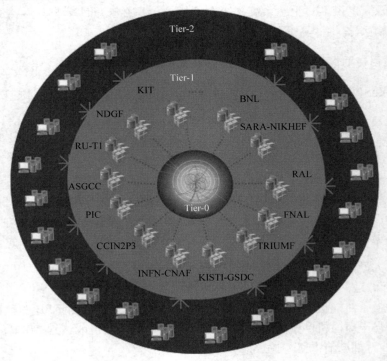

图 3-2　WLCG 各级中心

　　Tier-0 即欧洲核子研究中心数据中心，分别位于瑞士日内瓦的欧洲核子研究中心和匈牙利布达佩斯的魏格纳物理研究中心，这两个站点通过 100Gbit/s 的专用数据链路互联。所有大型强子对撞机产生的数据都通过中央的欧洲核子研究中心，但欧洲核子研究中心提供的计算能力不到总体计算能力的 20%。Tier-0 负责原始数据(第一次复制)的安全保存、首次处理和分布，将输出结果重建到 Tier-1，并在大型强子对撞机停机期间对数据进行再处理。

　　Tier-1 包含具备充足存储能力、为 WLCG 提供全天候支持的 13 家大型计算中心：德国卡尔斯鲁厄理工学院(KIT)、北欧数据网格设施(NDGF)、俄罗斯 RU-T1、中国台湾"中央研究院"网格计算中心(ASGCC)、西班牙科学信息港(PIC)、法国

---

① http://wlcg-public.web.cern.ch/tier-centres.

国家粒子物理研究所计算中心(CCIN2P3)、意大利国家核物理研究所信息技术研发中心(INFN-CNAF)、韩国科技信息研究所全球科学实验数据中心(KISTI-GSDC)、加拿大国家粒子物理与核物理实验室(TRIUMF)、美国费米国立加速器实验室(FNAL)、英国卢瑟福·阿普尔顿实验室(RAL)、荷兰高性能计算与数据基础设施-国家亚原子物理研究所(SARA-NIKHEF)、美国布鲁克海文国家实验室(BNL)。这些中心负责原始数据与重构数据的按比例安全保存,相关结果的大规模再处理与安全保存,将数据分布到 Tier-2 以及安全存储 Tier-2 产生的部分模拟数据。

Tier-2 通常是大学与其他科研院所,它们拥有充足的数据存储能力,并提供足量的计算力来完成特定的分析任务。它们负责处理分析需求,并按比例进行模拟和重构。目前全球共有约 160 个 Tier-2。

Tier-3 是指个人科学家可以通过本地计算资源(大学院系的本地集群甚或是个人电脑)访问相关设施,WLCG 与 Tier-3 资源间并不存在正式的契约。

3.3.3　技术路线

WLCG 有 4 个主要的组件层,分别是网络、硬件、中间件和物理分析软件[1]。

①网络:两条 100Gbit/s、时延仅 25ms 的链路连接着 WLCG 的两个 Tier-0 站点,分别由欧盟科教网组织 DANTE 和德国电信 T-systems 提供。欧洲核子研究中心通过网速为 10Gbit/s 的私有专用高带宽网络——大型强子对撞机光纤私有网(LHCOPN)连接着每个 Tier-1 中心,如图 3-3 所示。大型强子对撞机开放网络环境(LHCONE)则提供访问位置集合作为连接到 WLCG 各层站点私有网的入口。WLCG 各中心间的数据交换由网格文件传输服务管理,该服务支持网格计算的具体需求,具备认证和保密功能、可靠性与容错能力,并支持第三方和部分文件传输。

② 硬件:每个网格中心都管理着大量的计算机与存储系统,它们使用大型管理系统(如欧洲核子研究中心开发的 Quattor)实现软件的自动安装与定期更新。每一 Tier-1 中心都拥有磁盘和磁带服务器,它们使用特定的存储工具(如 dCache 系统、ENSTORE、欧洲核子研究中心高级存储系统等)访问数据,以独立于存储媒介进行模拟和分析。

③ 中间件:中间件实现对大量分布式计算资源与存档的访问,为强大、负责和耗时的数据分析提供支持。WLCG 使用的最重要中间件栈由欧洲中间件行动计划开发。

④ 物理分析软件:WLCG 使用的主要物理分析软件是 ROOT,这是一套所

---

① http://wlcg-public.web.cern.ch/structure.

有大型强子对撞机实验都使用的面向对象的核心资料库。ROOT 是一个多功能开源工具，由欧洲核子研究中心和美国费米实验室共同开发，用于大数据处理、统计分析、可视化及存储。

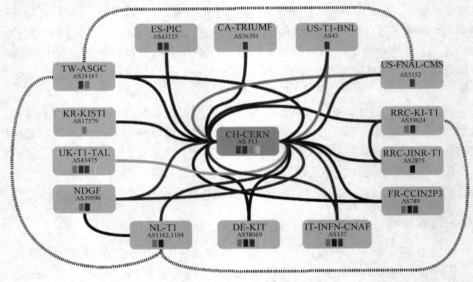

图 3-3　　LHCOPN 分布图①

3.3.4　管理和运行模式

　　WLCG 由欧洲核子研究中心协调，由全球合作机构包括实验室和超算中心共同管理和运营。WLCG 由合作伙伴自主机构的代表组成的代表团进行审查，由大型强子对撞机实验委员会进行科学审查②。WLCG 组织架构如图 3-4 所示。

　　WLCG 为四个主要实验，即大型离子对撞器实验(ALICE)、超环面仪器实验(ATLAS)、紧凑渺子线圈实验(CMS)和大型强子对撞机底夸克侦测器实验(LHCb)，超过 1 万名大型强子对撞机物理学家提供近实时访问和数据分析，提供计算资源的无缝访问，包括数据存储容量、处理能力、传感器、可视化工具等。用户可从多个入口点之一向系统发出工作请求。计算网格建立用户身份，检查其凭证并搜索可提供请求资源的可用站点③。

---

① https://www.researchgate.net/publication/288021708_LHCOPN_and_LHCONE_Status_and_Future_Evolution.

② http://wlcg-public.web.cern.ch/.

③ http://wlcg-public.web.cern.ch/.

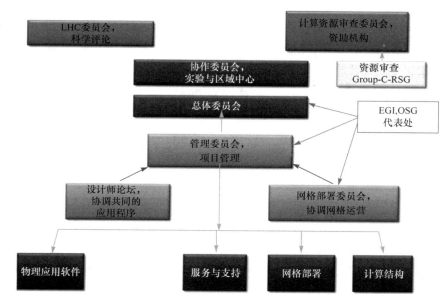

图 3-4　WLCG 组织架构[①]

3.3.5　应用情况

WLCG 针对高能物理计算需求而建立，主要包括 ALICE、ATLAS、CMS、LHCb。与此同时，WLCG 可扩展应用于生物、大气等其他科学研究领域，从而成为一个科学研究的通用计算平台。

3.3.6　项目资助情况

WLCG 资助情况如表 3-1 所示。

表 3-1　WLCG 资助情况[②]

国家或地区	资助机构	备注
奥地利	联邦科学暨教育研究部(BMWF)	合作机构
比利时	法语区基础研究基金会(FNRS)	合作机构
比利时	弗兰德研究基金会(FWO)	合作机构
捷克	教育部(MSMT CR)	合作机构

---

① https://openlab-mu-internal.web.cern.ch/openlab-mu-internal/03_Documents/4_Presentations/Slides/2011-list/Markus%20Schulz%20_OpenLabWLCG-2011.pdf.

② http://wlcg-docs.web.cern.ch/wlcg-docs/MoU/Annexes/Annex4_Funding-Agencies_Representatives_24APR2018.pdf.

续表

国家或地区	资助机构	备注
丹麦	国家科学研究委员会	合作机构
芬兰	赫尔辛基物理研究所(HIP)	合作机构
法国	原子能和替代能源委员会(CEA)/物质科学部(DSM)/宇宙基本规律研究所(IRFU)	合作机构
法国	国家科学研究院(CNRS)/国家核物理与粒子物理研究所(IN2P3)	合作机构
德国	联邦教育及研究部(BMBF)	合作机构
德国	卡尔斯鲁厄理工学院(KIT)	合作机构
德国	电子同步加速器研究所(DESY)	合作机构
德国	重离子研究中心(GSI)	合作机构
德国	马克斯-普朗克研究所(MPI)	合作机构
希腊	约阿尼纳大学	合作机构
希腊	PAMTH	合作机构
匈牙利	科技总署(NKTH)	合作机构
意大利	国家核物理研究院(INFN)	合作机构
以色列	ICHEP	合作机构
荷兰	国立亚原子物理学研究院(NIKHEF)	合作机构
挪威	挪威研究委员会	合作机构
波兰	科学教育部	合作机构
葡萄牙	国际科学与高等教育关系办公室(GRICES)/知识产权科学与技术基金会(FCT)/知识社会局(UMIC)	合作机构
斯洛伐克	教育、科学、研究和运动部	合作机构
西班牙	教育局(MEC)	合作机构
瑞典	研究委员会	合作机构
瑞士	国家科学基金会(SNSF)	合作机构
英国	科学与技术设施理事会(STFC)	合作机构
澳大利亚	高能物理所(AusHEP)	非合作机构
巴西	圣保罗研究基金会(FAPESP)	非合作机构
加拿大	创新基金会(CFI)	非合作机构
中国	国家自然科学基金委员会(NSFC)	非合作机构

续表

国家或地区	资助机构	备注
爱沙尼亚	教育和研究部	非合作机构
印度	原子能部(DAE)	非合作机构
日本	东京大学	非合作机构
韩国	科学技术信息通信部(MSIT)	非合作机构
韩国	国家研究基金会(NRF)	非合作机构
俄罗斯	杜布纳联合原子核研究所(JINR)	非合作机构
马来西亚	马来西亚大学	非合作机构
拉丁美洲国家	全国高能物理网络(RENAFAE)	非合作机构
墨西哥	国立自治大学(UNAM)	非合作机构
巴基斯坦	信息技术学院(CIIT)	非合作机构
巴基斯坦	原子能委员会	非合作机构
罗马尼亚	国家科学研究局	非合作机构
俄罗斯	联邦科学与创新局	非合作机构
斯洛文尼亚	高等教育、科学与技术部	非合作机构
南非	科学与技术部	非合作机构
中国台湾	"中央研究院"	非合作机构
中国台湾	科学技术主管部门	非合作机构
泰国	CU/SUT/NSTDA	非合作机构
土耳其	原子能机构(TAEK)	非合作机构
乌克兰	国家科学院	非合作机构
美国	能源部(DOE)	非合作机构
美国	国家科学基金会(NSF)	非合作机构
美国	NF	非合作机构

3.4　欧洲先进计算合作伙伴

3.4.1　环境简介

2007 年 4 月 17 日，来自 14 个欧洲国家的研究机构代表宣布合作建立欧洲超级计算研究基础设施，即开展欧洲先进计算合作伙伴(Partnership for Advanced

Computing in Europe，PRACE)计划。该计划旨在使欧洲科学家和工程师在需要的时候能够使用世界一流的超级计算资源，也就是欧洲高性能计算金字塔生态系统中的 Tier-0 级基础设施。PRACE 的使命是实现所有学科的高影响力科学发现和工程研究与开发，以增强欧洲的竞争力，从而造福社会。

目前参加 PRACE 的国家已经发展到 26 个，包括奥地利、比利时、保加利亚、塞浦路斯、捷克、丹麦、匈牙利、爱尔兰、以色列、卢森堡、荷兰、斯诺伐克、斯诺文尼亚、土耳其、德国、英国、法国、西班牙、芬兰、希腊、意大利、挪威、波兰、葡萄牙、瑞典、瑞士。其中 5 个国家担负的 7 个领先的高性能计算系统由政府资助和运营，分别是法国、德国、意大利、西班牙和瑞士[①]。

3.4.2　资源

5 个主办成员资助和运营了 7 个领先的高性能计算系统。

(1) CURIE(居里)——法国国家大型计算中心

CURIE BULLx 系统由 5040 个计算刀片(称为瘦节点)组成，每个节点具有 2 个 8 核英特尔 SandyBridge EP 处理器，2.7GHz、4GB/核(即 64GB/节点)和大约 64GB 本地固态硬盘(solid state drive，SSD)。这些节点通过 Infiniband QDR 网络互连，并以 250GB/s 的速度访问多层并行文件系统 Lustre。瘦节点分区的理论峰值速度为 1.7PFlops。

(2) MARCONI——意大利超级计算中心(CINECA)

该系统于 2016 年开始作为 PRACE 的基础设施进行服务。该系统有两个不同的分区：

① MARCONI-Broadwell(A1 分区)由最多 7 个联想 NeXtScale 机架组成，每个机架包含 72 个节点，每个节点包含 2 个英特尔 Broadwell 处理器，每个处理器包含 18 个 CPU 核和 128GB 的 DDR4 RAM。

② MARCONI-KNL(A2 分区)于 2016 年年底部署，由 3600 个服务器节点组成，每个节点包含 1 个带 68 个内核的英特尔 Knights Landing 处理器，16GB 的 MCDRAM 和 96GB 的 DDR4 RAM。

整个系统通过英特尔 OmniPath 网络连接，系统性能达到 13PFlops。2017 年第三季度，MARCONI A1 分区被基于英特尔 Skylake 处理器和联想 Stark 架构的新分区所取代，总计算能力超过 20PFlops。

(3) Hazel Hen——德国斯图加特超级计算机中心

该系统是新的 Cray XC40 系统(Hornet 系统的升级版)，专为高性能和高扩展性需求的应用设计，其理论峰值速度达到 7.42PFlops。系统由 7712 个计算节点组

---

① http://www.prace-ri.eu/prace-in-a-few-words/.

成，总计 185088 个英特尔 Haswell E5-2680 v3 核。该系统具有 965TB 的主内存和 11PB 的存储容量，分布在 32 个额外的包含 8300 多个磁盘驱动器的机柜上。输入/输出速率为每秒+/–350GB。

(4) JUQUEEN——德国高斯超级计算中心

该系统的理论峰值速度为 5.87PFlops，由 28 个机架组成，每个机架包含 1024 个节点(16394 个处理核心)，主存储量达到 458TB。

(5) MareNostrum——西班牙巴塞罗那超级计算中心

该系统基于英特尔 Xeon E5 处理器(2 个 CPU，主频 2.1GHz，每个节点 24 个核心，每个节点 48 个核心)，2GB/内核和 240GB 本地固态硬盘。系统共有 48 个刀片箱，每个刀片箱有 72 个计算节点，总共 3456 个节点。所有节点通过英特尔 Omni-Path 100Gbit/s 网络与非阻塞式胖树网络拓扑相互连接。该系统的理论峰值速度为 10.296PFlops。

(6) Piz Daint——瑞士国家超级计算中心

该系统是一款混合型 Cray XC50 系统，可提供 4400 个节点。计算节点配备了英特尔®Xeon®E5-2690 v3 2.60GHz 十二核处理器、64GB RAM 和 NVIDIA ®Tesla®P100 16GB。节点通过 Cray 的 Aries 专有互连与蜻蜓网络拓扑连接。

(7) SuperMUC——德国 Leibniz 超级计算中心

该中心通过高斯超级计算中心为 PRACE 提供资源。该系统第一阶段包括 18 个配备英特尔 Sandy Bridge 处理器的瘦节点岛和一个配备英特尔 Westmere 处理器的胖节点岛。每个计算岛包含用于用户应用程序的(512 个计算节点，每个节点具有 16 个 CPU 核)8192 个内核。理论峰值速度为 3.1PFlops。一个独立岛内的所有计算节点都通过完全非阻塞的 Infiniband 网络(瘦节点为 FDR10,肥胖节点为 QDR)连接，通过修剪过的树形网络连接群岛。

该系统第二阶段由基于英特尔 Haswell-EP 处理器技术的 6 个岛组成。一个岛内的所有计算节点都通过完全非阻塞的 Infiniband 网络(FDR14)连接。修剪过的树形网络连接了群岛。两个系统阶段共享相同的并行和主文件系统。

3.4.3　管理和运行模式

PRACE 是一个国际非营利性组织，在布鲁塞尔设有办事处。

理事会是 PRACE 的审议机构，决定一切事务。理事会由每个成员国的一名代表组成，理事会董事由理事会成员选举产生，包括一名主席、一名副主席和一名秘书。理事会根据决策的性质施行不同的投票规则，一般情况下的规则是少数服从多数，而与提供和使用资金和资源有关的决定则需要根据合作伙伴资助情况进行决定，其他决定需要同时考虑投票数和贡献情况。

科学指导委员会(SSC)由欧洲顶尖研究人员组成，负责对可能影响委员会资源使用的科学和技术性质的所有事项提供咨询和指导。科学指导委员会成员数为奇数，最大为 21 名，其中一人被任命为主席。科学指导委员会成员由 PRACE 理事会指定。

访问接入委员会(AC)就资源分配的问题向董事会提出建议。访问接入委员会由经验丰富的科学、工程和超级计算领域的研究人员组成。访问接入委员会人数为奇数，且大于 5 人，成员由理事会指定，其中包括主席和副主席的任命。访问接入委员会成员任期为 2 年，可连任一次。

工业界咨询委员会(IAC)由 11 个工业领域的欧洲工业代表(包括跨国公司和中小企业)组成：航空和航天、汽车和运输、能源、工程和制造、石油和天然气、可再生能源、电信和电子、独立软件开发商、高性能计算供应商、生命科学、财务。他们向 PRACE 提供有关高性能计算使用的建议，以提高欧洲竞争力和经济增长。委员会选出主席和副主席各一位，任期为 2 年，可连任一次。

董事会(BOD)是 PRACE 的执行机构，负责管理并代表 PRACE。董事会由委员会选举产生，包括至少 2 名成员。每位董事的最初任期为 3 年，可以连任 2 年。

PRACE 研究基础设施(Research Infrastructure, RI)项目的成员有两种类型，所有合作伙伴都要以资金或实物形式为 RI 的管理和服务做出贡献。一般成员为政府机构或代表政府的法律实体，每个欧盟成员国或相关国家只能有一名成员。要成为 PRACE RI 的成员，必须负责提供高性能计算资源和相关服务。主办成员为承诺资助和交付 PRACE RI 计算和数据管理资源的成员，他们是法国、德国、意大利、西班牙和瑞士。

PRACE 总监负责制定 PRACE 的战略和愿景，并执行理事会决定的这些战略和愿景，同时负责在欧洲提供 PRACE 服务和管理 PRACE 组织。

同行评审程序是 PRACE 最重要的功能之一，它由科学指导委员会管理。项目准入申请需要进行技术可行性评估，然后对技术上可行的应用进行科学同行评审，并在资源使用方面提出可接受的效率。科学同行评审只评估科学价值和预期能具有欧洲和国际影响力的应用，并相应地对应用进行排名。访问接入委员会根据科学同行评审结果向总监提议分配 PRACE 资源的方案。以上针对项目应用接入访问申请，提案每天发布 2 次。而预备接入访问申请只需要进行技术可行性评估，可以在任何时间提出申请。

为了提供计算和数据管理资源和服务，PRACE RI 依赖于主办成员和普通成员的设施、运营、维护人员以及高性能计算专业人员。其中一些行动由欧盟委员会的项目资助，即 PRACE-1IP、PRACE-2IP、PRACE-3IP、PRACE-4IP 和

PRACE-5IP。PRACE 管理结构如图 3-5 所示。

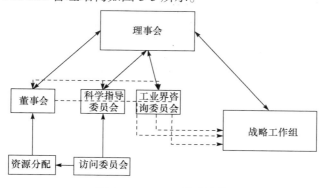

图 3-5 PRACE 管理结构

3.4.4 应用情况

PRACE 为多个科研项目提供超级计算资源，这些项目来自多个领域，包括天体物理、化学、材料科学、医药与生命科学、工程与能源、基础物理与数学等。所有项目都经过由 PRACE 科学指导委员会管辖的同行审查过程，包括 PRACE 的技术评估。一些具有代表性的项目包括：利用量子色动力学仿真研究重子结构 (塞浦路斯大学)、夸克-胶子等离子态中的量子色动力学(英国西斯旺大学)、日冕物理学(挪威奥斯陆大学)等[1]。

部分项目的简要介绍为[2]：

① 离子交换性生物分子识别用作纳米技术组装工具的研究。生物分子固有的识别特性是许多纳米技术创新的重点。项目依靠超级计算机来完成对互作动力学和离子交换机制的完整特征的计算。

② 跨临界条件下高频率不稳定状态的大型涡流模拟。湍流燃烧的研究对于工业和社会来说都有重要意义。研究人员主要利用超级计算资源来提高对置于横向高频声波模式下的高压跨临界燃烧状态的认识。

③ 基于分子的 APC 逆向转运循环的研究。利用超级计算进行通过嵌合在原核细胞膜中的 AdiC 蛋白逆向转运精氨酸的大规模分子动力学模拟，最终获得一个合理的原子模型。

更多应用案例详见 http://www.prace-ri.eu/call-announcements/。

---

① https://www.hpcwire.com/2011/10/28/prace_grants_721_million_compute_hours_on_supercomputers_solicits_new_proposals_for_2012/.

② http://www.prace-project.eu/news/prace-research-infrastructure-grants-400-million-compute-hours-on-tier-0-systems-to-seventeen-european-research-projects.

3.4.5　项目资助情况

PRACE 的资金来源于 3 个途径：

① 7 个领先高性能计算系统由 5 个托管国家资助和运营，分别是法国、德国、意大利、西班牙和瑞士。在最初阶段，法国、德国、意大利和西班牙这 4 个托管合作国家在 2010—2015 年间提供了高达 4 亿欧元的资助。2016 年，瑞士通过 PRACE 同行评议程序向学术界和工业界的研究人员开放了其系统。

② 所有 26 个 PRACE 成员每年需要交纳年费，其中许多国家还提供额外的高性能计算资源。

③ PRACE 项目经费。PRACE RI 在第七框架计划(7th Framework Programme，FP7)的支持下于 2008 年完成部署，其后获得地平线 2020 计划(Horizon2020，H2020)的支持，计划建立 PRACE RI(PRACE-PP)。在 PRACE 计划筹办和实施阶段有 5 个项目：2010—2012 年的 PRACE-1IP、2011—2013 年的 PRACE-2IP、2012—2017 年的 PRACE-3IP、2015—2017 年的 PRACE-4IP、2017—2019 年的 PRACE-5IP。这些项目在 2010—2019 年的 10 年期间资助额达到 1.32 亿欧元，其中 9700 万欧元由欧盟委员会提供。

第二篇　计算资源与技术篇

第4章　国家高性能计算环境的计算资源

本章重点介绍国家高性能计算环境的 19 家结点单位的计算资源,包括 2 家主结点、6 家国家超级计算中心和 11 家普通结点。每个结点单位的介绍从中心简介、超级计算基础设施介绍和里程碑事件三个方面展开,让读者系统全面地了解我国高性能计算环境的计算资源。

4.1　主　结　点

4.1.1　北方主结点——中国科学院计算机网络信息中心

4.1.1.1　中心简介

中国科学院计算机网络信息中心(简称计算机网络信息中心)成立于 1995 年 3 月,是中国科学院科研信息化与管理信息化的系统集成、运行和服务保障机构,信息化应用技术的研发和示范基地。1994 年 4 月 20 日,一条 64K 的国际专线从计算机网络信息中心连入互联网,实现了中国与互联网的全功能连接,从此中国成为第 77 个真正拥有全功能互联网的国家。20 余年来,计算机网络信息中心立足支撑与服务全院科研信息化和管理信息化,汇聚管理信息化资源,发挥了科研应用信息化、学科交叉开放融合、科学思想传播和科研信息化理念传播的先遣队作用,成为中国科学院信息化基础设施建设、运维和信息化基础服务的一支中坚力量,成为引领中国科研信息化建设和运行服务的一流信息中心。

计算机网络信息中心运行和管理我国最早的互联网骨干网之一的中国科技网(CSTNET),是国际学术网络的重要成员,与国内各互联网骨干网络和欧美主要学术网络高速互联,承担着国家下一代互联网示范工程任务,在未来网络、云计算等前沿技术领域是国内一支重要力量。在我国最早提供超级计算服务,是中国国家网格运行管理中心和北方主结点,是我国超级计算创新联盟的发起单位和中国首家英特尔并行计算中心,在高性能计算领域的算法、软件与应用研发及人才培养方面发挥着重要作用。牵头中国科学院科学数据库的建设、运行和服务,已建成国内最大的科研存储设施和学科最广的基础数据资源,成为服务科技创新的数据资源中心和存储备份中心。同时还承担着国家物联网标识管理公共服务平台、中国科普博览、中国科学院网站群、中国科学院资源规划系统(ARP)、中国科学院重大科技基础设施共享服务平台、中国科学院大型科研仪器共享管理平台、中国科学院继续教育网等的建设、运行、服务与安全保障工作。

"十三五"期间，计算机网络信息中心将紧密围绕中国科学院"十三五"信息化发展规划，充分发挥信息化对中国科学院科技创新和科技管理的支撑保障作用，加强信息化技术研发与示范应用，汇聚科技和管理信息化资源，促进科研模式转变和科学思想传播，大力培养信息化应用交叉学科领军人才，成为信息化基础设施建设、系统集成、运行管理和服务保障的一流信息中心，引领中国科研信息化发展。

4.1.1.2　超级计算基础设施介绍

计算机网络信息中心自 1996 年开始为中国科学院内外科研单位等提供超级计算服务和技术支持，经过 20 多年的积累与沉淀，实现了从 60 亿次、百亿次、千亿次、万亿次、百万亿次到千万亿次的性能跨越，为我国蓬勃发展的高性能计算事业做出了应有的努力与贡献。如图 4-1 所示。

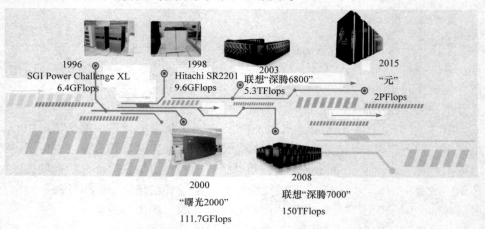

图 4-1　计算机网络信息中心超级计算机发展历程图

目前最新一代的千万亿次"元"超级计算机对外提供服务，该系统分期建设运行，统一管理、调度。如图 4-2 所示。

"元"超级计算机的一期系统总体计算能力为 303.4TFlops，其中 CPU 峰值速度为 152.32TFlops，MIC 和 GPU 协处理器峰值速度为 151.08TFlops，具体分布如下：

① 刀片计算系统共有 270 台曙光 CB60-G16 双路刀片，CPU 整体峰值速度达到120.96TFlops。每台刀片计算节点配置 2 颗英特尔 E5-2680 V2(Ivy Bridge | 10C | 2.8GHz)处理器，64GB DDR3 ECC 1866MHz 内存。

图 4-2　计算机网络信息中心"元"超级计算机

② GPGPU 计算系统共有 30 台曙光 I620-G15，GPU 双精度浮点峰值速度为 83.64TFlops，其中 CPU 峰值速度为 13.44TFlops，GPU 协处理器峰值速度为 70.2TFlops。每台 GPGPU 计算节点配置 2 块 Nvidia Tesla K20 GPGPU 卡，2 颗英特尔 E5-2680 V2(Ivy Bridge | 10C | 2.8GHz)处理器，64GB DDR3 ECC 1866MHz 内存。支持 CUDA、OpenACC、OpenCL，支持 GPU Direct。

③ MIC 计算系统共有 40 台曙光 I620-G15，MIC 双精度浮点峰值速度为 98.8TFlops，其中 CPU 峰值速度为 17.92TFlops，MIC 协处理器峰值速度为 80.88TFlops。每台 MIC 计算节点配置 2 块英特尔 Xeon Phi 5110P(8GB 内存)卡，2 颗英特尔 E5-2680 V2(Ivy Bridge | 10C | 2.8GHz)处理器，64GB DDR3 ECC 1866MHz 内存。支持对 Xeon Phi 的 Offload 卸载、Symmetric、Native 原生模式调用。

④ SGI UV2000 计算系统共有 32 颗英特尔 Xeon E5-4620 八核处理器，主频为 2.60GHz，系统共享内存为 4TB，采用 NUMA 结构，单一系统映像，系统峰值速度约为 5TFlops。

⑤ 系统配置 1 套 56Gb FDR InfiniBand，全线速互连。

⑥ 系统配置 4 台登录节点，通过均衡负载实现单 IP 登录。

"元"超级计算机的二期系统主要基于曙光 TC4600E 刀片平台和 W760-G20 机架式服务器搭建，总 CPU 计算能力为 550TFlops。具体参数如下：

① 270 台刀片节点，279 台 MIC 节点，16 台 GPU 节点。采用英特尔 Xeon E5-2680 V3 处理器(2.5GHz、12 核)，单节点 CPU 计算能力为 0.96TFlops。

② 刀片节点配备 256GB 内存，机架服务器节点配备 128GB 内存。

③ 采用 100Gb EDR Infiniband 高速交换网络互联。

"元"超级计算机具有统一的文件系统，用户数据在两期节点都可访问。系统采用 Stornext 并行文件系统作为用户家目录和公共软件区存储，可靠性高，用户可用容量为 165TB；采用曙光 Parastor200 作为高性能工作区存储系统，I/O 带宽高，用户可用容量为 2.8PB。

4.1.1.3　应用情况

"元"超级计算机用户的应用领域以基础科学研究为主，包括计算物理、计算化学、材料科学、生命科学、药物设计、流体力学、地震预报、大气物理、气候模拟、航空航天、电子学、天文学、能源等。截至 2017 年 12 月，"元"超级计算机服务用户近 600 个，支撑用户国家级科研项目累计 1000 余项，其中国家自然科学基金项目占总项目的 40%。

为更好地满足用户的应用需求，计算机网络信息中心针对用户研究的科学计算问题和并行计算方法进行深入的研究，帮助用户进行应用程序的并行优化和大规模计算实现。在中国科学院重点应用示范项目的支持下，通过与用户深度合作，开展并行算法研究，对应用程序进行并行优化。"十一五"期间，实施了 25 个千核以上规模的计算应用项目，其中完成了 10 个千核以上规模的重点应用示范项目，6 个达到 4096 核及以上规模；"十二五"期间，完成了 3 个十万核以上计算规模的重点应用示范项目，6 个重点应用示范项目达到万核以上计算规模。

4.1.1.4　里程碑事件(2002—2017 年)

2002 年，超级计算应用室正式更名为超级计算中心，迟学斌研究员担任主任，团队进一步扩大，为用户提供大型科学计算服务和技术支持，推动中国科学院的科学计算应用发展，并积极推动中国国家网格的建立。

2002 年 3 月，加州大学圣地亚哥分校圣地亚哥超级计算中心主任 Fran Berman 在加州大学圣地亚哥分校与计算机网络信息中心签署了建立广泛合作的备忘录，合作包括网格计算、高性能计算、计算科学和工程应用。

2002 年 4 月，计算机网络信息中心与美国俄亥俄州立大学生物信息与功能基因组学科签署"中美国际合作协议书"，共同承担"关于大鼠基因组图谱组装和功能分析以及算法与超大规模计算问题研究项目"。

2003 年 12 月，计算机网络信息中心引进 TOP500 排名第 14 的联想"深腾 6800"超级计算机，浮点峰值速度达到每秒 5 万亿次，初步形成了国家一流水平的超级计算环境。

2005 年 12 月 21 日，时任科技部部长徐冠华、时任中国科学院副院长施尔畏以及英国政府首席科学家大卫·金爵士(Sir David King)到计算机网络信息中心视察中国国家网格工作，并为中国国家网格运行管理中心揭牌。

2005 年 12 月，"超级计算环境建设与应用"项目通过中国科学院成果鉴定。

2007 年 12 月 11 日，由计算机网络信息中心等参与完成的"中国国家网格"项目荣获 2007 年国家科学技术进步奖二等奖。

2008 年 12 月 12 日，计算机网络信息中心在北京举办"高性能计算生命科学研讨会(2008 SAJCCS Workshop on HPC Applications in Life Science)"国际会议。

2009 年 4 月 24 日，计算机网络信息中心新型百万亿次高效能计算机系统"深腾 7000"首次投入实际使用。

2009 年 7 月 13 日，时任中共中央政治局委员、国务委员刘延东，在全国人大常委会前副委员长、时任中国科学院院长路甬祥，教育部前部长周济，国务院前副秘书长项兆伦，国务院研究室前副主任江小涓，科技部前副部长杜占元，国家自然科学基金委员会前主任陈宜瑜的陪同下，视察计算机网络信息中心。

2010 年 10 月 21—23 日，由美国国家科学基金会资助，计算机网络信息中心主办，北京航空航天大学、清华大学协办的"中美高性能计算应用研讨会"(Workshop on High Performance Computing Application Acceleration 2010)在北京成功举行。

2011 年 3 月 18 日，中国科学院前副院长施尔畏、北京市前副市长苟仲文代表院市双方签署了《中国科学院、北京市人民政府共建北京超级云计算中心战略合作协议》。根据该协议，计算机网络信息中心计划投资中国科学院北京怀柔科教产业园区，建设北京超级云计算中心配套基础设施环境。

2011 年 4 月，由中国科学院信息化工作领导小组办公室组织，计算机网络信息中心具体承担的中国科学院"十一五"信息化专项"超级计算环境建设与应用"项目及"总体建设与总中心建设""分中心、所级中心及网格环境建设"子项目顺利通过验收。

2011 年 5 月 9 日，863 高效能计算机及网格服务环境重大专项"科学数据网格及科研应用系统"课题通过验收。

2011 年 8 月，北京北龙超级云计算有限责任公司成立，成为北京超级云计算中心的运营服务实体。

2011 年 11 月 1 日，中国科学院北京怀柔科教产业园区北京超级云计算中心启动会及奠基仪式在北京雁栖经济开发区召开。

2011 年 11 月 6 日，由中国科学院信息化工作领导小组办公室主办，中国科学院超级计算环境总中心暨计算机网络信息中心承办，中国科学院超级计算环境青岛分中心暨中国科学院海洋研究所协办的"第一届中国科学院超级计算应用大会(SCA2011)"在山东青岛成功召开。

2011 年 11 月 7 日，计算机网络信息中心发布了"中国科学院超级计算发展指数报告"。

2012 年 3 月 22 日，商务部委托浪潮集团有限公司承担援苏丹非洲科技城(ACT)超级计算中心设备项目。5 月 9 日，计算机网络信息中心对超级计算环境网格软件的供货及质量保证向浪潮集团有限公司发出正式函件。6 月 27 日，双方签订援苏丹非洲科技城超级计算中心设备项目购销合同。这标志着计算机网络信息中心自主研发的国产超级计算环境网格软件首次实现了有偿国际输出。

2012 年 8 月 22 日，由中国科学院信息化工作领导小组办公室主办，中国科学院超级计算环境总中心暨计算机网络信息中心承办，中国科学院超级计算环境昆明分中心暨中国科学院昆明植物研究所协办的"第二届中国科学院超级计算应用大会(SCA2012)"在云南成功召开。

2012 年 9 月 3—5 日，第一届中美德 E-Science 及信息基础设施研讨会(CHinese-AmericaN-German E-Science and Cyberinfrastructure Workshop，CHANGES)在德国于利希研究中心举行。会议由计算机网络信息中心、德国于利希超级计算中心和美国国家超级计算应用中心联合主办。

2013 年 7 月 21—24 日，由计算机网络信息中心超级计算中心主办，中国科学院大连化学物理研究所协办的"2013 理论与高性能计算化学国际会议"在辽宁省大连市召开。

2013 年 8 月 16—17 日，由中国科学院信息化工作领导小组办公室主办，中国科学院超级计算环境总中心暨计算机网络信息中心承办，中国科学院超级计算环境合肥分中心暨中国科学院合肥物质科学研究院协办的"第三届中国科学院超级计算应用大会(SCA2013)"在安徽成功召开。会上，计算机网络信息中心正式对外发布 2012 年度中国科学院超级计算发展指数(CAS SCDI)。

2013 年 9 月 25 日，为落实国家自主创新政策，在科技部的指导与支持下，我国超级计算创新联盟在计算机网络信息中心正式成立。

2014 年 2 月 20 日，由计算机网络信息中心等 28 家单位共同取得的 863 计划重大成果"国家高性能计算应用服务环境关键技术与应用"在京顺利通过了成果鉴定。

2014 年 3 月 25 日，在北京市委、市政府召开的"北京市科学技术奖励大会暨 2014 年北京市科技工作会"上，由联想控股有限公司、计算机网络信息中心、北京航空航天大学联合完成的"'深腾 7000'高效能计算机系统及关键技术"成果荣获 2013 年度北京市科学技术奖一等奖。

2014 年 6 月 19 日，中国科学院新一代超级计算机"元"系统正式上线，跨入千万亿次计算时代。

2014 年，计算机网络信息中心成功申请到中国首个且亚洲唯一的英特尔并行计算中心(IPCC)项目，该项目将在场论(fEIF)和粗粒化分子模拟(DPD)两个方面开展基于 MIC 大规模并行研究，预期实现超过 30%的并行效率和 1.8 倍的加速，达到国际领先水平。

2015 年 3 月 24 日，计算机网络信息中心成立 20 周年，举办了信息化服务 20 年座谈会和学术报告会。中国科学院院长白春礼院士在给计算机网络信息中心信息化服务 20 年工作总结的批示中，充分肯定了计算机网络信息中心立足支撑与服务中国科学院科研信息化和管理信息化的定位所发挥的中坚作用。

2015 年 11 月 27 日，中国科学院院级研究型非法人单元"中国科学院计算科学应用研究中心"第一届第二次理事会在依托单位计算机网络信息中心成功举行。

2015 年 10 月 10 日，"第五届中国科学院超级计算应用大会(SCA2015)"在广州顺利召开，并发布 2014 年度中国科学院超级计算发展指数。

2016 年 6 月 8 日，高性能计算技术与应用发展部利用自主研发的并行计算软件 SCETD-PF，实现了高效使用全机系统 900 万核的并行计算规模，实测性能为 4 亿亿次(40PFlops)的"合金微组织演化相场模拟"，实现了国际上最大的并行计算。该成果获得 2016 年戈登·贝尔奖提名。

2016 年 8 月 22 日，中国科学院"元"超级计算机的二期系统对用户开放运行，CPU 通用计算能力达到 700 万亿次，高性能并行存储裸容量达到 6.6PB。

2016 年 11 月 3—4 日，计算机网络信息中心在厦门召开了主题为"创新发展，合作共赢"的 2016 年用户大会暨技术交流会，来自中国科学院内外的 170 多家科研院所、企事业单位及支持单位的 300 多位用户代表参加了此次会议。

2016 年 12 月 14 日，计算机网络信息中心和中国科学院软件研究所联合举办了"纪念 HPC@CAS 20 周年学术研讨会暨自主软件发布会"。会上发布了核材料微观结构演化模拟软件 Crystal MD、多体分离气动模拟软件 CCFD-MBS 等软件。

2017 年 4 月 24 日，计算机网络信息中心基于材料基因组理念研发的高通量材料集成计算及数据管理云平台 MatCloud(http://matcloud.cnic.cn)正式上线。MatCloud 是我国首个高通量材料集成计算及数据管理云平台，填补了我国在材料基因组高通量材料集成计算及数据管理的空白，部分核心功能和技术在国际上领先。

2017 年 9 月 24 日，计算机网络信息中心自主研发的 GPVis 可视化协同交互系统参加了香港"创科博览 2017"。时任中国科学院副院长、中国科学院大学党委书记张杰院士，香港海事科技学会理事、香港海事青年团上校陈伟强，海事训练学院工程师麦昭基，香港大学梁美仪教授，香港强制性公积金计划管理局主席黄友嘉，科技部创发司司长许倞等到展位详细了解情况并体验了可视化协同交互系统。

2017 年 10 月 19—21 日，计算机网络信息中心和中国科学院大气物理研究所组成的联队，在全国高性能计算大会上获得全国高性能计算应用挑战赛应用组银奖。

2017 年 11 月 9—10 日，计算机网络信息中心在云南昆明召开了主题为"创新发展，合作共赢"的 2017 年用户大会暨技术交流会，来自中国科学院内外的400 多位用户代表参加了此次会议。

2017 年 12 月 4 日，由中国科学院和中国科学技术协会联合主办，计算机网络信息中心和中国电子学会协办的"前沿技术领域科学家高峰对话"论坛在第四届世界互联网大会上成功举办。本次论坛以"携手共建网络空间命运共同体"为主题，聚焦前沿技术对人类生活及产业发展带来的变革和创新引领作用。

2017 年 12 月 4 日，在第四届世界互联网大会的"前沿技术领域科学家高峰对话"论坛期间，计算机网络信息中心举办了"中国科技云"启动仪式，中国科学技术协会党组书记怀进鹏，中央网信办信息化发展局副局长秦海，中国科学院党组成员、秘书长邓麦村，中国工程院院士邬贺铨，中国科学院院士郭华东等领导和专家参加了启动仪式。"中国科技云"工程通过汇聚全国乃至全球信息化优质资源，建设国际一流的云服务环境，形成可信可控、开放融合、智能调度的中国科技云服务体系，力争成为支撑中国科技创新发展的战略性、基础性、通用性的重大信息化基础设施环境。

4.1.2　南方主结点——上海超级计算中心

4.1.2.1　中心简介

上海超级计算中心(简称上海超算)是上海市经济和信息化委员会直属事业单位，是 2000 年上海市一号工程——上海信息港主体工程之一，是由政府投资，具有较高公信力的第三方高性能计算公共服务平台。上海超算是国内率先建立的首家集高性能计算应用、科研开发与创新、技术支持与咨询、人才培养和科普教育等多功能为一体的公共服务平台，面向全社会开放，资源共享，设施一流，成为我国在国际高性能计算领域的代表和上海科研创新能力的"名片"，有着广泛的国际影响力并初步具备国际竞争力。通过集约化建设、专业化服务、市场化运营，上海超算有力地支撑了基础科学和工业工程领域的原始创新，促进了重大成果的产出和关键问题的解决。近年来上海超算通过转型发展，开展了云计算、大数据、人工智能等业务，将新兴技术与高性能计算技术进行了有机融合，开辟了更广阔的应用领域。

上海超算的高性能计算服务立足上海，辐射华东，面向全国，用户遍及全国，建立起了符合行业特点并广受用户好评的运维和服务体系，支撑了一大批国家和地方政府的重大科学研究、工程和企业新产品研发，促进了国家重大装备、关键设备、能源安全、核心技术等一系列工程问题的解决，在航空、航天、汽车、船舶、钢铁、微电子、核电工程、装备制造、土木工程、环境气候、药物设计、生命科学、新材料、新能源、天文、物理、化学等诸多重大工程和基础科学领域催生了一批重大成果，充分发挥了公共服务平台的支撑作用，产生了巨大的社会和经济效益。其用户和应用范围广、成果多、水平高。

① 支撑了上海工业转型升级，提高了企业的自主研发和协同创新能力。在解决国家重大工程问题和工业转型创新方面起到了重要支撑作用，促进了上海支柱性工业企业新产品的创新研发，应用的领域和方向在全球超级计算中心中具有鲜明的特色。用户单位主要是上海地区的重要大型企业和工程研究机构，包括中国商飞、中航商发、国家核电、上汽集团、沪东重机、上海电气、中船工业、宝钢集团等。

② 支持了国防科技的自主创新，加快了国防项目研发进展。支持了一批重大国防科技预研项目，包括预警机研制、航母相关设备和部件、空间站与飞船对接结构设计、卫星部件和材料设计等，解决了项目预研过程中发现的重大问题，为后续的项目实质实施和生产制造奠定了基础。

③ 服务了重大基础设施工程建设，提升了工程设计能力与实施安全。支持了上海及周边地区的多项重大工程设计，包括上海外环线隧道、上海复兴路双层隧道、上海崇明越江隧道、上海青草沙水源市政工程、上海同步辐射光源地下工程整体建筑抗震设计、上海闵浦二桥、南京长江隧道工程等，预先消除和调整了设计缺陷，消除了安全隐患，确保了工程顺利实施和安全使用。

④ 促进了基础科学的创新研究，催生了大量具有国际影响力的科研成果。支持了 973、863、国家支撑计划、国家自然科学基金等多种科研计划，帮助用户产生了近 3000 篇 SCI 论文和 200 多篇国际顶级学术期刊论文(国际顶级学术期刊包括《Science》《Nature》《Physical Review Letters》《Journal of the American Chemical Society》《PNAS》等，所有论文均在致谢部分说明使用上海超算资源或受上海超算支持)。用户单位主要是国内著名的高等院校和研究机构，包括清华大学、北京大学、中国科学技术大学、南京大学、复旦大学、上海交通大学、浙江大学、中国科学院上海药物研究所、中国科学院上海应用物理研究所、中国科学院上海技术物理研究所、中国科学院物理研究所、中国科学院力学研究所等。

⑤ 满足了公益事业的服务需求，提高了公益服务的质量和能力。为气候、气象、海洋、环境等领域提供了数值模拟分析服务，解决了精确天气预报、污染扩散、海洋潮汐预报、汛期减灾防灾等的计算需求，主要用户单位包括上海市气象局、上海市水务局、上海市环境监测中心、中国海洋大学等。

此外，上海超算还通过独立或联合承接了不少国家和地方科研任务。其中，

863 和国家自然科学基金项目近 10 项，上海市科研项目 10 余项，用户单位的横向合作项目数 10 项。10 多年来获得多个国家和地方科技奖项，包括国家科学技术进步奖一等奖 1 项、二等奖 3 项，上海市科学技术奖一等奖 3 项、二等奖 4 项。

4.1.2.2　超级计算基础设施介绍

上海超算自 2000 年建立以后，先后运行了 6 台超级计算机，分别是"神威 I""神威 64P""曙光 4000A""魔方(曙光 5000A)""魔方 2"和"蜂鸟"，由于老化原因，前 4 台已下线。其中"神威 I"是 2000 年国内最大规模的自主研发的超级计算机，峰值速度为每秒 3840 万次；"曙光 4000A"是"十五"期间 863 项目研究成果，峰值速度为每秒 10 万亿次，2004 年 11 月在 TOP500 中排名第 10；"魔方"是"十一五"期间 863 项目研究成果，峰值速度为每秒 230 万亿次，2008 年 11 月位居 TOP500 第 10，亚洲第 1。目前上海超算在线运行的超级计算机是"魔方 2"和"蜂鸟"，"魔方 2"的峰值速度为每秒 400 万亿次，主要用于科学计算；"蜂鸟"的峰值速度为每秒 30 万亿次，专用于工业计算服务。

上海超算的超级计算机上的程序设计语言包括：并行 HPF、Fortran90、MPI、PVM 和 OpenMP；数学库包括：BLAS 基本线性代数库、PVM/MPI 科学计算库 ScaLAPACK、PETSc 等。在丰富的系统软件环境的基础上，装备了大量大规模的工程计算商业软件及前/后处理软件：Fluent、CFX、Star-CD、LS-DYNA、PAM-CRASH、ANSYS Multiphysics、MSC/NASTRAN、MSC/MARC、ABAQUS、FEKO、HyperWorksICEM-CFD、AI*Environment、GAMBIT、I-DEAS、Medina 等。科学计算类软件面向多个领域，主要有：计算化学、纳米材料、晶体、分子动力学领域，计算生物学、大分子领域，气象、海洋、天文、环境模拟领域，流体力学、结构分析领域，数学、统计和系统应用程序领域等。典型应用软件有：ABINIT、CPMD、CP2K、NAMD、NWCHEM、SIESTA、EGO、GROMACS、LAMMPS 等。

上海超算拥有多种接入方式的高速网络传输平台，与中国科技网上海主结点光缆专线联结，与教育网上海交通大学主结点光缆专线联结，以及与企业用户的专网联结，用户访问超级计算机资源的网络得到充分保障，系统支持外部 IPv6 高速互联。

2005 年 8 月，上海超算正式成为中国国家网格南方主结点，是国家高性能计算环境的重要组成部分，承担了多项国家及地方网格建设项目，为高性能计算环境贡献了计算资源，与其他中国国家网格结点联合构成了开放的网格平台，有力地支撑网格环境的运行和应用网格的开发建设。

4.2　国家超级计算中心

4.2.1　国家超级计算天津中心

4.2.1.1　中心简介

国家超级计算天津中心(简称天津超算)是 2009 年 5 月批准成立的首家国家超级计算中心,部署了 2010 年 11 月 TOP500 排名第一的"天河一号",构建有超算中心、云计算中心、电子政务中心和大数据研发环境,为全国的科研院所、高等院校、重点企业等提供了广泛的高性能计算、云计算、大数据等高端信息技术服务。2013 年 10 月,天津超算被国家发展改革委正式批准成立"大数据处理技术与应用国家地方联合工程实验室",该实验室是国内首家在大数据领域的联合实验室。2016 年 7 月,"E 级计算机关键技术验证系统"已经通过科技部立项支持,启动研制,将部署在天津超算,并同步争取新一代"天河系列"百亿亿次整机系统研制,预计在 2020 年前后完成。

4.2.1.2　超级计算基础设施介绍

"天河一号"采用 CPU 和 GPU 相结合的异构融合体系结构。硬件系统主要由计算处理系统、互连通信系统、输入输出系统、监控诊断系统与基础架构系统组成。软件系统主要由操作系统、编译系统、并行程序开发环境和科学可视化系统组成。理论峰值速度为 4.7PFlops,持续计算速度为 2.566PFlops。计算处理系统包含 7168 个计算节点,每个计算节点包含 2 个 CPU 和 1 个 GPU,内存总容量为262TB,磁盘存储总容量为 4PB,互连通信系统链路单向带宽为 80Gbit/s。输入输出系统采用 Lustre 全局分布共享并行 I/O 结构;操作系统采用 64 位 LINUX;编译系统支持 C、C++、Fortran77/90/95、Java 语言,支持 OpenMP、MPI 并行编程,支持异构协同编程框架,高效发挥 CPU 和 GPU 的协同计算能力。

4.2.1.3　里程碑事件(2009—2017 年)

2009 年 5 月,科技部批准成立天津超算。

2009 年 11 月,研制成功的"天河一号"一期系统参加 2009 年第 35 届 TOP500排名,获得亚洲第 1、世界第 5。

2010 年 11 月,研制成功的"天河一号"二期系统参加 2010 年第 36 届 TOP500排名,获得世界第 1。

2012 年 4 月,天津超算召开"天河一号"应用成果新闻发布会。中石油东方地球物理公司、中国科学院上海药物研究所、国家动漫产业示范园等数 10 家重点用户代表，来自英国、德国、西班牙、瑞士、法国、挪威等参加中欧超级计算战略合作项目启动会议的欧盟专家，以及来自北京航空航天大学、中国科学院软件研究所、北京应用物理与计算数学研究所等多位国内高性能计算领域专家出席发布会。人民日报、中央电视台、新华社、光明日报、科技日报、中国日报、香港文汇报和天津日报等近 40 家重要媒体单位参加发布会并做现场报道。

2012 年 11 月，天河超级计算工程仿真集成设计技术创新联盟正式成立。该联盟在天津滨海新区科委的指导下，由天津超算发起，联合天津市及全国从事工程仿真的科研机构、高等院校、企事业单位及行业协会等，本着促进工程仿真集成技术的创新研发、强化产学研用合作、拓展工程仿真集成技术在高端新兴产业中应用的宗旨，按照"自愿、平等、合作"的原则组成的互利共同体。

2012 年 12 月，科技部在北京组织召开了"2012 年度国家国际科技合作基地证书授予仪式暨国际科技合作工作座谈会"，时任科技部副部长曹健林及各省市主管科技合作的领导出席了会议。此次授予的示范型国际科技合作基地共 37 家，天津超算作为天津唯一代表获得"示范型国际科技合作基地"称号，这是科技部和天津市科委对天津超算在国际科技合作中取得的成绩给予的充分肯定。

2013 年 11 月，国家发展改革委批复天津超算成立"大数据处理技术研发与应用"国家地方联合工程实验室。该实验室是国家发展改革委在大数据领域批准的第一家工程实验室。

2013 年 12 月，天津超算通过国家工信部批复，成为全国首批 16 个"工业云"创新服务试点之一。

2014 年 12 月，天津超算承担的工信部"高性能计算和云计算公共服务平台"项目通过验收，工信部对该项目成果已经在工程仿真设计、生物医药、动漫渲染、石油数据处理、电子政务、智能交通、建筑信息模型、互联网金融等众多应用领域得到成功应用，给予了高度赞扬；对该平台在推动天津市和滨海新区战略性新兴产业发展中发挥的重要作用，给予了充分肯定。

2016 年 8 月，"天河先进制造创新联合实验室"在天津超算揭牌。该实验室在天津市发展改革委支持下，由天津超算发起成立，涉及无人机、工业机器人、风电装备、环保装备、磁悬浮等先进制造与新兴产业领域。旨在通过先进制造产业资源、信息平台资源与人才技术资源的整合与协同，让先进制造企业充分利用大数据、云计算、超级计算等高端信息技术实现研发设计、虚拟制造、生产管理等产品全生命周期的数字化、网络化、智能化改造，达到"提质、增效、保市场"的发展需求，助力天津制造业创新能力和产业水平的提升。

2016 年 10 月，国防科技大学与天津超算联合举行的国家重点研发计划"高性能计算"专项项目"E 级计算机关键技术验证系统""面向 E 级高性能计算机的新型高性能互连网络技术研究""基于自主创新的石油地震勘探行业应用平台"联合启动会在天津超算顺利召开,这标志着 E 级超算原型系统研制项目的正式启动,未来将在天津超算应用示范,可以更加高效地支撑高性能计算、大数据、云计算等领域应用,加快行业技术成果的产业化应用。

2016 年 12 月,天津超算获得工信部"工业转型升级(中国制造 2025)重大项目"支持,旨在构建面向工业生产全流程、产品全生命周期管理的国家级的工业云服务平台。

2017 年 6 月,天津超算参展首届世界智能大会。天津市委书记李鸿忠、时任科技部部长万钢视察了世界智能科技展专业展并莅临天津超算展台,高度认可天津超算取得的成绩。天津超算以该大会为契机,重点开展超级计算、云计算、物联网、大数据与人工智能的深度融合,全面支撑互联网、大数据、人工智能与实体经济的深度融合。

2017 年 7 月,天津市滨海新区政府联合国防科技大学在天津超算组织召开了"百亿亿次超级计算机'天河三号'建设方案"论证会。论证专家组由来自中央军委科学技术委员会、中国科学院、国家自然科学基金委员会、军事科学院、国家"高性能计算专项"专家组、南开大学、中石油、华大基因等单位的 15 位专家组成,其中有 6 位院士,中央军委科学技术委员会卢锡城院士任组长,科技部主管部门领导也参加本次论证。专家们充分肯定了天津超算和"天河一号"运行以来,在为国家重大科技创新和国家重点产业发展服务等方面取得的突出成就。大家一致认为,新一代天河系列超级计算机的建设实施,对推动国家重大发展战略和天津区域综合创新能力、提升国家高性能计算领域的核心竞争力意义重大。

2017 年 8 月,"京津冀大数据协同处理中心"启动会在天津超算召开,这标志着"京津冀大数据综合试验区"建设又迈上一个新的台阶。以天津超算为基础打造的"京津冀大数据协同处理中心",是以"京津冀大数据综合试验区"建设为背景,重点建设面向大数据处理的超级计算与云计算融合的一体化基础设施。该设施以"天河一号"平台和正在研制的新一代"天河系列"平台为基础,实现数据处理能力达到每秒百亿亿次,数据存储能力超 EB 级,构建具备 E 级计算能力和 EB 级数据管理能力的自主大数据系统融合创新平台;依托融合创新平台部署面向行业大数据应用开发的基础创新环境,探索大数据处理、展示、安全等共性技术研究,协同解决大数据应用关键技术,实现大数据技术研发和创新应用环境的服务能力提升。通过协同创新研发合作机制和融合创新平台支撑,依托协同处理中心面向能源、交通、矿业、钢铁、医疗健康、智慧港口等行业领域提供大数据产业应用服务,提升产业发展和应用水平,将综合试验区建设成国际一流的大数据创新与应用领航区。

2017 年 11 月,"天津滨海工业云"2.0 版上线发布会在天津超算召开。该平台是在工信部、天津市工信委、滨海新区工信委的指导与支持下,由天津超算研发，为企业规划、产品设计和研发、生产、销售、服务等提供全流程的一站式综合云服务。该平台基于天津超算已有技术和资源基础，底层整合高性能计算、云计算和大数据框架，提供包括多个行业云平台、供需对接、企业展示、工业库、基础云服务、新闻资讯、产业联盟等七大核心功能，涵盖装备制造、模具设计、汽车工业等十大行业领域，整合优势资源、打造智能生态环境，以降低企业的信息化使用门槛，加快制造业转型升级步伐为目标。

4.2.2　国家超级计算济南中心

4.2.2.1　中心简介

国家超级计算济南中心(简称济南超算)是科技部批准成立的 6 个千万亿次国家超级计算中心之一，总投资 6 亿元。济南超算于 2011 年 3 月正式启动建设，当年 10 月 27 日落成揭牌并对外提供计算服务。济南超算的建设成功，标志着我国已成为继美国、日本后第三个能够采用自主处理器构建千万亿次超级计算机系统的国家。2011 年 10 月，经国家权威机构测试，济南超算的"神威蓝光"超级计算机持续计算速度为 0.796PFlops，LINPACK 效率为 74.4%，性能功耗比超过 741MFlops/W，存储容量为 2PB。拥有计算节点 9000 多个，近 15 万计算核心，组装密度和性能功耗比居世界先进水平，系统综合水平处于当今世界先进行列，完美实现了国家大型关键信息基础设施核心技术的"自主可控"目标。

"神威蓝光"具有以下特点：一是全部采用国产 CPU，是我国首台全部采用国产 CPU 的千万亿次超级计算机；二是先进环保，采用板上冷却系统——通过水在冷板内部的封闭循环带走主板热量，几乎不损耗水且无噪音；三是高密度封装，一个机仓可装入 1024 个 CPU，千万亿次规模仅需 9 个机柜。"神威蓝光"在 2011 年至 2012 年发布的中国高性能计算机 TOP100 中位居第二名；在 2013 年发布的中国高性能计算机 TOP100 中位居第三名。2015 年济南超算获得 GJB9001B 国军标资质，并在同年通过了武器装备科研生产单位三级保密资格的审查认证。

自运行以来，"神威蓝光"已在天气预报、海洋环境预报、信息安全、电磁仿真、飞船返回舱流体模拟、金融大数据分析、新材料分析等应用方面大显身手，成为促进基础科学创新和重大技术攻关的重要手段、加速企业科技创新的重要工具、凝聚高端技术人才的重要基地、"大众创业、万众创新"的载体平台。

4.2.2.2　超级计算基础设施介绍

济南超算位于济南高新开发区齐鲁软件园,机房建设在齐鲁软件园大厦 B 区，约 2300 余平方米，主要功能区域包括主机房、前端机房、外围机房、高低压配电室、UPS 室和水泵房，其中包括国产主机系统、商用集群系统、存储系统、制冷系统、配电系统、显示系统等相关设备。

1. 硬件资源

硬件资源如表 4-1 所示，资源拓扑结构如图 4-3 所示。

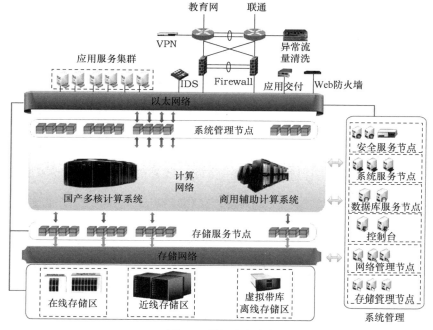

图 4-3　资源拓扑结构

表 4-1　硬件资源

国产计算节点	8704 个申威 SW1600 处理器，每处理器配置：64 位 16 核心，主频 1.0—1.1GHz，作为 4 个节点使用，峰值速度 128GFlops，内存 16GB，访存带宽 102.4GB/s
商用计算节点	至强计算节点：700 个刀片节点； 每节点配置：2 颗 64 位英特尔 Xeon X5675 六核处理器，主频 3.06GHz，36GB DDR3 内存
	至强 v3 计算节点：30 个刀片节点； 每节点配置：2 颗英特尔 Xeon E5-2690 v3 十二核处理器，主频 2.6GHz，128GB DDR3 内存
	至强 v4 计算节点：34 个刀片节点； 每节点配置：2 颗英特尔 Xeon E5-2680 v4 十四核处理器，主频 2.4GHz，128GB DDR4 内存
登录节点	10 台，每节点配置：2 颗 64 位英特尔 Xeon X5650 六核处理器，36G DDR3 内存
存储系统	在线 582TB，近线 1.57PB
I/O 聚合带宽	200GB/s
计算和存储网络	InfiniBand QDR/FDR，链路速率 40/56Gbit/s，聚合带宽 69.6TB/s 管理网络：以太网，链路速率 10G/1Gbit/s

操作系统	国产"神威睿思"并行操作系统
文件系统	高性能并行文件系统 SWGFS
系统管理	高性能并行文件系统 SWGFS
编程语言及环境	C、C++、Fortran、MPI、OpenMP
互联网接入	联通 200M 和教育网 100M 专线

2. 软件资源

软件系统由基础/并行操作系统、基础编程环境、并行语言工具、并行应用开发平台、并行应用解算平台等部分组成，并可按需扩展应用软件，能满足各领域大规模计算处理的需要。

(1) 商用软件

商用软件如表 4-2 所示。

表 4-2　商用软件

建模与数据处理	ANSYS ICEM CFD	结构分析	Abaqus/Standard (128 核并行)
	ANSYS Mechanical PrePost		Abaqus/Explicit (128 核并行)
	ANSYS CFD PrePost		ANSYS Mechanical (512 核并行)
	Abaqus/CAE		MSC Nastran (推荐 8-16)
	MSC Patran		MSC Marc (220 核并行)
	Ls prepost		MSC Dytran (推荐 8-16)
	Hypermesh		MD Nastran (推荐 8-16)
	HyperView		Radioss (32 核并行)
计算流体力学	ANSYS Fluent (512 核并行)	安全碰撞、跌落	LS-DYNA(256 核并行)
	ANSYS CFX (512 核并行)		MSC Nastran (SOL700)
	Xflow(256 核并行)		Radioss (32 核并行)
多体动力学	MSC ADAMS	虚拟样机仿真	MSC EASY5
耐久性与疲劳	MSC Fatigue	材料库	MSC Mvision
结构优化	OptiStruct	热分析	MSC Sinda

(2) 科学计算软件

科学计算软件如表 4-3 所示。

表 4-3　科学计算软件

类别	软件名称
生物医药	GROMACS、NAMD、Dock、BLAST、AutoDock、DL、ROLX、CPMD、XMD、CP2K、EGO、CELLILASE、HTseq、Plink、impute
材料科学	VASP、WIEN2K、CP2K、CPMD、Quantum espresso、SIESTA、SMEAGOL、ALCMD、PSSP、PDIP、LAMMPS、muitiscatter、OpenMX、vesta、dacapo
计算化学	ABINIT、GAMESS、NWChem、PSI Molpro、ACES Ⅱ、Q-Chem、CPMD、TINKER、GROMACS、NAMD、polvrate、Quantum、espresso、DL_poly、Xian_CI、fhi-aims、dftd3
航空航天	MPCCFD、GKUES、OPENCED、OnenFOAM、Palabos、Code_Sarurne、gerris、superLBM
海洋环境	FOAM、HYCOM、FVCOM、POP、MOM、MITqcm、ROMS SIS、GOCTM-UM、MSNUM-NWAM、CESM、ARWPOST
气候气象	MM5WRF、WPS、GRAPES、ARPS、CESM、CCSM3、GCCESM、RegCM3、SWE
天体物理	CosmoMC、Gadget2
分子对接	Dock、AutoDock
流体力学	OpenFOAM、Code、Saturne、Palabos
环保领域	SMOKE、CMAQ
金融分析	MCPRICE、Feynman-Kac
开源 CAE	Code Aster、CAElinux、OpenFOAM、Palabos、Code_Saturne
大数据与人工智能	Hadoop、Hbase、Spark、Nutch、Solr、Caffe、TensorFlow、MXNet、Keras

4.2.2.3　里程碑事件(2016—2017 年)

1. 平台项目建设合作方面

(1) E 级原型机配套建设

2016 年 6 月,"E 级计算机关键技术验证系统"项目立项,2017 年完成了前端电源、冷却系统等方案的设计和机房改造,为 2018 年 E 级原型验证机落户于济南超算做好准备。

(2) 大数据与人工智能实验室

该实验室针对海洋、医疗健康、智能制造等领域面临的数据融合、深度分析等共性问题，开展大数据智能、跨媒体智能、人机混合增强智能、自主智能等理论研究，围绕智能感知、智能决策、多源时空数据分析、跨媒体分析等方面开展关键技术攻关，研发自主智能柔性生产线系统、高端智库信息系统、慢病筛查系统、心血管智能诊疗系统、健康预警与指导系统、药物活性智能筛选系统等典型大数据及人工智能系统。基础环境平台建设包括云计算管理平台、云安全软件、大数据处理平台、人工智能平台；应用系统建设包括科教融合实训平台、科技智库信息平台、图像云标注平台、遥感数据应用集市、政务外网信息安全态势感知系统。

(3) 成功入围第一批《国家绿色数据中心名单》

2017 年 12 月 20 日，工信部、国家机关事务管理局、能源局三部门印发《关于公布国家绿色数据中心试点地区名单的通知》，济南超算成功入围第一批《国家绿色数据中心名单》。国家绿色数据中心试点认证不仅包含了能源使用效率(power usage effectiveness，PUE)评测，也将管理水平、技术应用能力等纳入考核指标，能够更加全面地体现数据中心的绿色节能管理水平。在绿色节能技术上，济南超算机房采用的先进技术包括节能照明、冷水机组双模式自然冷却、气流组织优化设计、机柜冷热通道封闭、Dcups 供配电系统、智能电力监测系统、高性能运算冷板技术等。通过采用这些节能技术，济南超算本年度能效指标平均提高 8%以上，更好地保障了机房稳定、可靠、高效地运行。国家绿色数据中心试点的推进和实施，将有效推进数据中心绿色节能技术的创新和应用，助力我国数据中心产业健康、可持续发展。

2. 战略合作与联合会议方面

(1) 智能超算与大数据联合实验室

2017 年 11 月 18 日，智能超算与大数据联合实验室在青岛海洋科学与技术国家实验室(简称海洋国家实验室)启动。海洋国家实验室与北京大学、清华大学、山东大学、济南超算和浪潮集团有限公司等 5 家单位共同签署《共建"智能超算与大数据联合实验室"合作协议》，组建智能超算与大数据联合实验室。智能超算与大数据联合实验室以海洋战略性前沿技术体系构建和自主可控性重大软硬件系统研发为关键任务，以构建国际一流海洋智能超算与大数据中心为核心目标，是支撑透明海洋、深海极地、蓝色生命和智慧海洋等大科学计划的重要平台。智能超算与大数据联合实验室将承载一系列科研和产业化任务，推动大数据产业化，充分发挥海洋国家实验优势，实现多单位资源整合，高效服务于海洋强国战略。海洋国家实验室与国家超级计算无锡中心、国家超级计算济南中心签署共同构建超算大科学装置群战略协议，构建国际超算大科学网络基础设施，有效整合各高性能计算中心服务能力，共同服务于国际超大规模协同计算任务。立足已建成的

P 级超算，面向 E 级超算建设基础应用支撑体系，为海洋科学研究提供高弹性、高可用性的计算资源保障。

(2) 第一届国产 CPU 并行应用挑战赛初赛评审会

2017 年 8 月 25—27 日，由教育部高等学校计算机类专业教学指导委员会、中国计算机学会、中国计算机学会高性能计算专业委员会主办，国家并行计算机工程技术研究中心、国家高性能集成电路(上海)设计中心协办，中国计算机学会无锡分部、国家超级计算无锡中心、国家超级计算济南中心、北京并行科技股份有限公司承办的第一届国产 CPU 并行应用挑战赛初赛评审会在济南成功举办。挑战赛旨在建设完善国产 CPU 的并行应用软件生态系统，激励学术和产业界开发国产 CPU 应用的积极性、创新性，将理论与实践相结合，硬件与软件共一体，从而发掘典型应用，培养创新人才。本届大赛共收到全国各地 21 个省、81 个单位 146 支报名队伍，16 支强队入围决赛。各参赛队在算法优化方面开展了众多尝试，有将计算数据加载到从核阵列上进行高效的加速计算，有使用众核加速线程库进行细粒度众核优化，通过 SIMD、汇编指令重排、通信优化等手段，进一步提升效率，获得了数 10 倍到 200 倍不等的加速比。

(3) 第五届中国超级计算中心 CEO 联席会议

为了进一步加强国内超级计算中心之间的合作与交流，共同研讨超级计算中心持续性发展规划，经科技部高新技术发展及产业化司批准，由济南超算主办的第五届中国超级计算中心 CEO 联席会议于 2017 年 11 月 2 日在济南举行。参会代表围绕"合作交流、可持续发展、典型应用"的主题开展交流。各超级计算中心 CEO 分别介绍了各自的运营和发展情况，并就中国超级计算应用、未来 E 级超级计算的发展之路、超级计算中心资源共享与协同发展、国家高性能计算生态系统建设、利用高性能计算促进人工智能和大数据的发展等问题展开了热烈讨论，达成了共识。本次超级计算 CEO 联席会议的召开，让"超级大脑"们组成一支"超级战队"，深入讨论并发挥协同作用，进一步提高我国超级计算中心的效能，提升超级计算中心的服务能力，拓展超级计算机应用领域，增强超级计算中心的核心竞争力，促进超级计算中心合作与交流，推动我国的科学研究和技术开发，促进经济和社会全面发展，并对优化国家科技战略布局、建设创新型国家产生深远的影响。

(4) 2017 齐鲁国际计算医学暨医疗大数据论坛

为促进山东省大数据与新一代信息技术和医疗康养产业的协同发展，由山东省科学院主办，济南超算等单位共同承办的"2017 齐鲁国际计算医学暨医疗大数据论坛"于 2017 年 12 月 14 日在济南成功召开。来自国内外的 60 余个相关机构，300 余名超算、大数据、生物医学等领域的专家、学者参加会议。中国科学院院士贺贤土和齐鲁工业大学(山东省科学院)党委书记王英龙共同为齐鲁工业大学(山东省科学院)人工智能研究院揭牌，山东省首家人工智能研究院成立。济南超算主任杨美红研究员代表中方，美国石溪大学工学院院长 Fotis Sotiropoulos 教授代表美方，共同签署了《共建"中美计算医学创新中心"合作协议》，组建中美计算医学创新中心。

4.2.3　国家超级计算深圳中心

4.2.3.1　中心简介

2009 年，国家超级计算深圳中心(深圳云计算中心)(简称深圳超算)经科技部批准成立，是深圳市科技创新委员会下属的事业单位，实行企业化管理。深圳超算配备曙光超级计算机系统、近千台四路机架式服务器和 GPU 服务器以及超过 24PB 的存储，是国家在深圳布局建设、深圳建市以来单个投资额最大的重大科技基础项目。该项目是国家 863 计划、广东省和深圳市重大项目，同时也是深圳落实《珠江三角洲改革发展规划纲要(2008—2020)》和《深圳市综合配套改革方案》的具体行动，对促进国家高性能事业的发展，提高我国的综合国力和国际竞争力具有重要意义。

近年来，深圳大力实施创新驱动发展战略，综合创新能力持续增强，科技创新加速向引领式创新迈进，大力实施生物、互联网、新能源、新材料、文化创意、新一代信息技术和节能环保七大战略性新兴产业规划和政策。在此基础上，又先后前瞻布局了生命健康、海洋经济、航空航天、机器人、可穿戴设备和智能装备等未来产业。深圳超算一直以来紧跟深圳整体创新布局，为深圳重点布局行业配备相关软硬件设备、提供大量计算资源，为深圳创新驱动发展战略贡献自己的力量。

4.2.3.2　超级计算基础设施介绍

"曙光 6000"超级计算机理论峰值速度超过每秒 2400 万亿次，实际运算速度达到每秒 1271 万亿次，2010 年在 TOP500 排名第二，系统总内存容量为 232TB，存储资源为 17.2PB。

主刀片区总共有 5600 个计算节点，每个计算节点配置 2 颗英特尔 Xeon X5650 CPU(6 核 2.66GHz)、24GB 内存、1 颗 NVidia C2050 GPU、1 块 QDR IB 网卡。胖节点分区共有 128 台机架式服务器节点，每个节点配置 4 颗 AMD Opteron 6136(8 核 2.4GHz)、128GB 内存、1 块 QDR IB 网卡。

计算网络配置 6 台 Mellanox 648 口 QDR Infiniband 交换机，组成一套胖树结构的交换网络。胖节点分区单独使用 1 台 324 口 QDR Infiniband 交换机。

作业网络采用千兆以太网方式，共配置 4 台 Force 10 E1200 骨干以太网交换机和 144 台 Force10 S55 交换机，通过 2 万兆上联至骨干交换机。

　　云计算基础设施方面，配置超过 1000 台四路机架服务器和 GPU 服务器，总存储资源 7PB。其中四路服务器配置 4 颗英特尔 Xeon 系列 14 核 CPU，主频为 2.2GHz；系统内存为 512GB；配置 2 个 1GE 网口，8 个 10GE 网口，8 个万兆 SFP+10Gb 光模块；内置 10K RPM SAS 硬盘，单机 SAS 硬盘存储资源为 9TB。GPU 服务器配置 8 块 Nvidia Tesla V100 GPU 加速卡，双路英特尔 Xeon E5 系列 14 核 CPU，主频为 2.2GHz；系统内存为 512GB；存储资源为 4T SSD 加 8 个热插拔 SATA/SAS/SSD 硬盘位，支持 RAID 0/1/10。

　　基础设施条件居全国各超算中心之首。深圳超算占地 1.2 万平方米，建筑面积 4.34 万平方米，其中机房楼 1.2 万平方米，科研楼 3.14 万平方米。中心变压器总容量 26200kVA，由三路市电接入，同时配备由 18 台 UPS 组成的不间断电源系统和与总容量相等的备用柴油发电机组，电力持续供应保证率达 99.999%。中心接入电信/联通/教育网三线网路，预留了 20G 的出口带宽。为保证云计算业务的可靠运行与 7×24 小时服务，深圳超算还配备了备用精密空调系统，被工信部评为全国首批 5A 级机房。

　　数据安全保障亚洲领先，通过分区布局及各种防控措施保证数据高度安全。部署 DDoS 防护系统、IDS 系统、流量审计系统，对内部网络进行有效的安全防御，内部各区域之间实施有效的访问控制措施；支持传输加密、服务端存储加密与数据自销毁功能，全面保护用户数据隐私；采用数据备份、多用户数据隔离、RAID 技术；采用多副本存储、多版本管理和延迟删除技术。建立了 ISO27001 信息安全管理体系，ISO20000 信息技术服务管理体系，并且通过了外部认证审核。

4.2.3.3　应用情况

1. 富有特色的超算发展方式引领国内超算应用

　　深圳超算依据行业领导地位和专业优势，坚持"有所为、有所不为"的市场策略，重点发展科学计算、图形图像等领域业务；大力培育生物、医药、海洋、石油等领域业务；积极开拓工程计算、大数据分析、人工智能等领域业务。深圳超算创造性地将超算资源应用于云计算服务，让超算资源与云计算相结合，使计算机资源既满足高性能计算需求，又能提供强大的云计算服务能力，获得了 2013 年国家科技进步奖二等奖。

　　深圳超算承担的国家发展改革委云计算重点示范工程项目——深圳市云计算公共服务平台，已开发完成政务云、健康云、教育云、工业云、测试云、档案云、气象云、备份云、警务云、招标云、渲染云、血液云、工程大数据云以及电子账单、应用商店等"十三云一单一店"，为政府机构、企事业单位、家庭和个人提供安全的虚拟网络空间以及各类丰富的云应用服务，机构用户超过 2 万家，个人用户超过 1200 万人。

2. 高性能计算成果显著

近年来，深圳超算将其强大的计算能力运用到科学计算、工程计算、动漫渲染、云计算平台等多个领域，参与众多国际国内重大科研项目，累计申请国内专利和知识产权 36 项，发表论文 32 篇，承担国家和省市级科研项目 37 项。为国内科研机构和珠三角地区做出难以估量的贡献。

依托强大的硬件计算资源，为更好发挥超级计算机的平台作用，深圳市政府给深圳超算拨款 1 亿元资金，建设囊括化学计算、生物计算、电磁学、工业仿真、流体计算、动画渲染、建筑设计、数学计算、气象预报、材料模拟、固体力学、大数据分析挖掘等领域的软件平台。

科研方面，与国内某石油企业合作，通过精细化的勘探和更大规模的数据处理，石油及天然气的探明率提高 50%，大幅减少石油勘探投入。为国内某精密技术公司完成整流子产品电木成型过程模拟、料带冲压过程模拟、产品超速实验模拟项目，对指导产品开发设计、模具设计及提高产品质量发挥重要作用。通过项目实施，为该公司实现缩短研发周期及制样周期，新产品开发速度提高 15%，直接节省研发费用 200 万。

民生方面，协助深圳气象部门开展气象预报工作，确保计算效率与优先权。陆续推出区域天气预报、台风预警路径预报、地质灾害及积涝预警等创新服务，利用科技手段满足市民对于气象服务高节奏、高频率、高定向的需求。利用强大的运算能力使数值天气预报的时空分辨率及更新频率大大提升，模式运行效率由逐 6 小时加密到逐 3 小时，空间分辨率也将由 4 公里逐步加密到 1 公里左右，得到成百倍的提升。

除此之外，深圳超算在交通、政务、医疗、大数据、云计算等多个领域为深圳做出巨大贡献。交通领域，完成深圳市交通运输委员会云管理系统建设，助力深圳成为车行平均速度最快的一线城市，甚至超越很多二线城市。政务领域，协助深圳公安部门开发运维居住证等警务云系统，使 2000 万市民利用网络方便办证。教育方面，协助深圳教育部门开发教育云项目，惠及深圳近百万学生和家长，家长能随时了解孩子学习生活情况。

依托强大的并行计算能力以及海量存储资源优势，结合影视动漫等文化创意企业对渲染服务的需求，深圳超算基于云计算技术的渲染云平台为多家国内知名企业提供图形图像渲染服务，解决动漫电影中遇到的大批特效制作、高端三维出图等海量数据处理工作。以深圳华强数字动漫有限公司的《熊出没》系列大电影为例，影片中含有大量特效和视觉冲击，如果按照传统的渲染方式制作需要一年多时间。为保障影片的质量与档期，深圳超算为其提供了一批高性能计算服务器，在保证快速完成大量渲染任务的同时，快速完成复杂、高分辨率真实感的渲染任务，最终使影片制作周期缩短近，渲染成本大幅减少，保证电影在各大院线如期上映。自 2014 年以来累计创造票房收入超过 10 亿元。

深圳市城市公共服务云平台实现统一入口、计算与存储资源弹性调度、预警、自动运维、统计和管理等功能，也可以依据平台实际资源使用量动态调配计算资源，确保计算资源使用率最大化，实现对中心计算资源的高效管理。城市公共服务云平台将开发部署各类增值服务组件，例如人脸识别、支付、数据处理等，供云平台应用系统(用户)共享使用，这将大大丰富平台可提供的能力。这些共享的增值服务不仅能为最终用户提供更多功能支持和服务支持，为客户增加收益，而且平台各个系统之间的数据可以实现互通,方便平台上各个应用系统间相互访问，为大数据的应用提供支撑。城市公共服务云平台不同于"腾讯云""阿里云"等，具有极强的公共服务功能，既能服务于政务外网运行的各应用系统，更能服务于互联网的机构用户和个人用户。

4.2.3.4　里程碑事件(2009—2018 年)

2009 年 5 月，科技部批复成立深圳超算(863 计划立项)。

2010 年 3 月，深圳超算建设工程全面开工。

2010 年 6 月，安装在深圳超算的"曙光 6000"超级计算机实际运算速度达到每秒 1271 万亿次，位列 TOP500 第二名。

2011 年 11 月，深圳超算举行投入运行启动仪式。

2012 年 6 月，深圳超算正式向社会提供高性能计算业务的商业服务。

2013 年 7 月，深圳超算正式向社会提供云计算业务商业服务。

2013 年 9 月，教育云上线服务。

2014 年 4 月，工业云和健康云上线服务。

2015 年，计算资源严重不足，自有资金购置百余台机架服务器，服务于云计算业务。

2015 年 12 月，完成互联网数据中心(Internet Data Center，IDC)机房 5A 级资质认证。

2016 年，高性能计算科研机构用户达 1600 个，云计算公共服务平台覆盖深圳全市 2000 万人口，机构用户超过 2.4 万家　。

2016 年，深圳超算扩容升级列入深圳市"十三五"规划。

2017 年，启动扩容改造，自有资金购置 200 余台四路机架服务器。

2018 年，扩容工程完成，形成千台四路机架服务器和 GPU 服务器的云计算资源群，超级计算机全部用于高性能计算，存储容量达到 24PB，并具有海量光存储能力。

4.2.4　湖南大学国家超级计算长沙中心

4.2.4.1　中心简介

湖南大学国家超级计算长沙中心(简称长沙超算)是继天津超算和深圳超算之后科技部正式批准建立的第三家国家超级计算中心，由湖南大学负责全面运营管理。如图 4-4 所示。

图 4-4　长沙超算

长沙超算位于湖南大学校区内，占地 43.25 亩，主体建筑面积 26254 平方米，工程总投资约 8.6 亿元。建有设施一流的超大型机房，具有良好的升级拓展和构建大型云计算中心的能力。采用"天河一号"高性能计算机，各项技术指标处于国内先进水平。该系统突破了多阵列可配置协同并行体系结构、高速率可扩展互连通信、高效异构协同计算、基于隔离的安全控制、虚拟化的网络计算支撑、多层次的大规模系统容错、系统能耗综合控制等一系列关键技术。具有高性能、高能效、高安全和易使用等显著特点，综合技术水平进入世界前列。

长沙超算作为服务湖南及全国经济社会建设的公益性、公共服务平台，以政府支持为主、技术收益为辅。建设目标是立足湖南、辐射周边、面向全国，积极拓展服务领域，为社会和公众提供高性能计算应用服务；建设成为集科技研发、技术创新、人才培养为一体的数字基础平台，面向全社会提供开放共享服务的公共服务平台。一是为高校和科研院所的基础科学研究、科学计算和重大科学发现提供高性能计算服务；二是为气象、国土、水利、卫生、安全、交通、社保、文化、教育等政府部门提供自然灾害预警分析、气象预测、地质勘探、医疗卫生信息共享等大数据计算与存储、电子政务应用服务；三是为装备制造业、生物制药、材料科学、计算纳米技术、数字媒体和动漫制作等工业与信息领域企业提供专业软件资源与云计算服务。长沙超算还建立了国内一流的先进装备制造仿真设计平台，面向全国装备制造企业提供大规模仿真设计公共服务，已在省内外一些大型企业平台进行试用。

4.2.4.2　超级计算基础设施介绍

长沙超算的"天河一号"中配置了 3 个管理节点、128 个存储处理与服务节点组成的服务阵列、64 个可视化节点构成的可视化阵列、4 个 4 路登录服务节点、4 个 8 路服务节点及 26 个 I/O 节点。如图 4-5 所示。

图 4-5　长沙超算"天河一号"超级计算机

主要技术指标如下：

① 全系统理论峰值速度达到每秒 1372 万亿次，其中全系统 CPU 理论峰值速度达到每秒 317.3 万亿次，GPU 理论峰值速度达到每秒 1054.7 万亿次；全系统内存容量为 108.5TB，共享磁盘容量为 1.28PB。

② 全系统共包括 4586 个 CPU，其中 32 个 8 路 8 核 CPU，4538 个 2 路 6 核和 8 核 CPU，16 个 4 路 6 核 CPU；全系统共包括 2048 个 GPU。

③ 系统配置 2048 个刀片节点组成计算阵列。节点采用 2 路 6 核英特尔 Xeon Westmere EP 高性能处理器，主频为 2.93GHz，内存为 48GB，单个计算节点理论

峰值速度为 140.64GFlops；单个计算节点配置 1 个 Nvidia M2050 GPU，理论峰值速度为 515GFlops。

④ 系统配置 128 个存储处理与服务节点组成的服务阵列。节点采用 2 路 6 核英特尔 Xeon Westmere EP 高性能处理器，主频为 2.93GHz，内存为 48GB，单个计算节点理论峰值速度为 140.64GFlops。

⑤ 系统配置 64 个可视化节点构成的可视化阵列。节点采用 2 路 6 核英特尔 Xeon Westmere EP 高性能处理器，主频为 2.93GHz，内存为 48GB，单个计算节点理论峰值速度为 140.64GFlops；单个计算节点配置 1 个 Nvidia M2050 GPU，理论峰值速度为 515GFlops。

⑥ 系统配置 4 个 8 路服务节点，采用 8 路 8 核结构，配置 8 个英特尔 Xeon Nehalem EX 高性能处理器，主频为 2.27GHz，内存为 256GB，单个计算节点理论峰值速度为 578.56GFlops。

⑦ 计算阵列采用 THNI 定制高性能通信互连专网，双向通信带宽为 160Gbit/s，提供高带宽低延迟通信。

⑧ 系统高速互连网络采用无阻塞线速千/万兆以太网交换结构，核心交换机提供 288 个千兆端口和 24 个万兆端口，连接登录管理节点、数据处理与服务节点、可视化节点、网络存储设备等。

⑨ 系统由 26 个 I/O 节点组成大规模科学计算存储，采用对象存储体系结构，采用超高速专用网络和计算系统互连，共享磁盘容量 384TB；海量数据处理存储采用分布散列存储架构结合 SAN 和 NAS 存储结构，采用高性能互连网络与处理系统互连，共享磁盘容量为 892.8TB；全系统磁盘存储总容量为 1.28PB。

⑩ 全系统功耗为 1.212MW。

⑪ 操作系统采用银河麒麟 Linux 操作系统，符合国际标准和规范，与 Linux 二进制兼容，提供安全隔离、用户登录控制等安全功能。

⑫ 编译系统支持 C、C++、Fortran77/90/95；支持 MPI 3.0，OpenMP 3.0，支持 MPI/OpenMP 嵌套并行。

⑬ 提供大规模分布共享并行文件系统 THGPFS 和 HDFS，支持 T 级文件数量和 P 级数据存储，支持在线扩容，支持文件系统容错，为全系统提供统一文件系统视图。

⑭ 资源管理系统功能强，提供作业运行状态的统计分析、作业调度、分区管理、调度策略定制、记账管理等功能；支持应用按需调度；提供全系统的自适应容错管理和能耗管理，稳定有效。

⑮ 监控管理系统提供统一的系统管理、开关机、故障监控和诊断功能，对系统环境进行实时监测和安全监护，并为系统提供方便实用的调试、诊断、维护工具和手段。

⑯ 系统支持多种容错和高可用技术，包括全系统监控诊断、部件热插拔、故障节点隔离、系统级检查点支持等。

⑰ 系统提供实用的并行程序开发环境、Hadoop 分布编程框架、数据库服务、可视化服务，以及多种应用服务软件，支持广泛的第三方应用软件。

⑱ 系统配置 4 个登录服务节点，采用 4 路 6 核英特尔 Xeon Nehalem EX CPU，主频为 2.0GHz，内存为 64GB；配置 2 个 300GB SAS 硬盘、高速互连接口、2 个千兆以太网。

4.2.5　中山大学国家超级计算广州中心

4.2.5.1　中心简介

中山大学国家超级计算广州中心(简称广州超算)是国家在"十二五"期间部署的重大科技创新平台，在科技部的支持下，由广东省人民政府、广州市人民政府、国防科技大学和中山大学共同建设，是支撑国家实施创新驱动战略和服务地方产业发展的重大科技基础设施，是中山大学面向学术前沿、面向国家重大战略需求、面向区域经济社会发展的需要，开展重大科学研究、服务国家和区域经济社会发展的重要支撑平台。围绕"天河二号"超级计算机推进高性能计算与大数据深度融合，打造科学研究、学科建设、交流合作、技术创新以及人才培养五大支撑平台，提倡"开放、合作、协同、创新"，力争取得一系列标志性成果，创建具有中国特色的世界一流超算中心。

4.2.5.2　超级计算基础设施介绍

广州超算业务主机"天河二号"是国家"十二五"期间 863 计划重大项目的标志性成果。"天河二号"一期系统理论峰值速度为每秒 5.49 亿亿次、持续计算速度为每秒 3.39 亿亿次、能效比为每瓦特 19 亿次双精度浮点运算。"天河二号"是我国超级计算机发展史上具有里程碑意义的系统。2013 年至 2015 年，"天河二号"在 TOP500 上连续 6 次排名世界第一，成为世界超算史上第一台连续 6 次夺冠的超级计算机，打破超算领域世界纪录。2014 年至 2016 年，"天河二号"在国际共轭梯度(HPCG)排行榜获得五连冠。"天河二号"二期系统"天河二号 A"采用了国产加速器 Matrix 2000 来替代英特尔 Xeon Phi，完成升级，理论峰值速度达到 10.64 亿亿次，总内存容量约为 3PB，全局存储总容量约为 19PB，采用自主研发的 Express-2 内部互联网络，网络峰值带宽为 14GB/s。

4.2.5.3　应用情况

"天河二号"打响了中国超算的品牌，产生了深远的国际影响。其创新的异构超算体系结构引领了当今世界超算技术路线的发展，率先在高性能计算与大数据融合创新应用方面的探索顺应了世界超算应用的发展趋势。"天河二号"可支持从中小规模到超大规模、不同领域的各类应用。基于高性能计算、大数据和云计算的融合，广州超算集中力量完善应用环境，面向领域的应用服务平台建设成效显著，在服务大科学、大工程、新产业方面取得了一系列重要的科学研究、工程突破和技术产业创新，在支撑国家科技创新、服务国家创新驱动和地方产业发展等方面发挥着重要作用。

通过不断优化应用环境、提升应用服务水平、加大市场推广力度，广州超算服务用户数量保持着快速增长的势头，企业用户的数量稳步增长，用户总数量已超过 2800 家。超算应用服务的地域覆盖范围不断扩大，已遍布全国 28 个省份，机时合同金额和应用服务收益呈现出持续上升的良好发展态势。

随着广州超算的应用范围不断扩大，"天河二号"高性能计算资源开放量不断增加，系统资源利用率持续提升。在系统、环境管理措施和系统升级扩容保障下，2017 年"天河二号"全系统利用率和资源使用效率保持了稳步提升的良好态势：总运行作业数超过 905 万个，可用率超过 99%，资源利用率平均达到 70.72%，最高利用率达到 85.06%。广州超算是全世界用户数量最多、利用率最高的超级计算系统之一。

4.2.5.4　里程碑事件(2011—2017 年)

2011 年 11 月，广东省政府、广州市政府、国防科技大学、中山大学签署战略合作协议，联合申报国家"十二五"863 计划高效能计算机系统研制项目。

2012 年 3 月，广州市政府与国防科技大学签署"天河二号"高性能计算机系统研制合作协议，广州超算项目进入实质性建设阶段。

2013 年 6 月，"天河二号"一期系统研制成功，以理论峰值速度每秒 5.49 亿亿次荣登 TOP500 榜首。

2013 年 10 月，"天河二号"正式入驻位于广州中山大学大学城校区内的广州超算大楼。

2014 年 4 月，广州超算进入边建设边试运行阶段，正式开始对外提供应用服务。

2015 年 9 月，广州市人民政府与中山大学签订《广州超算中心固定资产委托管理协议》，广州市正式将广州超算移交给中山大学进行管理。

2015 年 11 月，"天河二号"在 TOP500 取得六连冠，打破超算领域世界纪录。

2016 年 3 月 18 日，广东省科学技术协会第八届委员会港澳特邀委员代表团在广东省科学技术协会党组书记何真的陪同下到访广州超算。

2016 年 3 月 21 日，中英智慧城市合作研讨会在广州超算举行，研讨主题涵盖智慧城市、超级计算、大数据、物联网和智慧健康等，来自双方政、学、企各界的 30 余名代表参加研讨，并制定下一步合作计划。

2016 年 5 月 9—10 日，2016 年中法 E 级计算研讨会在广州超算顺利举行，来自中法两国 E 级计算领域的 16 名顶尖专家出席大会并做主题报告，就深化在 E 级计算领域的合作进行研讨。

2016 年 5 月 11 日，广州市委书记任学锋主持召开超算应用专题研讨会，提出建设超算中心科技创新生态体系的全面发展规划。

2016 年 5 月 22 日，时任中共中央政治局委员、国务院副总理刘延东到中山大学考察广州超算，对广州超算表示肯定并提出了殷切希望。

2016 年 6 月 19 日，"天河二号"在国际共轭梯度(HPCG)排行榜获得五连冠。

2016 年 8 月 17 日，中国工程院院士咨询项目"气象领域高性能计算关键问题及发展策略研究"研讨交流会在广州超算成功召开。国内气象、海洋、高性能计算领域的著名专家学者出席会议。

2016 年 8 月 19 日，时任中国气象局副局长许小峰率领中国气象局科技司、广东省气象局、广州市气象局领导一行到广州超算调研座谈，进一步明确广州市气象预报业务系统在"天河二号"上部署、运行的路线图。

2016 年 9 月 18 日，国际超算高峰论坛在广州超算成功召开，来自中国、美国、澳大利亚、瑞士、新加坡等多国超算领域的顶尖专家、学者汇聚一堂，就 E 级计算时代的高性能计算架构、软件和应用等关键问题展开了深入研讨。

2016 年 9 月 24 日，"走近天河二号"广州超算科普开放日系列活动开幕。定期举办，广惠市民，社会各界好评如潮。

2016 年 10 月 30 日，"中国高性能计算应用软件协同开发"研讨会在广州超算成功召开，近 20 家国内高性能计算研究、运营机构汇聚一堂，就国产 E 级计算机研制面临的应用软件生态环境缺失的问题进行了深入研讨，并就多方合作达成一致，将就建立面向国产处理器的应用软件研发生态环境，建设国家高性能计算应用软件中心展开全面合作。

2016 年 11 月初，广州超算对网络进行全面升级改造，大幅拓宽互联网出口带宽。

2016 年 11 月 13 日，教育部部长陈宝生一行到广州超算考察。

2016 年 12 月，广州超算 2016 年度用户大会盛大开幕，全国各地 260 多位著名高校、科研院所及龙头企业的用户代表参加了大会。

2017 年 3 月 21—23 日，"中国-挪威超级数据国际合作项目启动会"召开，国内外领域专家和应用专家共聚广州超算，共同开启超级数据项目，对相关领域技术进行了深入研讨。

2017 年 4 月 19 日，时任香港特别行政区行政长官梁振英一行考察广州超算。中央人民政府驻港联络办公室、广东省人民政府港澳事务办公室、广州市政府、广州市科技创新委员会、番禺区多位领导，以及中山大学党委书记陈春声、校长罗俊陪同考察。

2017 年 5 月 22 日，由英国驻广州总领事馆、广东省大数据管理局、广州超算联合举办的"2017 年中英(广州)大数据合作大会"在广州超算隆重召开，来自中英两国近 200 名政府、企业和科研机构代表出席本次大会，共同分享在大数据应用领域的创新成果，探讨多领域深化合作、实现共赢等议题。

2017 年 6 月 19 日，广州超算代表团赴德国法兰克福参加 ISC 2017。大会开幕式上，"天河二号"副总设计师、广州超算主任卢宇彤教授当选 ISC Fellow，成为中国首位获此殊荣的学者，全球唯一的女性 ISC Fellow。

2017 年 6 月 30 日—7 月 4 日，广州超算成功组织实施了由人力资源和社会保障部重点资助的国家专业技术人才知识更新工程 2017 高级研修项目"'天河二号'云超算技术与大数据处理技术高级研修班"，吸引了高性能计算、云计算、大数据等相关领域的 100 余位高层次专业技术人才及高级管理人才积极参与。

2017 年 9 月，"天河二号"二期系统"天河二号 A"采用国产加速器 Matrix 2000 来替代英特尔 Xeon Phi，完成升级，理论峰值速度达到 10.64 亿亿次，总内存容量约为 3PB，全局存储总容量约为 19PB，同时还升级国产网络系统，网络峰值带宽为 14GB/s，启用全新的并行编程环境。

2017 年 9 月 19—20 日，"2017 国际高性能计算论坛"(IHPCF 2017)在广州大学城南国会国际会议中心隆重拉开帷幕，该论坛由国防科技大学高性能计算国家重点实验室主办，广州超算承办，科技部、教育部、国家自然科学基金委员会赞助支持。来自美国、日本、德国、俄罗斯、中国等从事超级计算机研制、超算技术及超算应用技术研究的 150 名专家、学者出席了本次大会。本次大会是广州超算进一步融入国际超算大家庭，代表中国超算进行国际交流合作的重要举措，为全球协同创新奠定了良好的基础。

2017 年 11 月 14 日，第 50 届 TOP500 发布，"天河二号"成为全球唯一同时在 TOP500、国际共轭梯度(HPCG)排行榜两个权威榜单都进前三的系统，体现其平衡系统设计的优势。

2017 年 12 月 8 日，广州超算主任卢宇彤教授应邀出席 2017 年《财富》全球论坛"智能制造与万物互联"分论坛，与参会的各财富论坛 500 强企业代表等畅谈智能制造、物联网新格局对全球科技、经济和社会发展带来的改变与未来发展趋势和新要求。

2017 年 12 月 15 日，广州超算 2017 "天河二号"用户年会在广州华金盾大酒店隆重召开。科技部、中山大学、国防科技大学和广东省、广州市主管部门领导出席本次会议，与来自全国各地高校、科研院所和企业的 320 多位用户代表齐聚一堂。

2017 年 12 月 24 日，国家自然科学基金委员会-广东省人民政府大数据科学研究中心重大专项 2017 年度学术交流会在广州超算召开。

4.2.6　国家超级计算无锡中心

4.2.6.1　中心简介

国家超级计算无锡中心(简称无锡超算)是经科技部批准，由江苏省、无锡市和清华大学合作共建的国家级公共技术服务平台。无锡超算拥有连续排名世界第一的超级计算机"神威·太湖之光"，由国家并行计算机工程技术研究中心研制，清华大学负责运营。系统采用全国产申威 26010 处理器构建，理论峰值速度超过 125PFlops。如图 4-6 所示。

图 4-6　国家超级计算无锡中心

无锡超算依托"神威·太湖之光"，根植江苏、覆盖长三角、拓展全国、放眼全球，与国内外专家、应用单位等进行密切合作。为生物医药、海洋科学、油气勘探、气候气象、金融分析、信息安全、工业设计、动漫渲染等领域提供计算和技术支持服务，承接国家、省部等重大科技或工程项目，为我国科技创新和经济发展提供平台支撑。

无锡超算将利用优势资源，结合江苏省"十三五"规划提出着力建设具有全球影响力的产业科技创新中心和具有国际竞争力的先进制造基地的战略新定位，建成具有明确应用背景的高性能计算技术重大应用研究与支撑中心，充分展示高性能计算作为科技创新核心竞争力和强力引擎的价值，成为国内高性能计算人才聚集地和国内外重要并行应用软件研发基地，实现无锡超算的可持续发展。

4.2.6.2 超级计算基础设施介绍

"神威·太湖之光"由 40 个运算机柜和 8 个网络机柜组成。每台运算机柜比家用的双门冰箱略大，打开柜门，4 块由 32 块运算插件组成的超节点分布其中。每个运算插件由 4 个运算节点板组成，每个运算节点板又含 2 块申威 26010 处理器。每台运算机柜就有 1024 块处理器，整台"神威·太湖之光"共有 40960 块处理器。每个处理器有 260 个核心，主板为双节点设计，每个 CPU 固化的板载内存为 32GB DDR3-2133。"神威·太湖之光"的主要指标如下：

理论峰值速度：125.436PFlops；

实测持续计算速度：93.015PFlops；

处理器型号：申威 26010 众核处理器；

整机处理器个数：40960 个；

整机处理器核数：10649600 个；

系统总内存：1310720GB；

操作系统：Raise Linux；

编程语言：C、C++、Fortran；

并行语言及环境：MPI、OpenMP、OpenACC 等；

SSD 存储：230TB；

在线存储：10PB，带宽 288GB/s；

近线存储：10PB，带宽 32GB/s。

同时配置商用辅助计算系统，主要指标如下：

计算速度：1PFlops；

内存容量：160TB；

980 个普通计算节点：2 路 12 核心、主频 2.5GHz、内存 128GB；

32 个胖计算节点：8 路 16 核心、主频 2.2GHz、内存 1TB；

64 个 I/O 服务节点：对计算节点提供高速 I/O 资源扩展和共享服务。

"神威·太湖之光"有四个领先：

① 各项性能指标世界第一。整机采用高密度运算超节点和高流量可扩展复合网络架构，实现全系统高效可扩展与并行运行；采用层次包容、分级自治的软硬协同容错体系，实现整机系统的高可用；通过面向典型应用和机器结构的编译优化、自适应精细平衡调度等技术，实现应用软件的高效运行。理论峰值速度超过每秒 12.5 亿亿次，持续计算速度超过每秒 9.3 亿亿次，性能功耗比为每瓦特 60.5 亿次，均居世界第一。

② 结构与性能领先的众核处理器。申威 26010 众核处理器采用具有自主知识

产权的申威指令集和片上融合异构众核架构，构建片上众核多维并行数据通信和层次化存储体系，有效解决众核处理器"通信墙"和"存储器墙"问题。理论峰值速度超过 3TFlops。

③ 高效能的低功耗设计。通过采用直流供电、全机水冷等关键技术，建立从处理器、部件、系统到软件与应用的全方位低功耗设计与控制体系，有效实现系统高效节能。性能功耗比为每瓦特 60 亿次，比目前其他国际顶尖超级计算机节能 60%以上。

④ 面向千万核级核心的高并发度软件系统。面向高性能计算和数据应用，提供大规模系统层次化资源管理、千万核级并行程序开发、海量数据存储服务等平台，为用户构筑一个高效的计算和服务环境。以软件技术的系统化提升，为千万核级并行软件的开发提供良好支撑。

"神威·太湖之光"自 2016 年 6 月发布以来，已连续四次荣获 TOP500 第一，成功入选第三、第四届乌镇互联网大会"世界领先科技成果"。

4.2.6.3　应用情况

无锡超算从始至终都致力于支持国家重大挑战性应用需求，在积极运营下，依托"神威·太湖之光"已完成百余项应用课题的计算任务，一年来共计完成 200 多万项作业任务，平均每天完成近 7000 项作业任务。百万核以上应用上百个，千万核整机应用 22 个。以清华大学为主体的科研团队，利用"神威·太湖之光"实现了千万核规模的全球 10 公里高分辨率地球系统数值模拟。半年后，北京师范大学、清华大学团队又将精度提高到 3 公里范围内。这些成果将全面提高我国应对极端气候事件和自然灾害的减灾防灾能力，同时大大增强中国在全球温室气体减排谈判中的"科学话语权"。中国船舶重工集团公司第七〇二研究所完成了大型海上浮动平台波浪载荷模拟的超大规模并行计算，显著加速了大型海上浮动平台研制进程。国家气候中心与无锡超算合作，联合研发新一代中国区域高分辨率再分析资料基础数据集和预测系统，将提高我国气候预测、分析和影响的评估能力。远景能源集团在"神威·太湖之光"上开展的全球高分辨率风资源预测和近场高精细度计算流体仿真模拟，为实现风场设计、风机精确选址和风资源高效利用打下了坚实的基础。清华大学自主研发的神威深度学习算法库为人工智能和大数据处理提供了有力的平台支持。国家计算流体力学实验室、中国科学院上海药物研究所、中国科学技术大学等多家科研机构，也都基于"神威·太湖之光"开展了一系列高性能应用课题。上述应用涵盖天气气候、航空航天、船舶工程、新材料、新能源等 20 多个领域。

2017 年度无锡超算用户数量超过 300 家，主机账号达到 1500 多个，支持包括紫金山天文台、远景能源集团在内的江苏省用户超 50 家，支持包括中国船舶重工集团公司第七〇二研究所、无锡油泵油嘴研究所、中航工业航空动力控制系统研究所(614 所)在内的无锡本地用户 15 家。

此外，搭载国产众核处理器的小型化工作站"Sunway Micro(神威小型机)"也研制成功。与"神威·太湖之光"超级计算机的强大计算能力相比，"神威小型机"在处理器、内存、硬盘等架构的配置上更加灵活，可以根据用户应用的需求定制。"神威小型机"的发布，标志着搭载国产众核处理器的超算平台成功实现了小型化与定制化，将为用户提供更加完备的解决方案。

4.3 普通结点

4.3.1 清华大学

4.3.1.1 中心简介

清华高性能计算平台依托清华信息科学与技术国家实验室，于 2005 年建成，并装备了万亿次"探索 3 号"集群。为支持基础科学研究和应用基础科学研究工作的开展，满足校内外用户日益增长的高性能计算需求，2011 年清华大学投资 3000 万元研制"探索 100"百万亿次集群计算机。高性能计算平台也成为清华六大校级公共服务平台之一。如图 4-7 所示。

图 4-7　中国国家网格结点：清华大学

4.3.1.2 超级计算基础设施介绍

"探索 100"共有 740 个计算节点，8880 个处理器核，处理器采用英特尔 Xeon

5670，理论峰值速度达到 104TFlops，存储总容量达到 1000TB。另外，系统还配置 16 个 nVidia Tesla S1070 的 GPGPU 系统，计算能力达到 64TFlops。"探索 100"是建设当年国内最先进的超级计算机之一。高性能计算平台以用户服务为宗旨，为用户提供"系统环境稳定+软件资源丰富+技术服务优质"的一流科学计算环境。

4.3.1.3　应用情况

开放以来，清华高性能计算平台已累计为校内外 40 余个科研单位、233 余个课题组、800 余个用户提供了高性能计算服务，用户覆盖物理、化学、应用数学、材料、力学、电子、自动化、计算机、核技术、航天航空、生物信息、石油、电机、医学、地球科学等众多学科领域，为校内外高性能计算用户提供有力的平台支撑。高性能计算平台将优先保证和满足冲击国际前沿水平、涉及重大基础理论研究和国民经济重大应用的需求，积极推动高性能计算技术与相关学科的学术交流与合作，充分发挥其在高性能计算领域的技术优势。

4.3.2　北京应用物理与计算数学研究所

4.3.2.1　中心简介

北京应用物理与计算数学研究所是一个以承担国家重大科研任务为主，同时开展基础和应用理论研究的多学科研究机构。该所现有职工 650 余人，其中各类专业技术人员 500 多人，包括研究员 130 多人，中国科学院院士、中国工程院院士共 15 人，享受国务院政府特殊津贴人员 32 人，国家杰出青年科学基金获得者 9 人。该所获国家自然科学奖、国家科技进步奖、军队科技进步奖以及求是奖、何梁何利奖等各类科技成果奖 500 余项。于敏院士获 2014 年国家最高科技奖。

4.3.2.2　超级计算基础设施介绍

北京应用物理与计算数学研究所自 2002 年起承担国家 863 计划"高性能计算机及其核心软件"重大专项课题研究，开始逐步开放高性能计算机资源，寻求高性能计算领域内的广泛合作，与国内其他单位一起共同促进高性能科学与工程的进步。此后，该所分别承担了国家 863 计划"十一五"和"十二五"高性能计算环境相关课题、国家重点研发计划课题的研究，积极参与国家高性能计算环境建设。目前，该所接入国家高性能计算环境的是百万亿次集群系统，系统含 172 个计算节点，共 4128 处理器核，浮点峰值速度为 211TFlops，内存总容量为 11TB，存储总容量为 864TB。

4.3.2.3　应用情况

北京应用物理与计算数学研究所结点先后部署了 27 个网格应用，应用领域涉及流体力学模拟、材料科学经典分子动力学模拟、材料科学第一原理模拟、生物信息处理、流体界面不稳定性模拟、激光等离子体相互作用粒子模拟、激光等离子相互作用成丝不稳定性模拟、电场位势模拟、辐射输运模拟、对流扩散模拟、层流模拟、湍流模拟、微喷射材料模拟、高能电子流等离子相互作用模拟等。此外，部署了 JASMIN、JAUMIN、JCOGIN 并行软件支撑框架，支持用户快速、高效地开发并行应用。结点采用 7×24 小时不间断运行模式，用户每年平均实际使用机时 2800 万核小时以上。

4.3.2.4　里程碑事件(2005—2016 年)

2005 年，北京应用物理与计算数学研究所结点挂牌，正式成为国家高性能计算环境的结点。提供 3000 亿次计算能力，后端的高性能计算机含 320 个处理器，浮点峰值速度为 300GFlops，内存总容量为 160GB，磁盘总容量为 4.88TB。

2009 年进行节点扩容，更换后端的高性能计算机，浮点峰值速度提升至40.32TFlops，含 3072 个处理器核，内存总容量增至 6.1TB，磁盘总容量增至 80TB。3000 亿次计算系统同时退役。

2016 年再次更新后端的高性能计算机，新系统含 172 个计算节点，共 4128个处理器核，浮点峰值速度为 211TFlops，内存总容量为 11TB，磁盘总容量为864TB。

4.3.3　西安交通大学

4.3.3.1　中心简介

2000 年西安交通大学成立国家高性能计算网格中心，相对当时国内的计算平台，是比较先进的，挂靠西安交通大学原科技处，建成以来基本以 211 和 985 经费和国家项目支撑。西安交通大学国家高性能计算中心(西安)于 2009 年由科技部批准成立，该中心经过近 10 年的发展，计算资源类型日益丰富，集成了 IBM、曙光、浪潮和联想的高性能计算机系统，可以为人才培养和高性能计算、中间件、网格技术的研究提供良好的条件。目前已拥有 500 多平方米的专用机房，配有机房专用发电机和 UPS，实现 7×24 小时不间断网络维护，为地区结点的建设提供全方位的运行保障和技术支持，通过 100G 光纤与西安交通大学其他主结点互联，保证超级计算用户的网络访问速度与通信质量。在西安交通大学高性能计算平台开户的用户已超过 500 位，覆盖 10 多个学科，项目包括国家自然科学基金、973、863 和国家重点研发计划项目等。为人才培养和学科发展提供了良好的环境支持，产生了明显的社会效益。如图 4-8 所示。

图 4-8　中国国家网格结点：西安交通大学

　　西安是西北地区的中心城市，科研院所众多，又是我国重要的航空、航天、军工、电力和电子等领域的工业和科研基地。互联网的兴起和广泛应用，有力地促进了网络环境下的科学研究和应用发展，利用西安交通大学高性能计算平台进入国家高性能计算环境，使用中国国家网格中的各种已有软硬件资源，在减少资源的低水平重复购置的同时，还可在一个高的起点上，带动西部高等院校和科研院所的科研计算能力的快速提高。

4.3.3.2　超级计算基础设施介绍

　　西安交通大学国家高性能计算中心(西安)的超级计算基础设施包括曙光4000L 集群、浪潮天梭 TS20000 集群、浪潮天梭 TS10000 集群、IBM RS6000 工作站集群、IBM eServer 服务器、浪潮 SP3000 集群等大型计算设备，这些设备已经形成校园网格应用的基本支撑计算平台，其聚合计算速度为每秒 230 万亿次，独立存储容量为 520TB。其中计算节点已达到 202 台(英特尔 Xeon E5-2690 v3)，GPU 节点为 4 台，MIC 节点为 2 台，存储节点为 14 台，管理登录节点为 6 台，NVIDIA Kepler K80 加速卡为 4 块，计算网络为全线速 56Gbit/s FDR Infiniband。计算能力与存储容量位居西部高校首位、全国高校前列。

4.3.3.3　应用情况

集群投入运行以来，运行稳定，平均资源利用率超过 90%，平均每日完成计算作业超过 200 个，计算作业总量超过 14 万个，应用效果良好。利用集群开展科研的课题 90%以上受到国家自然科学基金、973、863、"青年千人"、国家重点研发计划等项目的支持。

现已部署分子动力学、材料学、计算化学等计算或仿真模拟软件几十套，开户用户超过 500 位，覆盖材料、能动、航天、化工、人居、电气、理学等学科。各学科利用西安交通大学高性能计算平台发表各类高水平论文或成果 200 余项，平均每年支持产生高影响因子 SCI 论文 40 余项，其中以计算材料学领域金属材料强度国家重点实验室等用户为典型代表，利用该平台开展了卓有成效的科研工作。基于第一性原理、分子动力学方法、机器学习及相场等计算方法，已发表了几十篇材料科学领域的高水平论文，其中包括了《Science》《Nature》《Advanced Materials》及《Physical Review Letters》等国际顶级或知名期刊，取得了丰硕的科研成果。

4.3.3.4　里程碑事件(2009—2017 年)

1. 2009 年

西安交通大学国家高性能计算中心(西安)作为中国国家网格 11 个成员结点之一于 2009 年正式成立，提供远程高性能计算科学服务，计算速度为 5TFlops，内存容量为 1TB，存储容量为 50TB。其中，浪潮天梭 TS10000 集群的计算节点为 48 个，存储节点为 6 个，"曙光 4000"超级服务器的计算节点为 20 个，管理节点为 2 个。另外，IBM RS/6000 工作站集群具有 6 个节点。

2. 2013 年

基于西安交通大学校园网和中国教育科研网格生物信息学网格(CGSP)建立了一个可用于高性能计算和支持重点学科应用资源云的平台。将西安交通大学已有的多种计算资源通过 1000M 校园网互连，并以有效的方式组织起来，可向网上用户提供统一的透明云服务。具体完成了如下内容：

① 建成的西安交通大学一级结点平台配备有较丰富的软件，聚合计算能力为 36.15TFlops，独立存储容量为 200TB。其中，新增 54 个计算节点，理论峰值速度为 32.15TFlops，独立存储容量为 180TB。其中，通用 CPU 理论峰值速度为 17.97TFlops；MIC 加速浮点运算速度为 8.58TFlops；GPU 加速浮点运算速度为 5.6TFlops；采用 RAID5 后存储容量为 150TB。

② 通过中国教育和科研计算机网(China Education and Research Network，

CERNET)实现与高性能计算的千兆连接环境。另外，实现与 CERNET IPv6 试验网接入，为应用与试验提供更高的网络接入带宽。新增节点和存储部署了相关软件，融入中国国家网格整体环境。

③ 可共享的商用应用软件有 Fluent、Matlab、ANSYS、Accelrys、CFX、CFD、ICEM CFD、AutoDYN、Icepak、Tgrid、EKM 和 DDSCAT 等。

④ 对动力供电、UPS 和制冷新风等机房环境进行了改造，并由专人负责日常设备管理工作，保持主结点设备 7×24 小时在线并提供稳定服务。

总之，在科技部领导和中国国家网格专家组的指导下，经过项目组成员的努力，很好地达到了考核目标及具体项目任务要求。

3. 西安交通大学积极扩容超算平台

2016 年开展平台二期建设，在通过积极主动服务取得了各学科用户信任和支持的基础上，整合了材料、人居、化工、理学等学科的多渠道资金，新增计算能力 107.4 万亿次，总体规模达到 230 万亿次。

西安交通大学高性能计算平台本着"整合资源建平台，服务学科共发展"的理念，持续推进平台建设。学校负责提供所需的场地、机房、动力环境以及网络基础条件，学科出资购置计算设备，纳入高性能计算平台统一管理，优先满足出资单位使用，在此基础上面向全校开放共享。通过这种方式解决以前分散建设时规模小、重复投入、共享程度不高等问题，同时也落实国家关于科研大型仪器设备开放共享的精神，形成了"集中资源办大事，众人拾柴火焰高"的良好局面。

4.3.4　中国科学技术大学

4.3.4.1　中心简介

中国科学技术大学超级计算中心(简称中国科大超算中心，http://scc.ustc.edu.cn)从 2002 年底开始建设，是国内最早的校级超算中心之一，隶属于校公共支撑体系，是校六大公共实验中心之一。本着推动科学计算、促进人才培养的建设方针，中国科大超算中心面向校内所有对高性能计算有需求的科研院系、实验室、教师、学生提供高性能计算服务，并建有"研究生超级计算实验训练中心"培训超算相关人才，同时在力所能及情况下向校外提供部分资源。如图 4-9 所示。

中国科大超算中心挂靠校网络信息中心，建有一批高素质专业队伍，现有专职人员 6 名，其中博士 4 名，硕士和学士各 1 名。中心设有专家组，成员为主要超算用户及计算机专业等方面专家，主要负责对超算中心的建设、运行、管理和发展等提出指导和咨询意见，对超算中心的重大问题，包括软硬件建设和运行资金的筹措与资源的使用等做出决策和决定等。中国科大超算中心目前为：

图 4-9　中国国家网格结点：中国科学技术大学

中国国家网格合肥中心(2005 年)；
中国科学院超级计算环境 GPU 分中心(2010 年)；
国家超级计算天津中心中国科学技术大学分中心(2012 年)；
中国教育科研网格(China Grid)中国科学技术大学子结点(2013 年)；
中国科学院超级计算环境合肥分中心(中国科学技术大学)(2014 年)；
安徽省高校科研协作高性能计算公共平台(2014 年)；
超级计算创新联盟理事单位(2014 年)；
中国国家网格合肥运行中心(2016 年)；
EasyOP 在线服务平台安徽分中心(2017 年)。

4.3.4.2　超级计算基础设施介绍

2013 年 9 月，新建成的中国科大超算中心专用机房，在 2014 年中国工程建设标准化协会信息通信专业委员会组织的中国优秀数据中心评选中荣获“优秀教育数据中心奖”，并被收录到象征着数据中心行业标杆的白皮书《中国数据中心技术指针》中。该机房参考 B 级机房要求建设，总面积约 1000 平方米，其中主机房约 250 平方米，电源配电室约 80 平方米，展示室约 80 平方米，另含库房、办公用房等。主机房建有 26 台 60kW 制冷量冷冻水机柜级制冷空调和 54 台机柜(设计最大功耗 30kW)，4 台 200kW 制冷量室外机组(3+1 冗余，可提供带冗余的 600kW 制冷量)。在满足自用之外，还对超算用户提供服务器托管服务，目前托管 20 个课题组，500 余台设备。如图 4-10 和图 4-11 所示。

中国科大超算中心采用三层资源架构，多个课题组建有小规模的超算系统(支持百核级并行作业)，中等规模的超算系统由校超算中心建设(支持千核级并行作业)，更大规模(万核级及之上)的超算系统需要借助于国家高性能计算环境中的中国科学院超算中心、上海超算中心及国家超算中心等。根据实际需要，中国科大

图 4-10　中国科大超算中心机房部署

图 4-11　中国科大超算中心超级计算机

超算采取持续滚动更新方式建设，每年更新小系统，3—5 年更新大系统，确保有较新的系统可用，并保持很高的实际利用率。累计投资已超过 7000 万元，目前在用设备超 5000 万元。2017 年新增建设经费 4500 万元，将于 2018 年完成使用。

中国科大超算中心现有系统的总理论峰值速度为每秒 562.35 万亿次，共 673 台服务器，其中 CPU 计算速度为每秒 515.5 万亿次(14512 颗 CPU 核)，GPU 计算速度为每秒 20.56 万亿次、MIC 计算速度为每秒 26.28 万亿次。每年可提供 1.23 亿 CPU 核小时，实际利用率超过 80%。

目前运行中的系统为：曙光 TC4600 百万亿次超级计算系统、中国教育科研网格高性能计算集群、刀片及胖节点超算系统。已退役的系统为：联想"深腾 7000G"GPU 集群(2010 年—2017 年 4 月)、IBM JS22 刀片集群(2008 年 4 月—2015 年 9 月)、联想"深腾 1800"集群(2008 年 9 月—2015 年 9 月)、HP Superdome 服务器集群(2003 年—2011 年 3 月)、HP Rx2600 服务器集群(2003 年—2011 年 6 月)、基于龙芯 2 号国产万亿次高性能计算机 KD-50-I(2008 年 12 月—2012 年)。

4.3.4.3　应用情况

中国科大超算中心不仅提供良好的资源服务，还提供良好的技术支持、程序优化与开发服务。累计编写用户手册 14 套, 培训 1500 人次。协助校内课题组进行程序开发与优化工作, 如与谢毅-孙永福材料科学研究组及叶邦角粒子束研究组开展合作, 利用自主研发的 Positron-DFT 软件支持其功能材料研究中的缺陷探测与表征分析, 该软件创新地利用 PAW 方法重构完全势能, 解决了赝势方法在正电子计算中的精度问题, 提高了速度与准确度, 相关数值计算支持两篇一区论文的发表。与何力新课题组合作开发优化 ABACUS 软件(http://abacus.ustc.edu.cn/), 包括发布正式版 DZP 轨道库, 支持多投影子赝势, 完成求解 k 点的 Kohn-Sham 方程的优化, 在测试算例中, 优化后在同等计算条件下速度提高 4 倍。ABACUS 在超算中心计算程序中总机时使用排名第 4, 该软件已部署在中国科学院超级计算网格环境中。

中国科大超算中心目前用户主要来自物理、化学、材料等科研领域, 用户账户超过 1000 个, 涉及校内所有院系及近 80 个来自中国科学院、高等院校、企业等的校外账户。2017 年度支持的在研项目有 60 余项, 经费超过 3 亿元, 支持发表论文 220 篇。2002—2017 年间用户致谢论文 963 篇, 含《Nature》《Science》等顶级论文 48 篇。

4.3.4.4　里程碑事件(2002—2017 年)

2002 年年底, 提出建设中国科学技术大学校级超算中心。

2003 年 10 月, 初步建成以惠普服务器为主的超算平台, 运算速度为每秒 1 万亿次, 成为最早的校级超算平台之一。

2008 年, 建成 IBM JS22 刀片集群, 运算速度为每秒 1.8 万亿次。

2008 年, 中国科学技术大学 50 年校庆, 联想集团捐赠 "深腾 1800" 集群, 运算速度为每秒 4.7 万亿次。

2010 年, 建成联想 "深腾 7000G" GPU 集群, CPU 运算速度为每秒 7.2 万亿次, GPU 运算速度为每秒 200 万亿次, 成为中国科学院超级计算环境 GPU 分中心。

2012 年, 建成刀片及胖节点集群, 运算速度为每秒 15.46 万亿次。

2012 年, 成为国家超级计算天津中心中国科学技术大学分中心。

2012 年, 建成计算云和大数据处理平台(45 节点)与存储云(532TB)。

2013 年, 建成中国教育科研网格高性能计算集群, 运算速度为每秒 14.64 万亿次。

2013 年, 新机房启用, 地点在东区新图书馆一楼。

2014 年, 建成曙光 TC4600 百万亿次超算系统, 运算速度为每秒 105 万亿次。

2014 年, 成为中国科学院超级计算环境合肥分中心(中国科学技术大学)及安徽省高校科研协作高性能计算公共平台、超级计算创新联盟理事单位。

2015 年, 曙光 TC4600 百万亿次超算系统扩建成 300 计算节点, 含 7200 颗

CPU 核，运算速度为每秒 288 万亿次，总运算速度为每秒 547 万亿次。

2015 年，成立研究生超级计算实训中心。

2016 年，曙光 TC4600 百万亿次超算系统再次扩建成 506 计算节点，含 12200 颗 CPU 核，运算速度为每秒 519 万亿次，总运算速度为每秒 562 万亿次。

2016 年，成为中国国家网格合肥运行中心。

2017 年，在校公共支撑体系六大公共实验中心建设总结及双一流建设经费申请中，与第一名相差无几，排名第二，申请的 4500 万元建设经费获得全额拨付。

2017 年，与曙光信息产业股份有限公司共建 EasyOP 在线服务平台安徽分中心。

4.3.5　山东大学

4.3.5.1　中心简介

山东大学是国内最早建设高性能计算环境的高校之一。2002 年 8 月经山东省科技厅批准成立山东省高性能计算中心，该中心依托山东大学，由山东大学和济南高新技术产业开发区管理委员会投资 1500 万元建设，平台建设在济南市高新区山东大学软件学院。经过一年多的调研、方案论证、招投标、设备安装、调试等，2004 年 4 月山东省高性能计算中心正式启用，目标是为山东大学和山东省的科研计算、工程分析和信息服务提供一个公共服务平台。如图 4-12 所示。

图 4-12　山东省高性能计算中心启用仪式

4.3.5.2　超级计算基础设施介绍

整个硬件环境包括：一台 IBM p690(32 个 CPU)，一套浪潮天梭 TS10000 集群(200 个 CPU)，一套浪潮天梭 TS20000(24 个 CPU)，一套存储系统 IBM NAS 300 和一套可视化系统 SGI Onyx。整个系统运算速度为每秒 13000 亿次，存储容量为 18TB，其中浪潮天梭 TS10000 在 2003 年 11 月国内 TOP50 名列第 5 位，在 2004 年

6 月 TOP500 排名 365。山东大学化学院、物理与微电子学院、材料学院、生命学院和数学院等单位的大量教师、博士生和硕士生在计算环境上运行作业，平均运行利用率近 70%，支持了 863 计划，国家自然科学基金重点项目、面上项目和山东省科技项目等多项，特别一提的是 2004 年 8 月数学学院王小云院士的团队借助于山东大学高性能计算服务平台完成了对单向散列函数 MD5 算法安全攻击的成功实现，并破译了包含 SHA-1 在内的系列哈希函数算法，这一系列研究成果在国际上引起轰动，实现了国际密码学领域的重大突破。

　　围绕高性能计算环境的建设，山东大学分别与 IBM、SGI、浪潮、英特尔签署合作协议，同时和山东省气象局签署联合共建实验室协议。山东省高性能计算中心成为与国内外知名公司合作研发基地，又是服务山东的公共服务平台。山东省高性能计算中心的建设得到了科技部、教育部和山东省政府及各厅局领导的肯定和支持，得到了姚期智院士及其他知名学者的肯定。

　　2016 年山东大学投资 1300 万元建设校级科研公共平台"高性能计算平台"。传统高性能计算环境存在用户使用门槛高，难以推广应用和管理，模式单一等问题，难以满足目前学校各个学科对计算的需求。因此，在资产与实验室管理部的领导和支持下，从技术、用户的使用场景、管理模式和机制上进行了有益探索和尝试，将互联网、云计算和移动应用的思维引入高性能计算环境的建设，从用户的使用方式和平台的管理模式上进行了创新。与香港联科、普联软件和华为公司联合研发山东大学高性能计算公共服务云平台，包括高性能计算云服务软件和"山大智信"移动应用软件。整个系统从 2016 年调研到 2017 年 8 月招标，再到 2017 年 12 月设备安装，2018 年初软件平台试运行，之后经过近半年的运行。用户有教师、博士生、硕士生和本科生，用户反映良好，平台建设取得了预期的效果。

　　目前高性能计算环境有浪潮机群一套(100 节点，2012 年)、曙光机群一套(42 节点，2015 年)和华为机群一套(160 节点，2017 年)，总运算速度为 460TFlops，存储容量为 1.8PB。如图 4-13 和图 4-14 所示。

图 4-13　中国国家网格结点：山东大学-浪潮　　　图 4-14　中国国家网格结点：山东大学-华为
　　　　机群和 IBM p690　　　　　　　　　　　　　　超级计算机

4.3.5.3　应用情况

高性能计算环境为山东大学的科研发展提供了强有力的支持,支持了化学、物理、生物信息、能动、材料等学科的发展,同时也为计算机科学与技术学科的发展提供支持,在"十一五""十二五""十三五"期间先后承担和参与了多项 863 和国家重大研发计划项目。目前山东大学是国家高性能计算环境的主要结点,也是教育部网格主要结点。

4.3.5.4　里程碑事件(2002—2017 年)

2002 年 6 月,山东大学与济南高新技术产业开发区管理委员会签署共建山东大学高性能计算环境协议。

2002 年 8 月,山东省科技厅批准成立山东省高性能计算中心。

2004 年 4 月,山东省高性能计算中心启用。

2004 年 6 月,浪潮天梭 TS10000 在 TOP500 排名 365。

2004 年 8 月,王小云院士在美国参加 Crypto2004 会议,发表破解 MD5 论文。

2006 年 4 月,承担国家"十一五"863 信息领域"高效能计算机及网格服务环境"重大专项的课题"面向公共计算服务的网格平台研究及应用(2006AA01A113)"。

2014 年 6 月,承担国家"十二五"863 信息领域课题"高性能计算环境应用服务优化关键技术研究(2014AA01A302)"。

2017 年 7 月,承担国家重点研发计划项目"数字媒体高真实感并行渲染关键技术与高性能应用软件系统"。

2017 年 12 月,山东大学投资 13000 万元建设的四个公共科研平台之一"高性能计算平台",安装部署并运行。

4.3.6　中国科学院深圳先进技术研究院

2007 年年初,在中国科学院和深圳市政府的鼎力支持下,中国科学院深圳先进技术研究院购置了当时华南地区性能最好的超级计算机"曙光 4000A",依托深圳先进技术研究院数字所高性能技术研究中心组建中国科学院超级计算深圳分中心。2009 年 9 月,得到中国科学院"十一五"信息化专项"超级计算环境建设与应用",以及国家重大专项"中国科学院 GPU 超算应用"等项目的支持,新增运算速度每秒 10 万亿次的大规模刀片式通用高性能计算机"曙光 TC5000",与运算速度每秒 200 万亿次专用计算能力的超级计算机联想"深腾 7000G",总存储容量也拓展到 100TB。如图 4-15 所示。

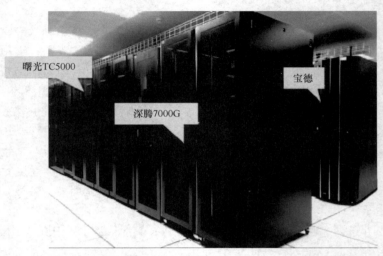

图 4-15　中国国家网格结点：中国科学院深圳先进技术研究院集群系统

计算能力方面，CPU 峰值速度为 10TFlops，协处理器运算速度为 200TFlops，内存总容量为 2TB；存储方面，在线存储总容量为 100TB；I/O 聚合带宽达到 8GB/s；互连通信带宽为 20GB/s；网络出口带宽为 500Mbit；网络可靠性为 99.99%。在用户资源方面，截至 2017 年 12 月底，高性能计算服务平台共有注册用户 294 名，用户主要研究学科呈多样化趋势，主要涉及模拟仿真、气象预测、计算化学、材料物理、数字城市、智慧交通、计算机视觉、生物医学信息、社区网络研究、抗体研究等研究领域，获得显著的科研成果。

中国科学院深圳先进技术研究院设立专职部门，负责环境的运营，形成将近50 名骨干成员的研发支持团队。经过多年系统运营，逐渐摸索出了一套行之有效的高性能计算机管理办法和维护方案，为未来更好的运营打下坚实的基础。中国科学院深圳先进技术研究院服务华南地区科研院所，提供高性能计算服务。特别优先和重点支持国家级课题、基础理论研究课题、典型高性能计算应用课题等。在保证华南科研和工业项目服务的同时，对国内外开放高性能计算服务，其服务模式包括无偿服务和有偿服务两类。无偿服务是高性能计算服务平台的基本属性，目的在于哺育高性能计算需求，推动高性能计算应用的发展，为广大企事业单位，尤其是中小企业，提供自主研发的基础性平台。有偿服务是实现高性能计算服务平台可持续发展的需要，对资源占用具有永久性或需要投入较大的技术力量研发的工作，将以服务项目协作的形式，提供有偿服务。为了实行规范化管理，制定了系统管理员例行检查规程，保证运行状况的实时显示、作业调度系统以及监控系统的正常运行。机房安全方面，制定了安全管理手册、机房管理制度、水冷机组预警、机房实物管理等制度，并安装了智能监控系统，实时监控机房的温湿度、电源、UPS 和空调的运转情况，确保服务器的正常运转。

在 10 多年的系统运营中，已经建立了集高性能计算研究和应用、科研支撑、社会服务为一体的高性能公共服务平台。高性能计算研究团队顺应发展需求，以城市信息化为核心，积极开展云计算、绿色计算研究和服务，承接了数据超算中心智能绿色计算模型和系统开发、预警信息提取和同化等中国科学院、广东省科研项目。还承接了 863 项目华南高性能计算与数据模拟网格节点、深港创新圈网格节点等项目，加入中国国家网格和中国科学网，提供网格服务。中国科学院超级计算深圳分中心主要服务华南地区的科研院所和企事业单位，同时辐射华中、西南地区，并竭诚为各个合作项目、合作单位提供高效、优质的高性能计算服务。截至 2011 年 5 月，已服务企事业单位、科研院所达 50 多个，用户发表在国际期刊杂志上有影响力的论文达 50 余篇。

中国科学院深圳先进技术研究院承担了很多重大项目，如 2017 年深圳市发展改革委的新学科建设项目"城市计算与数据智能学科建设"，项目金额 1000 万；2016 年国家自然科学基金重点项目"多语言大数据环境下的复杂网络行为分析、预测和干预"，项目金额 500 万；2015 年 863 项目"多模数据集成、高效计算引擎及数字仿真验证系统"，项目金额 395 万。

4.3.7　华中科技大学

中国国家网格武汉结点依托华中科技大学"服务计算技术与系统教育部重点实验室"暨"集群与网格计算湖北省重点实验室"，是华中科技大学及华中地区重要的计算平台，为教学、科研和工程应用提供全方位的服务。拥有自由开放的学术氛围和国际前沿的研究方向，目前主要的研究领域包括：云计算与移动计算、系统软件与体系结构、网络空间安全、大数据等。一直以来承担了来自校内外、各领域的重要、重大科学和工程计算任务，以其强大的计算能力和数据处理能力为学校和社会提供了高性能计算、云计算和大数据服务，支持并推动了多领域、多学科科学研究和工程应用技术的发展。

华中科技大学装备有"曙光天潮 T4600"高性能计算集群系统一套。该系统装配有 318 个刀片计算节点和 10 个通用 GPGPU 节点。其中刀片计算节点配置有双路 8 核英特尔 Xeon 处理器，内存为 64GB，系统共有 CPU 核心 5056 颗，总内存容量近 20000GB，运算速度为 101.8TFlops；通用 GPGPU 节点配置有 4 块 Nvdia K20 GPGPU，系统 GPU 单精度浮点运算速度为 140.4TFlops、双精度浮点运算速度为 46.8TFlops。系统总存储容量近 900TB，配置有 2 套文件系统，其中 Lustre 分布式并行文件系统存储容量为 300TB，Sugon ParaStor300 云存储系统存储容量

为 500TB, 另有节点局部存储容量近 100TB。系统内部采用了 3 套网络进行互联,
其中存储网络采用千兆以太网和 40GB Infiniband 网络, 计算网络采用 40GB
Infiniband 网络。系统峰值功耗为 166kW。系统运算能力在国内高校中名列前茅,
具有实时多任务并行操作的高性能、高可用性、高稳定性、高可扩展性等优势。
如图 4-16 所示。

图 4-16　中国国家网格结点: 华中科技大学集群系统

　　系统应用领域涵盖材料、生物、物理、化学、数学等基础学科研究及工业仿
真、医学和医药研究、大数据处理等重点领域。自成立以来, 累计用户超过 500
个, 这些用户来自华中科技大学各相关院系及武汉光电国家研究中心、煤燃烧国
家重点实验室、强电磁工程与新技术国家重点实验室等, 以及文华学院、武汉工
程大学、中南民族大学、中船重工第七〇九研究所等其他高等院校和科研院所,
近 5 年来先后为 100 余个科研项目提供了的高性能计算支持和技术服务, 发表论
文超过 500 篇。

4.3.8　上海交通大学

4.3.8.1　中心简介

　　高性能计算服务于 2013 年正式成立上线, 该服务旨在对本校大规模科学与工
程计算需求提供技术支撑。上海交通大学的超级计算机 "π" 是一台由
CPU+GPU+FAT 组成的异构高性能计算系统, 理论峰值速度为 343TFlops(CPU
135TFlops+GPU 208TFlops), 2013 年 6 月在 TOP500 排名第 158。

　　"π" 目前拥有 435 台节点, 其中 CPU 节点 332 台、GPU 节点 69 台、胖节点
20 台、存储节点 6 台、管理登录节点 8 台, CPU 核数达到 7000, 内存为 30TB,
聚合存储容量为 5PB。使用了 100 块 NVIDIA Kepler K20 GPU、10 块 K40 GPU、
24 块 K80 GPU、4 块 Pascal P100 GPU、80 块 400GB SSD, 节点之间使用 FDR
56Gbit/s 的 Infiniband 网络高速互联。

4.3.8.2　超级计算基础设施介绍

上海交通大学的超级计算机"π"配置如表 4-4 所示。

表 4-4　上海交通大学的超级计算机"π"配置表

节点类型	节点数目	节点配置	设备类型
CPU 节点	332	CPU: 2×英特尔 Xeon E5-2670(8 核，2.6GHz，20MB Cache，8.0GT) 内存：64GB(8×8GB)ECC Registered DDR3 1600MHz Samsung Memory	英特尔 H2216JFFKR 节点
胖节点	20	CPU: 2×英特尔 Xeon E5-2670(8 核，2.6GHz，20MB Cache，8.0GT) 内存：256G(16×16G)ECC Registered DDR3 1600MHz Samsung Memory	英特尔 H2216WPFKR 节点
K20 节点	50	CPU: 2×英特尔 Xeon E5-2670(8 核，2.6GHz，20MB Cache，8.0GT) 内存：64GB(8×8GB)ECC Registered DDR3 1600MHz Samsung Memory GPU: NVIDIA Tesla K20×2	英特尔 R2208GZ4GC
K40 节点	5	CPU: 2×英特尔 Xeon E5-2670(8 核，2.6GHz，20MB Cache，8.0GT) 内存：64GB(8×8GB)ECC Registered DDR3 1600MHz Samsung Memory GPU: NVIDIA Tesla K40×2	英特尔 R2208GZ4GC
K80 节点	12	CPU:2×英特尔 Xeon E5-2680 v3(12 核,2.5GHz,30MB Cache，9.6GT) 内存：96GB(12×8GB)ECC Registered DDR4 2133MHz Samsung Memory GPU: NVIDIA Tesla K80×2	英特尔 R2208GZ4GC
P100 节点	2	CPU: 2×英特尔 Xeon E5-2680 v3(12 核，2.5GHz，30MB 缓存，9.6GT) 内存：96GB(12×8GB)ECC Registered DDR4 2133MHz Samsung Memory GPU: NVIDIA Tesla P100×2	英特尔 R2208GZ4GC

2013 年 10 月 23 日，"π"在上海交通大学上线运行，成为当时上海地区性能最强，也是高校领域性能最强的超级计算机。

4.3.9　香港大学

4.3.9.1　中心简介

香港大学在 2002 年 10 月底搭建了一台拥有 300 个计算节点的大型集群 Gideon 300 Cluster。计算节点是标准的联想个人电脑，拥有 2GHz 主频处理器、

512MB 内存和 40GB 硬盘。300 个节点用一个 312 口的百兆以太网交换机连接起来，彼此可以快速通信。整个集群的峰值速度达到每秒 12000 亿次，在 2002 年 11 月 TOP500 排名第 175。从 2009 年起的之后 3 年里，香港政府专项资金投入设备购置经费 1000 万元，完成了香港大学网格结点计算环境的基础建设，拥有包括香港大学计算机系和计算机中心两个组织的多个集群，其通用峰值速度达到每秒 23.45 万亿次，专用计算速度达到每秒 7.7 万亿次，内部数据交换能力达到 10Gbit/s。为了提高计算能力，香港大学 2014 年投入经费近 2000 万元，并于 2015 年初建成由 104 台服务器(英特尔 Xeon E5-2600 v3)组成的 HPC2015 高性能集群；并配备 4 台异构多核服务器(每台包含英伟达 Tesla K20 及英特尔 Xeon Phi)用于支持数据密集型计算。新集群的峰值速度达到每秒 104 万亿次，LINPACK 实测运算速度达到 84.85 万亿次，存储能力扩充至 150TB，成为香港地区最快的计算资源。

4.3.9.2　超级计算基础设施介绍

香港大学网格结点主要计算资源包括 Gideon II 和 MDRP 集群，如图 4-17 所示。Gideon Ⅱ 集群由 3 个子集群构成：拥有 12 个 GPU 节点的"GPU 子集群"、拥有 48 个 InfiniBand 网络互连的"IB 子集群"、由 64 个的刀片机构成并由 Gigabit Ethernet 互连的"Ethernet 子集群"。

图 4-17　中国国家网格结点：香港大学 Gideon Ⅱ 和 MDRP 集群

所有设备(包括计算机、刀片机、网络交换机、实验室机架等)都由一个系统控制台和基于 Web 的管理接口实时监控和管理。利用科技部高性能计算重大专项提供的网格中间件管理网格资源和网格应用，为用户提供方便高效的访问接口，并提供 7×24 小时的网格服务。部署的网格应用为 20 个，网格用户有 250 个，一年的有效提交作业数可达 30000 个。基于这些新的计算资源和平台，已开发和部署 40 个左右的应用软件，这些应用软件分为自主研发应用、开源应用和商业应用三类，为香港大学的各项科研工作提供了大力的计算支持。香港大学的国际互联网服务为大数据量传输的科研提供有力的支持，如表 4-5 所示。目前支持的高速互联网组织包括韩国科技信息研究所(KISTI)、中国台湾"中央研究院"网格计算中心(ASGCC)、中国科技网(CSTNET)。

表 4-5　香港大学互联网网速

香港大学校园网速	1Gbit/s
香港大学至内地网速	1Gbit/s
香港大学至台湾地区网速	1Gbit/s
香港大学至韩国网速	1Gbit/s

4.3.9.3　应用情况

1. 典型服务案例一：香港大学职工

申请成为网格结点用户需填写申请表，申请表可以通过校园网下载。用户需同时提供研究项目题目、意义以及研究所需计算资源。申请表填写好后提交到香港大学电脑中心。

申请完成后，电脑中心会提供账号供用户登录网格结点，并遵守相关规范。用户可通过 SSH 登录 gridpoint.hku.hk 网格系统；使用 vi、emacs 或 pico 命令编辑程序；通过 SCP 进行数据传输。

计算平台使用 Torque 资源管理系统来进行作业调度和监控。用户提交任务给资源管理系统，任务在资源管理系统提供的队列中排队。当计算资源达到要求，任务会运行，并返回结果。网格结点运营维护团队会对任务队列进行监控，并针对某些特别用户帮助其配置相应的计算环境。

2. 典型服务案例二：计算机系的系统研究者

这类用户需要对底层计算节点的系统进行修改，如重编译内核等。用户首先需通过电子邮件提供计算机系的账号和计算资源的需求，进行账户申请。根据实际情况，会分配相应的计算节点给用户。用户通过 SSH 用自己的计算机系账号登录分配的计算节点。这类用户拥有计算机系统基础，运营维护团队主要提供网络配置和环境配置的疑难解答。

3. 典型服务案例三：中国国家网格用户

香港大学积极参与了 863 课题"高性能计算环境应用服务优化关键技术研

究"，分配的计算资源包括 IB 子集群的 16 台计算节点、1 台前端服务器和 1 台独立于集群的登录服务器。按照该课题的接入要求，完成基本软件和作业调度软件的安装，并提供了 1 个管理账号和 500 个普通用户账号。基本软件包括 msql、ncurses、libxml2、readline 等。配置了作业调度软件 Torque PBS，建立了 long、default、Matlab、MPI、normal、jessica2 等队列。

在香港大学集群上部署的基础科学商业和开源软件包括：

Condor：作业及负载管理系统，实现对作业的调度、排队及对资源的监控、管理工作；

Matlab 编译/执行环境：编译 Matlab 程序和处理复杂的数学相关运算；

Gaussian：用来处理化学、生物及物理相关的高性能计算；

ABAQUS Suite of Software：用来完成对高性能集群的有限元分析；

OpenPBS/Torque 系统：批作业处理系统；

MPICH：并行编程接口；

Ganglia：对系统进行监控管理；

Portland Group's C and Fortran Compilers：提供编译支持；

MySQL：提供数据存储。

4.3.9.4　里程碑事件(2002—2010 年)

1. 大型集群 Gideon 300 Cluster 的建立

香港大学在 2002 年 10 月底搭建了一台拥有 300 个计算节点的大型集群 Gideon 300 Cluster，如图 4-18 所示。整个集群的峰值速度达到每秒 12000 亿次，在 2002 年 11 月 TOP500 排名第 175。香港大学网格结点是中国国家网格唯一在中国内地以外建立的结点。

图 4-18　大型集群 Gideon 300 Cluster

2. 香港大学网格结点挂牌仪式

2005 年 12 月 16 日，香港大学网格结点举行挂牌仪式，如图 4-19 所示。香港大学网格结点作为中国国家网格的一部分投入运行，为中国国家网格提供了有力的支持。除了给中国国家网格提供计算和资源服务之外，香港大学网格结点还在亚太网格(Asia-Pacific Grid)和中国国家网格之间扮演着非常重要的沟通纽带和门户的角色。

图 4-19　香港大学网格结点挂牌仪式

3. 第 6 次 OMII-Europe 和中国国家网格联合研讨会

2008 年 10 月 1 日，香港大学组织了第 6 次 OMII-Europe 和中国国家网格联合研讨会，如图 4-20 和图 4-21 所示。

图 4-20　OMII-Europe 和中国国家网格联合研讨会部分专家合影

图 4-21　OMII-Europe 和中国国家网格联合研讨会上王卓立教授发表演讲

4. 香港大学系统研究与多元学科应用网格结点开幕典礼

2010 年 8 月 27 日，香港大学系统研究与多元学科应用网格结点举行开幕典礼，如图 4-22 所示。香港大学网格结点是一个横跨几个香港大学部门的合作项目，包括计算机科学系、电脑中心、化学系、统计及精算学系等。这是大学教育资助委员会(UGC)特别设备补助金项目，也是中国国家网格在香港的一个扩展。这个项目建立了一个先进的高效能计算研究设施，成为系统研究组的主要研究平台，支持多个学科的研究。它连接香港本地及中国内地其他计算资源，成为全国性网格计算基础设施的一个网格结点。

图 4-22　香港大学系统研究与多元学科应用网格结点开幕典礼

4.3.10　甘肃省计算中心

4.3.10.1　中心简介

1979 年 1 月，国家科学技术委员会(现科技部)在北京召开全国计算中心规划会议(代号七八一)，提出"甘肃省计算中心"作为全国第一批规划建设的省级计算中心。甘肃省计算中心成立于 1979 年 4 月，是隶属于甘肃省科学技术委员会(现甘肃省科技厅)的省属科研事业单位，也是全省唯一的计算机技术应用研究、推广和服务的专业化科研机构。

甘肃省计算中心的主要任务是：承担国家和甘肃省计算机技术研究、应用科研项目；进行政府部门、科研设计部门和企事业单位计算机应用的软硬件开发与研究；开发、研究具有各行业特点的软硬件产品；为政府相关部门在计算机应用和信息技术方面的管理提供技术准备和支撑。

成立近 40 年来，甘肃省计算中心完成的科研、应用项目涉及高性能计算、云计算、远程教育、数据处理、软件研发、网络工程、电子政务工程、数据库系统和管理信息系统、信息安全与保密、计算机辅助设计和图像处理、城市交通管理和应用、自动控制、智能化农业等领域。服务对象涉及政府、工业、商业、公安、交通、能源、农业、环保、金融、新闻出版等多个行业。

4.3.10.2　超级计算基础设施介绍

目前，甘肃省计算中心为高性能计算提供科研办公用房 400 多平方米，专业机房 400 多平方米，拥有处理不同业务的高性能计算机群 5 套，计算速度达到每秒100 万亿次，存储容量为 300TB，网络外部出口总带宽 700MB。如图 4-23 所示。

甘肃省计算中心配备了计算机、计算化学、空气动力学等专业学科的科研人员，为高性能计算用户解答专业相关问题。

图 4-23　中国国家网格结点：甘肃省计算中心集群系统

4.3.10.3　应用情况

近 3 年，甘肃省计算中心服务各类科研项目 89 个，其中国家级项目 58 个，包括 863 项目 3 项、973 项目 2 项、国家自然科学基金项目 51 项以及科技部重大科学研究计划、教育部新世纪优秀人才支持计划项目各 1 项，项目总经费 5546 万元。完成计算队列总数超过 70000 个，计算量超过 3500 万 CPU 核小时。用户主要来自高校、科研院所、国有企业，其中高校包括兰州大学、西北师范大学、兰州理工大学、兰州交通大学、西北民族大学、甘肃农业大学、兰州财经大学、兰州城市学院、兰州工业学院、兰州文理学院、天水师范学院、河西学院等；科研院所包括甘肃省机械科学研究院、兰州空间技术物理研究所、中石油管材研究所等；国有企业包括中国铝业集团西北铝加工厂等。甘肃省计算中心用户的应用领域包括核物理、应用化学、气象模拟、药物虚拟筛选、有色冶金、高能物理、航空航天、交通运输、绿色能源、装备制造业等。

甘肃省计算中心为甘肃省基础研究提供了有力的计算资源保障，有效地提升了科研人员的工作效率，从而带动甘肃省多门类学科基础研究的原始创新。同时，提升了甘肃省高性能计算领域技术人才的科研水平。近几年，用户利用该平台进行研究工作所发表的论文有 200 余篇，其中 SCI 收录的论文 140 余篇，EI 收录的论文 30 余篇。

4.3.10.4　里程碑事件(2006—2017 年)

1. 甘肃省高性能计算的起始

2006 年，由甘肃省科技厅、甘肃省财政厅批准建设甘肃省网络科技环境平台，致力于利用新型的超级计算集群技术、高效的网络通信手段作为基础服务于甘肃省乃至全国的相关科学研究事业，从而更加高效、合理、节约地发挥集中资源的优势，为甘肃省的科学研究创新提供一个强有力的支撑平台，运算速度达到每秒 1 万亿次。

2. 中国教育科研网格生物信息学网格应用研究

中国教育科研网格是教育部“十五”211 工程公共服务体系建设的重大专项。2006 年 1 月与兰州大学信息学院、网络中心签订协议，开展中国教育科研网格生物信息学网格兰州分结点建设。

3. 国家网络计算环境甘肃结点建设

2008 年 10 月，甘肃省计算中心继中国科学院计算机网络信息中心、上海超级计算中心、清华大学、北京大学、中国科学技术大学、西安交通大学、北京应用物理与计算数学研究所、山东大学之后进入中国国家网络计算环境平台。

4. 参与国家 863 计划重大专项"中国国家网格"

2010 年 12 月 23 日，甘肃省计算中心加入科技部 863 重大专项"中国国家网格"项目，成为中国国家网格兰州中心，一同向全国的科学研究用户和行业用户提供开放共享的高性能计算和数据处理等多种服务，为我国的科学研究和信息化建设提供新型的环境和平台。

5. 中国国家网格生物信息与计算化学科学计算社区研究与开发

2009 年，甘肃省计算中心利用中国国家网格，与清华大学等共同承担了 863 计划"CNGrid 生物信息与计算化学科学计算社区研究与开发"项目。2012 年 4 月，该项目通过了专家组的鉴定。

6. 高性能计算集群完成扩容

2009 年年底平台扩容，运算速度达到每秒 41 万亿次，CPU 数量达到 2000 个，系统内存为 1.5TB，存储容量为 40TB。在当年年底的全国排名中，综合技术水平进入全国先进行列，计算能力位居西部第一。

7. 成为我国超级计算创新联盟理事单位

2013 年 9 月，超级计算创新联盟成立，甘肃省计算中心作为发起单位之一成为理事单位。

8. 参与 863 计划课题

2014 年，甘肃省计算中心与中国科学院计算机网络信息中心、上海超级计算中心、山东大学等国家级超级计算中心，共同承担了科技部 863 计划项目"高效能计算机及应用服务环境(二期)"中的课题"高性能计算环境应用服务优化关键技术研究"，通过集成国内优秀的超级计算资源，重点研究高性能计算环境的应用服务优化关键技术，有望建成国家级高性能计算基础服务环境，提高资源整体使用效率和应用服务水平，为国家战略新兴产业、基础科学研究、重大工程等提供高质量的计算服务。

9. 参与"十三五"国家重点研发计划

2016 年，甘肃省计算中心与中国科学院计算机网络信息中心、上海超级计算中心、山东大学等国家级超级计算中心，共同承担了国家重点研发计划高性能计算专项"国家高性能计算环境服务化机制与支撑体系研究"中的课题"国家高性能计算环境构建与资源提升关键技术"。课题预期构建具有基础设施形态的国家高性能计算环境，进一步提升环境资源承载能力、环境整体服务能力及水平，优化网络条件和安全体系，进一步优化环境核心软件关键服务，提升用户交互体验，提高系统软件可扩展性和可用性，完善计算服务化应用开发平台等关键服务；设计并研发新一代环境通用计算服务平台，支持用户定制化应用服务及资源搜索推荐等功能；同时，课题开展环境资源和系统软件自动构建、环境事件流收集与分发技术研究，提供面向应用层的环境实时数据服务。

10. 高性能计算集群完成扩容

2017 年年底，完成了高性能计算集群第三次阶段性扩容工作。扩容后运算速度增至每秒 100 万亿次，存储容量达到 300TB，网络外部出口总带宽达到 700MB。同时，也实现了自身的技术创新，针对不同用户的不同需求，根据国际主流的并行程序设计方法，为用户实现了大多数软件的并行化工作，极大地提高了计算效率、节约了研究成本、缩短了科研周期。

4.3.11　吉林省计算中心

4.3.11.1　中心简介

吉林省计算中心位于长春市前进大街 1244 号吉林省科技厅科研园内，现有土地面积 2.1 万平方米，办公用房面积 1.4 万平方米(其中主机房面积 2000 平方米、其他办公面积 1.2 万平方米)，固定资产总额 9 千万元。现有公益性编制 56 个，职工 42 人，高级技术职称 12 人、博士 2 人、硕士 8 人、本科生 15 人。专业涉及计算机、数学、化学、机电、自动化、生物、会计、外贸、工商管理等。如图 4-24 和图 4-25 所示。

吉林省计算中心的宗旨是：开展计算机软硬件开发研制，计算机算法基础研

图 4-24　吉林省计算中心外观　　　　图 4-25　吉林省计算中心前台

究，云计算、信息化关键技术研究，逆向工业设计研究，提供高性能计算及相关业务培训服务等，支持和促进地方科技发展。

2009 年，吉林省科技厅党组调整原研究所领导班子，新组建的研究所党委、班子按照吉林省科技厅党组要求，根据研究所现状提出了"保生存、促发展，抓好服务、搞好协作"的工作方针，积极开展以下工作：一是积极推进吉林省计算中心与研究所的整合，使吉林省计算中心纳入省级公益性预算管理，在各方支持下于 2011 年 8 月完成了该项工作；二是吉林省计算中心从泛化的科研、技术服务工作精准到发展高性能计算、云计算，建设吉林省公共计算平台，力求为科技、经济、社会和民生提供公益性服务；三是协作开展科研和技术开发工作。近年来吉林省计算中心承担省部级科研项目 33 项，其中科技部国家级项目 3 项、省级项目 30 项；争取到国家和省级经费超过 2200 万元；承担的项目产出专利 2 项(其中发明专利 1 项)、软件著作权 11 项、科研论文 21 篇；形成一批具有自主知识产权的科技成果。

4.3.11.2　超级计算基础设施介绍

1. 计算资源

吉林省计算中心的计算速度达到 145TFlops，总存储容量达到 720TB，具体设备配置如表 4-6 所示，机房和设备如图 4-26 到图 4-29 所示。

表 4-6　吉林省计算中心设备配置

名称	设备配置
曙光集群	130 台刀片节点(node 1-130)：4×AMD 8 核，共 4160 核 4 台 SMP 节点(node 131-134)：4×AMD 12 核，共 192 核 8 台 GPU 节点(node 135-142)：2×英特尔 4 核，共 64 核 理论峰值速度为每秒 50 万亿次 系统配置管理节点(node143)1 台 Infiniband 网络节点(node144)1 台 登录节点(node145，node146)2 台 安全服务器(node147，node148)2 台 远程图像系统(node149，node150)2 台
浪潮集群 1	18 台刀片节点(cu01-cu18)：2×英特尔 12 核，共 432 核 1 台 GPU 节点(gpu01)：2×英特尔 6 核，共 12 核 理论峰值速度为每秒 17 万亿次 系统配置管理登录节点(mu01)1 台
浪潮集群 2	61 台刀片节点(cu01-cu61)：2×英特尔 16 核，共 1952 核 2 台 SMP 节点(fat01-fat02)：4×英特尔 16 核，共 128 核 2 台 GPU 节点(gpu01- gpu02)：2×英特尔 8 核，共 32 核 理论峰值速度为每秒 78 万亿次 系统配置管理登录节点(mu01)1 台

续表

名称	设备配置
存储容量	曙光集群配套存储(node 151-158)100TB 浪潮集群 1 配套存储(mds01，oss01，oss02)166TB 浪潮集群 2 配套存储(mds01，oss01，oss02，io01，io02)454TB
操作系统	企业版 Redhat Linux
网络	联通 100M 光纤+科技网 10M 光纤

图 4-26　吉林省计算中心机房

图 4-27　吉林省计算中心曙光集群

图 4-28　吉林省计算中心浪潮集群-1

图 4-29　吉林省计算中心浪潮集群-2

2. 配套设备

吉林省计算中心配备 3 台恒温恒湿机房专用精密空调，组成"2+1"冗余制冷系统，使设备运行处于恒温恒湿状态。除市电外还配备了 UPS 和柴油发电机组，最大可能地保证计算中心在突发断电情况下正常运行。

4.3.11.3　应用情况

吉林省计算中心为一批具有重大意义的科研项目提供了资源和技术服务，现已拥有稳定课题组 52 个，用户数量近 200 人，用户涵盖中国科学院长春应用化学研究所、吉林大学、东北师范大学等多个科研机构和高校，研究方向涉及数学、物理、化学、生物等多个领域，取得了丰硕的研究成果。累计完成作业数 380 多万个，平均利用率达 70%。据不完全统计，共支持 973、863 计划项目 4 项，国家自然科学基金及省内重大科研项目 70 余项，其他等级科研项目近 200 项，形成了一批具有自主知识产权的科研成果，其中 SCI 收录的高水平学术论文近 150 篇，同时也支持吉林省内开放课题 40 余项。吉林省计算中心在为科研机构和高校提供高性能计算服务的同时，也为吉林省内部分知名企业提供相应服务，具有代表性的企业包括中国第一汽车集团有限公司、长春富维-江森自控汽车饰件系统有限公司、富奥汽车零部件股份有限公司等吉林省支柱企业。据企业用户估算，相关成果的经济价值在数千万元以上。主要应用领域有以下几个方面：

1. 科学计算

吉林省内拥有众多高校及科研院所，吉林省计算中心为其提供了高水平的计算服务，主要涉及化学化工、材料科学、物理及生物医学等领域。在化学化工领域，高性能计算的应用极大地提升了化学现象的解释和模拟水平；在材料科学领域，高性能计算的应用助力于研究者利用量子力学理论和分子动力学理论去求解相应的材料难题；在物理领域，高性能计算的应用缩短了计算模拟的时间，使研究者能充分验证自己的理论；在生物医学领域，高性能计算的应用攻克了基因测序、蛋白质比对难题。

2. 制造业计算机辅助工程应用

吉林省是机械制造业大省，省内有以中国第一汽车集团有限公司和中车长春轨道客车股份有限公司为代表的众多制造型企业。吉林省计算中心开展制造业计算机辅助工程服务，为企业提供计算机辅助工程所需的软硬件设备，实现在计算机虚拟环境中模拟多种物理场，并通过求解复杂的线性和非线性问题，对产品做出静态结构分析和动态分析。在产品的设计研发阶段就已实现产品模拟仿真实验，能够缩短产品研发周期、有效降低企业成本。

3. 动漫渲染

动漫渲染作为目前电影、电视、广告、动画等影视作品创作过程中不可或缺的支撑技术，对高性能计算有非常大的需求。对此，吉林省计算中心面向省内动漫渲染类企业开展了动漫渲染计算服务，为企业提供渲染所需的计算资源、充足的存储资源和国际通用的先进动漫渲染类软件，最大限度地减少企业应用高性能计算集群进行动漫渲染的成本。

4. 电子政务云

随着信息化建设以及电子政务系统的快速发展，政府部门在线处理和网上办公在日常工作中所占的比重也在逐渐增加。数据处理量的增加需要更高性能的硬件设备和高速网络的支持，由此产生的设备投入费用和系统维护费用大幅增加，同时数据的分布式存储存在的安全隐患也不容忽视。吉林省计算中心针对政府部门的数据集中存储和维护问题，发挥高性能计算平台在数据处理、数据存储、数据传输、数据安全等方面无可比拟的优势，有效减少了各政府部门的重复建设，并有效降低了数据安全风险。

4.3.11.4　里程碑事件(2010—2017 年)

1. 吉林省计算中心启用

吉林省计算中心作为1979年国家科学技术委员会(现科技部)批准成立的计算机技术研究机构，隶属于吉林省科学技术委员会(现吉林省科技厅)，与吉林省计算机技术研究所合署办公，故而吉林省计算中心的组织机构一直未启用。2010年年初经吉林省编制办公室同意,吉林省计算机技术研究所整合到吉林省计算中心，正式启用中心机构，开展公益性科研服务。

2. 吉林省计算中心高性能计算院士工作站成立

吉林省计算中心与中国科学院长春应用化学研究所汪尔康院士团队合作建立了"吉林省计算中心高性能计算院士工作站"，自试运行开始，一直得到汪尔康院士技术团队在平台优化和算法研究等方面的技术指导、支持和帮助，保证了运维和服务的能力。

3. 吉林省公共计算平台建立

近年来，随着高性能计算技术的快速发展，以及社会各界对高性能计算需求的日益增长，吉林省计算中心在以往工作的基础上适时调整工作重心，以提供计算服务为己任，以满足各方需求为己愿。在政府的指导和支持下，于2012年建设了吉林省公共计算平台。该平台是吉林省首家面向社会的公益型社会化高性能计算服务平台和信息服务平台，立足于为政府部门、科研单位、高校、企业的科研项目提供科学计算，开展计算机应用技术培训等公益性服务工作，力争为吉林省经济发展和科技发展做出贡献。

4. 加入中国科技网

在中国科学院计算机网络信息中心的帮助下,吉林省计算中心于 2013 年加入了中国科技网,通过技术调整,实现双网接入、互为备份。中国科学院系统的用户高速接入计算平台集群,上传和下载数据不再由其所在单位收取费用,大大提升了用户的使用意愿和科研效率。

5. 吉林省-中国科学院超级计算中心成立

吉林省计算中心与中国科学院计算机网络信息中心及中国科学院长春分院大力合作,在中国科学院高水平专家技术团队的指导下,三方以现有硬件设施为基础,共建了"吉林省-中国科学院超级计算中心",通过加入中国科技网和中国科学院超级计算网格环境,实现了与全国其他 8 家分中心和 17 个所级中心的互通互联、资源共享,进一步提升了吉林省计算中心为社会提供技术服务的能力和水平。

6. 吉林省高性能计算工程研究中心成立

该中心以提高自主创新能力、增强产业核心竞争能力以及推动上下游产业发展为目标,组织具有较强研究开发能力和成果转化能力的高校、科研机构和企业等进行产学研协同创新。通过建立研究、验证的设施和有利于技术创新、成果转化的机制,搭建产业与科研之间的桥梁,推动吉林省经济、工业、科研、教育等行业的发展。

7. 高性能计算及网络安全核心技术教育科研基地建立

针对吉林省内高性能计算领域人才匮乏的情况,吉林省计算中心与吉林大学数学学院签署了《高性能计算及网络安全领域战略合作协议》,合作建立"高性能计算及网络安全核心技术教育科研基地",开展对高性能计算相关知识、高性能计算机的组织架构及其原理的培训,提高广大师生对高性能计算与高性能计算机的知识及相关技术的了解和掌握。

8. 吉林省中小企业高性能计算技术服务平台建立

吉林省计算中心设立了吉林省中小企业高性能计算技术服务平台,以掌握核心技术为宗旨,以提高资源配置效率和创新能力的科技战略方针获得核心竞争力。为中小企业提供计算资源、存储资源、技术咨询和软件研发等服务。

9. 吉林省"互联网+"产业技术创新战略联盟成立

该联盟由立志推动"互联网+"吉林省传统产业和新兴产业的深度融合及创

新发展，致力提升吉林省新一代信息技术科技创新能力的企事业单位、高校、科研院所及社会团体自愿组成，建立"政产学研用金"协同创新机制，利益共享、风险共担。

10. 全素数数据资源及大素数挖掘技术应用中心成立

该中心的成立关乎国家安全和网络信息安全，是重构全新、自主信息安全防卫体系的关键。该中心建设很大程度上提升了现阶段的信息安全保障水平，在共享服务的过程中使直接传输、分享文件变得更为安全可靠、快速高效。

11. 中国国家网格长春中心成立

为了帮助广大科技工作者实现计算资源共享、数据共享和协同工作，吉林省计算中心加入了中国国家网格，成立了中国国家网格长春中心，可应用国家先进的计算、存储、软件和应用服务等多种资源，不断提升吉林省的科学研究和信息化建设水平。

第 5 章　国家高性能计算环境构建核心技术

5.1　资源聚合与调度技术

5.1.1　SCE 核心系统软件

自"十二五"以来，国家高性能计算环境逐步采用中间件 SCE(Supercomputing Environment)作为聚合环境资源的核心支撑系统，相当于高性能计算环境的操作系统。SCE 是中国科学院计算机网络信息中心自主研发的一套系统中间件，目的是聚合多个跨组织跨地域的超级计算机资源，屏蔽底层异构性，实现资源统一管理和调度，使之作为一个整体面向用户提供便捷的计算服务；设计原则为稳定、轻量、简单。SCE 的体系结构如图 5-1 所示。

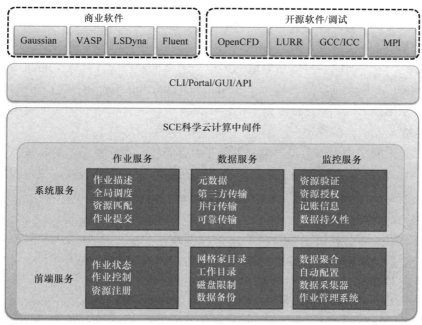

图 5-1　SCE 的体系结构

1. 前端服务(front service，FS)

前端服务一般部署于超级计算机资源的前端服务器，主要用于资源接入与监控、作业局部调度、局部信息管理，以及超级计算机的执行控制。针对超级计算机及其部署的作业管理系统定义各种驱动，可以有效地屏蔽不同的计算资源在操作和信息方面的异构，以及连接方式上的差异。

2. 系统服务(center service，CS)

系统服务是 SCE 最核心的模块，提供用户使用超级计算环境所必需的最基本功能以及若干扩展功能。基本功能主要包括作业全局调度与管理服务、数据传输与管理服务、用户与权限服务、资源信息管理服务、安全策略、计算环境管理等。通过对基本功能的组合，面向特定领域特定用户提供各类扩展的网格工具，比如科学工作流、数据空间、数据可视化等。

3. 用户接口

SCE 目前面向用户提供命令行、Web Portal、GUI 等多种使用方式。命令行环境提供统一的资源操作方式，主要适用于传统的高性能计算用户，提供统一的用户程序编译环境管理方案。Web Portal 提供基于网页的作业提交与管理方式，操作简单，主要面向学科应用领域的用户，降低了高性能计算资源的使用门槛。同时，SCE 提供表征状态转移(representational state transfer，REST)风格的应用编程接口 SCEAPI，并提供 Java 语言的应用开发工具包，用于支持多种应用社区或学科领域业务平台的构建。

SCE 部署结构中除了包含最基本的超级计算机资源，更重要的是包括登录服务器、中央服务器和前端服务器。SCE 相关服务和模块均部署在这三类网格服务器中，不需在超级计算机资源上部署相关服务。如图 5-2 所示。

(1) 登录服务器

登录服务器一般用于部署 SCE 命令行工具、Web Portal 服务和接口服务，以及负责验证网格用户的合法性。在 SCE 构建的高性能计算服务环境中，可部署多个登录服务器。

(2) 中央服务器

中央服务器主要用于部署 SCE 系统服务。在 SCE 构建的高性能计算服务环境中，只需有一个中央服务器，可设置两台中央服务器互为备份，以增强整个环境的可靠性。

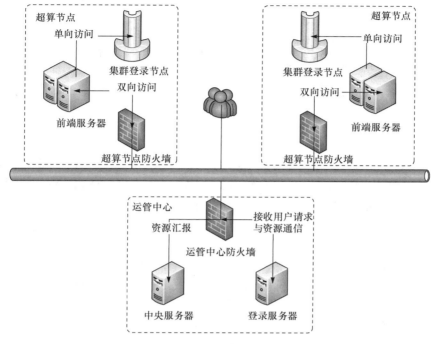

图 5-2　SCE 部署结构

(3) 前端服务器

前端服务器主要用于部署 SCE 前端服务。在 SCE 构建的高性能计算服务环境中，可设置若干个前端服务器，每个前端服务器可接入一个或多个高性能计算资源。

在广域互联网环境中，为保护资源安全，所有跨组织的网格服务器之间设置有防火墙。

5.1.2　资源信息聚合技术

目前，SCE 中资源信息服务的信息传输方式为逐条处理与汇报模式。前端服务定时查询高性能计算资源信息状态，与本地数据库进行对比，发现状态有更新，则向系统服务汇报；系统服务接收到资源和作业汇报信息，逐条更新数据库，并返回状态码；前端服务接收到正确的状态码，更新本地数据库，以保证分布式环境下资源信息的一致性。逐条处理与汇报模式工作机制简单，可有效保证信息的可追踪性和可靠汇聚。如图 5-3 所示。

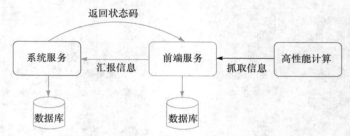

图 5-3　资源信息汇报模式结构图

　　随着高性能计算技术的迅速发展和面向 E 级计算的资源聚合，资源和作业信息将急剧增长，高性能计算环境的资源信息服务将面临资源信息传输性能提升的瓶颈问题。因此，我们研究了资源信息服务建设与优化技术，以期达到以下几个目标：

　　① 短延迟时间。当环境中作业数量较大时，系统的分布式作业状态信息同步的延迟时间要尽可能短。

　　② 低系统负载。当环境中作业数量较大时，尽可能降低由信息处理和传输引起的系统负载。

　　③ 低网络连接数。创建较少的 TCP 连接进行信息传输，占用较少带宽，提高系统效率。

　　为实现以上目标，我们分析了高性能计算环境中信息逐条处理与汇报模式的延迟时间，其中查询资源信息状态延迟时间和汇报资源信息状态延迟时间所占比重较大。以作业状态汇报为例，查询作业当前状态占用了 30%的延迟时间，将作业状态信息从前端服务器汇报至中央服务器占用了 60%的延迟时间，其他部分占用了 10%的延迟时间。当汇报多条作业状态信息时，每条作业状态均要查询一次、汇报一次，延迟时间较长。因此我们首先重点优化将作业状态信息从前端服务器汇报至中央服务器部分，缩短该部分的延迟时间。

　　优化后的资源信息同步模式结构如图 5-4 所示。前端服务定时查询超级计算机中资源和作业的状态，与本地存储的信息进行对比，如发现状态有更新则更新本地存储。同时，资源信息同步模块检测到前端服务的本地存储发生变化，将变

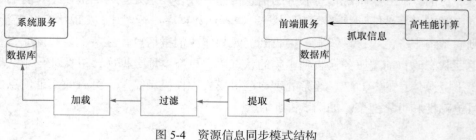

图 5-4　资源信息同步模式结构

化的信息经过提取、过滤，并最终加载至系统服务的本地存储，从而实现分布式
系统中的信息一致性。资源信息同步模块可实现双向同步，满足了 SCE 未来高可
扩展性的需求。前端服务的本地存储与系统服务的本地存储支持结构不同，采用
异库异表的同步方式。

　　资源信息同步模式的具体信息传输流程如图 5-5 所示。节点 1 的数据发生变
化时，变化信息会被写入二进制日志。我们从二进制日志中提取出增量日志信息，
解析并过滤掉带有标记的数据，写入消息日志。同步发送端连接同步接收端，将
消息日志发送给同步接收端。同步接收端接收数据并写入中继日志，接收到全部
数据后，返回状态码给同步发送端。同步发送端接收到状态码后继续工作。同步
模块对中继日志的数据加入标记，并同步数据到节点 2，使节点 1 与节点 2 的数
据保持一致。

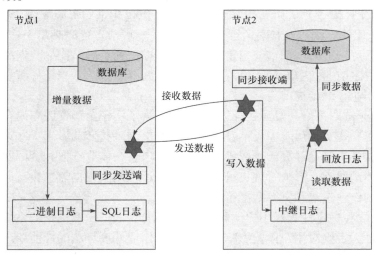

图 5-5　资源信息同步模式的具体信息传输流程

　　我们从延迟时间、系统负载和网络连接数三方面对资源信息同步模式进行测
试。以作业状态信息为测试对象，测试数据分别为 1、200、400、600、800、1000、
1200、1400、1600、1800、2000 条作业状态的更新。通过对信息汇报模式和信息
同步模式在延迟时间、系统 1 分钟平均负载和网络连接数三方面测试结果的对比，
可以看出信息同步模式优化效果明显，在需要传输的资源信息量为 2000 时，延迟
时间缩短 50%，系统 1 分钟平均负载降低 60%，网络连接数减少 90%，系统性能
得到较大提升，有效地优化了高性能计算环境系统 SCE 中信息汇报模式的资源信
息传输方式的性能，提高了系统效率。

　　在后续工作中，我们计划基于成熟的分布式消息系统构建系统消息总线，在
正确可靠地处理各类资源信息汇聚请求的前提下，进一步实现低延迟时间、低系

统负载、低网络连接数的目标，以期能够高效低耗地处理并汇聚 E 级计算资源中海量资源信息变化。

5.1.3　以应用为中心的全局作业调度

SCE 在资源调度优化方面设计并实现资源调度优化算法，在中间件系统内部增加环境队列的概念，细化作业在系统内部的状态，避免因系统或网络问题引起的作业提交出错，支持调度优先级和调度策略可配置，使得作业调度时机更加灵活。

资源调度机制不仅需要在各个集群之间具备调度能力，还需要在时间维度具备一定的控制能力，从而实现计算资源的聚合和统一调度，以此用于支持用户按需计算，进一步完善超级计算资源的优化配置与利用。具体来讲，设定以下目标：

① 构建环境作业队列。环境队列的存在可以优化全局资源配置，方便实现各节点定位，比如有些节点有限运行大规模作业，有些节点优先满足小规模作业等。另外，如果可恢复的内部错误引发的作业无法提交到集群，比如数据库暂时无法访问，模块之前通信中断等，也可以在环境队列继续排队，当条件满足之后环境自行启动作业，继续提交。

② 作业选取策略和资源匹配策略可配置。为了实现全局资源布局合理化的目的，可能需要在实际运维中尝试各种策略，或根据某些变动做出一些策略调整，因此需要软件机制足够灵活，以满足不同的需求。在作业选取和资源匹配策略中抽象提取关键要素，形成管理员可配置项，在运维期间根据需求自行调整，从而采取不同的作业选取和资源匹配策略。

③ 性能和稳定性满足用户体验。在性能要求方面，作业提交的系统响应时间不超过 1 秒，否则对用户体验影响较大。对于作业调度算法的性能要求不高，但是作业调度算法的稳定性要能够保证不因环境软件的稳定性问题导致某些作业长时间不予调度。

作业优化调度模型如图 5-6 所示。

SCE 调度模型核心模块由资源收集器、资源匹配器和资源调度器构成。

资源收集器是部署在前端服务器的一个模块，定时访问集群，收集集群队列信息，包括队列名称、状态、最大最小核数的限定、Walltime 限制等；人工不定时维护集群应用信息和集群用户映射信息。队列限定是在集群队列设置基础上，在环境层面重新做的限定，一方面是指对队列的最大最小核数限制，Walltime 限制的重新修订，纠正自动获取的信息；另一方面可以从环境层面设置作业的优先级，以及对单一用户的作业运行限制等。

各个前端服务器的资源收集器汇总更新的资源信息会汇报到中央服务器的资源匹配器模块进行存储。资源匹配器存储所有集群的队列信息(包括动态信息)、

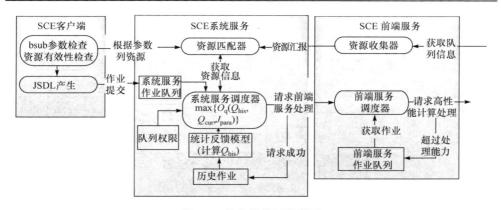

图 5-6　作业优化调度模型

应用信息(包括版本信息),以及用户映射信息。环境命令行在执行作业提交请求之前,会将所有的作业请求参数发到资源匹配器上通过匹配资源的方式验证参数的正确性和合理性,包括队列、应用(版本)、核数、执行时间等。在中央服务器处理作业调度的时候,对于明确队列资源的作业请求,验证参数正确性和合理性;对于需要环境调度的作业请求,匹配符合作业请求和用户映射的资源集合,反馈给资源调度器决策。其中作业请求包括应用和应用版本、申请核数和执行时间等。

　　资源调度器分为系统服务调度器和前端服务调度器两个部分,分别是中央服务器和前端服务器的重要模块。系统服务调度器接受来自客户端的作业提交请求,全部加入系统服务作业队列中。同时,系统服务调度器会定期处理系统服务作业队列,根据系统预设的优先级选取作业请求,对于明确队列资源的作业请求,到资源匹配器验证参数正确性和合理性,然后验证作业提交权限,符合条件的转发到相应的前端服务器做后续处理,当前端服务器请求失败时,放弃本次调度,继续排队,如果成功则从系统服务作业队列中删除该作业请求;对于需要调度的作业请求,到资源匹配器获取符合作业请求和用户映射的资源集合,根据队列权限、队列排队情况、历史作业执行情况等,选取一个最优的队列资源,向相应的前端服务器发出请求。当前端服务器请求失败,放弃本次调度,继续排队,如果成功则从系统服务作业队列中删除该作业请求。与系统服务调度器类似,前端服务调度器将访问集群失败的作业请求,以及超出用户限定的作业请求,加入前端服务作业队列,另一方面,前端服务调度器会定期处理前端服务作业队列,根据先进先出原则重试每一个作业请求,如果成功则从前端服务作业队列中删除,如果失败则继续排队。环境作业调度器由作业提交执行激活,如无需要调度的作业则退出,以避免进程长时间运行引起服务假死。

　　SCE 资源优化调度细化了作业内部状态,如图 5-7 所示。

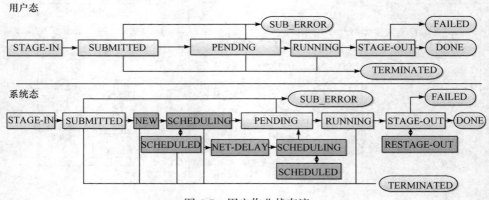

图 5-7　用户作业状态流

从用户角度，STAGE-IN 状态说明系统在上传文件阶段；SUBMITTED 状态说明系统已经接受作业请求，正在调度；PENDING 状态期间作业请求正在转发并提交到高性能计算的队列中；RUNNING 状态说明作业在集群上正在运行；STAGE-OUT 状态说明系统已经发现作业结束，正在进行文件回传处理；DONE或者 FAILED 状态说明作业在集群上正常结束或者出错结束。整个过程中，在作业调度处理阶段以及向高性能计算转发提交作业阶段，有可能出现错误导致作业无法正确提交到高性能计算上，则作业进入 SUB_ERROR 状态；作业在STAGE-OUT 之前的任何状态都可以被用户自行终止，进入 TERMINATED 状态。

从系统角度，细化了作业调度阶段的状态。NEW 代表进入系统服务端队列排队；NET-DELAY 代表进入前端服务端队列排队；SCHEDULING 状态说明正在被调度器处理；SCHEDULED 状态表示调度器调度失败，重新放回队列；RESTAGE-OUT 是当 STAGE-OUT 出现异常时标记的状态，需要再次重试文件回传步骤。

经测试，使用脚本从命令行无间断提交 1000 个作业，无因系统和网络原因引起的作业提交出错现象；近 500 个作业提交命令请求在 0.2 秒以内完成，800 余个作业提交命令请求在 0.5 秒以内完成。如图 5-8 所示。

为了进一步优化高性能计算环境中的资源调度，团队对环境历史作业进行整理分析，并研究建立了典型应用的作业执行时长预测模型。首先将高性能计算环境中两个结点单位的三个超级计算机上的作业数据根据并行作业负载资料库(parallel workloads archive，PWA)整理为标准作业负载格式(standard workloads format，SWF)并发布。PWA 所使用的 SWF 为开放的任务记录格式，其中将可能涉及用户隐私的敏感信息用数字代替，保护用户的信息安全。该资料库积累了从1993 年以来 38 个系统的数据，为业界广泛使用，近年来相关文献每年有 2000 余篇，在超级计算任务调度等研究工作中起到了重要的作用。但该资料库中的数据

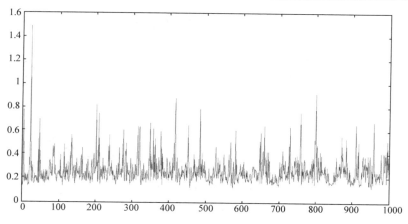

图 5-8　批量无间断提交 1000 个作业的提交响应时间(单位：秒)

较老(最新数据为 2015 年捷克 MetaCentrum 系统的数据)，也没有我国超算系统的数据。因此急需建立我国自己的超算任务负载资料库，为超算研究提供更新更全面的基础数据。截至 2017 年 10 月 24 日，已收集高性能计算环境中两个结点单位共计超过 143 万条作业日志。这些日志的主要字段是作业描述和机器描述两部分，对这些作业数据进行一般性分析，发现一些规律，例如：

① 时长分布规律。针对所有作业以及分用户、分应用的作业统计运行时间的分布，发现对于作业数足够多的统计结果，其作业时长分布为幂律分布。

② 用户提交作业的时间具有成团聚集的性质，而且距离时间较长的两团作业，其运行时间的差距也较大。

③ 相同用户作业具有前后相关性。选取应用最广泛的开源软件 VASP 为典型应用，选取运行作业数据库中 3.5 万个数据对作业输入参数进行分析。建立针对 VASP 的作业特征的模型，选取作业描述特征参数：CORENUM——作业所占 CPU 核心数；EXETIME——作业运行时长；KPOINTS——晶粒内部原子数；VOLUME ——晶粒的体积。对数据进行规范化处理。然后建立预测系统结构，定义基于随机森林(random forest，RF)的二次预测模型 IRPA。第一步，对三个子模型分别训练；第二步，从子模型训练结果得到四元组[preVal1, preVal2, preVal3, label]，前三个值为三个模型的预测值，label 为最佳模型标记，对这个四元组训练一个随机森林分类器；第三步，对新作业，预测出每个适用模型的概率；第四步，使用三个模型分布预测时长，然后加权平均得到最终预测结果。如图 5-9 和图 5-10 所示。图 5-10 中 RFR 为随机森林回归(random forest regression)，SVR 为支持向量回归(support vector regression)，BRR 为贝叶斯岭回归(Bayesian ridge regression)。

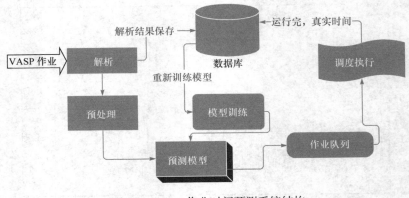

图 5-9　VASP 作业时间预测系统结构

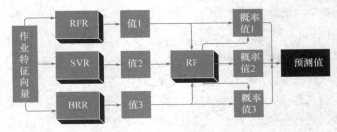

图 5-10　IRPA 预测模型结构

　　采用二次预测模型 IRPA 对已有的 VASP 作业进行模型训练，前 80%作为训练集，后 20%作为测试集。预测评价的标准是准确率和召回率：准确率(ACC)指预测作业运行时间在 T 范围内正确的比例,召回率(REC)指真实作业运行时间在 T 范围内被找到的比例，T 是指定时间范围。各模型不同范围内作业运行时间预测结果准确率和召回率对比如图 5-11 所示。

　　在作业执行预测研究基础上，开展多中心之间的自适应任务迁移机制的探索

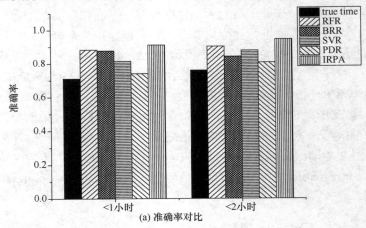

(a) 准确率对比

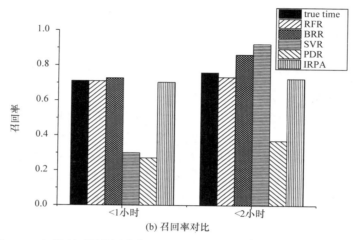

图 5-11　各模型不同范围内作业运行时间预测结果准确率和召回率对比

工作。由于任务迁移的源中心与目标中心之间，无论是硬件配置还是软件环境，往往存在较大差异，有可能导致任务迁移后没有按照预期运行。因此，我们在计算材料学、流体力学等领域，选择若干典型应用，如 LAMMPS、Quantum Espresso、Fluent 等，以实验验证的方式，观察这些软件在源中心和目标中心迁移后的运行状态，并记录原始数据。目前已经积累了 LAMMPS、Fluent 应用多个算例，在不同的编译环境，不同的并行库等条件下的实验数据。后续还将继续对其他常见典型应用进行测试，希望探索出对任务迁移后是否能够正常运行做出合理预期的方法论。根据多中心之间的任务迁移机制，不同类型的应用需要提供相应的运行脚本和数据源信息。超算中心运行的迁移任务 Agent 运行环境需要对提交任务状态信息、运行脚本、源数据这些信息封装、打包。目前正在开发基于 Torque 任务调度器的迁移模块原型，可实现 LAMMPS、Fluent 任务的迁移。

5.2　计算服务化客户端技术

5.2.1　命令行客户端

SCE 命令行客户端屏蔽了不同超级计算机在作业管理系统和集群管理策略方面的差异性，针对用户的作业提交与管理、用户数据管理以及应用程序编译部署提供了统一的命令行交互界面。相比 Web 门户方式，提供了较强的灵活性。目前SCE 命令行客户端提供了以下几类命令：

① 作业提交和管理命令。主要包括作业提交、作业状态查看、作业列表筛选、终止作业执行等。

② 资源查看命令。支持查看高性能计算环境中接入节点的基本信息和在线状

态；支持查看队列的使用规模限制和作业运行时长限制，以及可用状态；支持查看环境应用软件服务以及其可用的队列资源信息。

③ 程序编译命令。支持查看高性能计算环境中各接入的超级计算机的编译库的部署基本信息，支持设置应用程序编译部署所需的环境变量，可执行超级计算机中的基本编译相关命令。

④ 文件传输命令。提供文件从高性能计算环境家目录到目标超级计算机存储的作业文件上传和下载，并可显示传输进度。

⑤ 文件操作命令。支持按作业号查看作业相关的文件列表和内容，支持查看目标超级计算机的文件目录和文件内容，支持在目标超级计算机上编辑文件、删除文件、创建目录等。

⑥ 环境管理命令。支持新建并管理用户组，查看或管理用户映射，查看或设置用户对资源的访问权限等。

⑦ SCE Shell 命令。支持查看系统软件版本、历史命令，设置目标超级计算机，设置并管理别名等。

⑧ 兼容的 Linux 命令。支持在高性能计算环境家目录执行常用的 Linux 文件操作命令，以及常见的安全的系统命令。

SCE 命令行客户端中一项十分重要的工作是提供统一的用户程序编译环境，支持用户自行编译自主研发程序或部署开源应用软件。以 LAMMPS 为例，软件版本更新很快，同时用户应根据需求安装软件模块包，因此用户往往需要自己部署安装应用软件。基于集群部署软件的过程中，编译环境变量的设置往往起到十分关键的作用。如图 5-12 所示。

在集群管理中，modules 是常用环境变量管理工具，管理员通过 modules 组织公共应用软件的命名、版本和环境变量设置要求。我们借鉴了 modules 的思路，

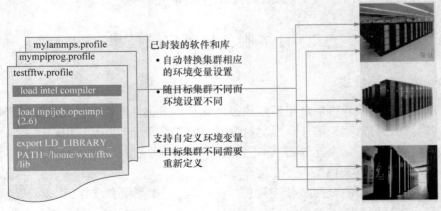

图 5-12　基于命令行的用户程序编译环境管理示意图

在跨集群环境中，借助原本环境应用定义的编译变量封装，支持用户自定义环境变量，从而可以根据用户需求灵活配置用户在目标集群的环境变量设置。

在新型用户编译环境管理工具中，用户可以针对某一类应用软件部署自定义一套环境变量，称为 Profile。在 Profile 中，用户可以加载并管理公共应用封装的 MPI 环境，或者编译器环境，或者公共基础编程库的相关环境设置，用户也可以根据需要自定义环境变量。当用户在目标集群上有不同类别应用软件部署需求时，可以根据需要定义多个 Profile，灵活应用。

Profile 支持在不同集群之间迁移定义。例如在集群 A 中针对某类软件定义了一个 Profile，当需要使用集群 B 时，如果 Profile 中加载的应用封装定义在集群 B 中均可以得到满足，则不需重新定义 Profile 即可使用。通过高性能计算环境命令行客户端的程序编译管理工具，可去除不同集群手册学习的烦恼，同时实现与在集群中编译部署应用软件几乎相同的交互体验。

在性能方面，我们也针对交互的编译命令执行交互体验进行了优化，解决了当编译命令较大量时命令执行明显卡顿的问题。我们调整了数据中转消息体大小，以编译输出信息 126K 为测试对象，编译命令首次输出响应时间从 35 秒优化至不到 600 毫秒，用户体验接近直接操作集群。

5.2.2　通用 Web 门户

相比传统的通过命令行访问超级计算资源的方式，基于 Web 门户的方法具有简单易用、界面友好等特点，用户可以随时随地通过浏览器完成作业提交和数据查看的相关工作，让用户只专注于具体的高性能计算应用而不必过多关注计算平台，从而可以更好地促进高性能计算在科研领域的应用深度和广度。通用 Web 门户着重解决提供丰富的作业管理命令、灵活快速地定制新的应用、增强 Web 表示层的响应灵活性和灵敏程度、保障数据传输的安全性、文件在线简单管理等问题。

目前在线服务的通用门户基于符合 JSR-168 规范的 Portlet 开发，并融合了 Ajax 技术。Portlet 是 Portal 的核心组件，负责接收浏览器端的请求并动态产生各种信息。Ajax 能够有效增强 Web 表示层的响应灵活性和灵敏程度。通用门户由基础层、Service 层和 Portlet 层构成。其中，Portlet 的 Web 页面部分构成浏览器端，Portlet 层的剩余部分、Servcie 层和基础层构成服务器端。

通用 Web 门户的基础层由 SCE 中间件接口、JSch、MySQL 和 Gridsphere 等多个部分组成，通过调用 SCE 中间件的核心服务完成作业提交和状态查询等功能。JSch 是实现 SSH 协议的 Java 开源组件，提供 Shell、SFTP 等功能，通过建立 SSH 安全连接实现浏览器和服务器间的部分敏感数据传输及文件管理功能。MySQL 数据库是保存门户持久化数据的地方，用于保存环境用户、封装的应用、已提交作业等相关信息。Gridsphere 是由欧盟资助的开源网格项目，其门户 API

实现完全兼容 JSR-168 规范,而且提供用于帮助开发人员创建可动态插入的 Portlet 应用的开发模型。利用 Gridsphere 提供的组件，能够快速开发出可动态部署的 Portlet 应用并集成到正在运行的 Web 门户中。

通用 Web 门户的核心服务包括作业提交服务、作业状态管理服务、文件在线简单管理和传输服务等几个部分。作业提交服务实现 JSDL 描述标签处理、JSDL 作业描述文件生成、文件上传、向 SCE 中间件提交作业等功能。作业状态管理服务完成向用户展示实时或最终的作业状态信息，并提供终止作业的功能。文件在线简单管理和传输服务提供实时的作业工作目录列表、文件属性和文件内容查看、无缓存的大文件数据流下载等功能。

通用 Web 门户的 Portlet 可分为应用列表、历史作业、作业提交三大类。应用列表 Portlet 处理应用列表页面发送的请求，提供重定向到作业提交 Portlet 的入口。历史作业 Portlet 处理历史作业页面的发送的请求，实现作业状态管理、文件内容实时查看和下载的业务逻辑。所谓历史作业，指所有已经提交过的作业。作业提交 Portlet 处理作业提交页面发送的请求，实现定制的作业提交业务逻辑。每个应用封装成一个作业提交 Portlet，随时集成到门户。这种定制的方式既可以为某一类型的应用提供统一的封装服务，也可以根据应用特点及用户的需要进行个性化封装，从而很好地解决高性能计算中应用类别繁多的问题。目前根据用户的需求，通用 Web 门户已经在计算化学、工程力学和生物信息等领域获得广泛的应用，已经封装和定制了 Gaussian、VASP、Amber、Nwchem、NAMD、Fluent、CFX12、LS-DYNA、Matlab 等多个学科领域的应用软件服务。

在通用 Web 门户中提供应用服务共享方面，主要从应用封装和应用集成两方面开展工作。首先分析科学计算应用和作业提交描述 JSDL 的特点，设计并实现应用属性和作业属性的存储格式，在模板的基础上通过渲染引擎实现页面的动态生成，为管理人员提供应用封装环境，同时为用户提供作业提交的简洁页面。我们建立了应用描述、动态 Web 提交页面和作业 JSDL 描述三者之间元数据映射关系的数据结构，通过模板替换功能实现从输入信息到作业描述的转换。增强作业提交页面和服务器输入数据存储之间的数据传输功能，提供简单的管理功能。设计和实现基于传输结束等事件的异步作业提交功能，实现作业描述和作业数据的分离。我们研究和实现了从作业提交数据、JSDL 描述数据到 Web 页面元数据的回填，恢复当时作业提交页面中复杂的作业参数，实现基于作业描述重用的作业提交功能。基于简单易用的 Web 页面，综合分析不同的因素如作业输入文件、计算资源的需求等方面，设计不同的批量提交作业策略；结合组装引擎研究支持不同策略的应用描述的生成机制，实现基于 Web 页面的批量作业提交功能。如图 5-13 所示。

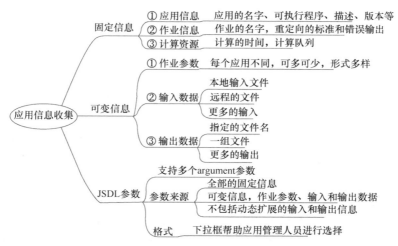

图 5-13　应用软件服务集成

随着 Web 技术的迅猛发展，新兴的用户交互技术和 Web 架构技术为互联网用户带来了全新的体验。为此我们引进新技术研发了新一代高性能计算环境通用计算用户界面 Portal2.0，采用微服务理念，多实例部署，拟定新增资源标签化管理、智能搜索，以及资源关联推荐等功能，实现从部署管理到用户体验的全新蜕变。如图 5-14 所示。

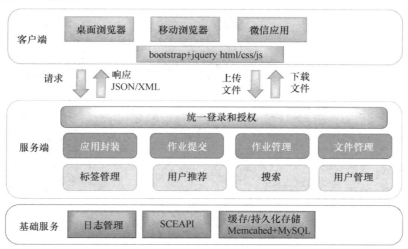

图 5-14　Portal2.0 体系结构

Portal2.0 在新的技术框架下实现基本的作业提交和管理的功能模块，并在原有工作基础上优化细节实现，改善用户交互过程。主要体现在如下几个方面：

① 作业提交页面默认进入上一次使用过的应用页面，常用应用作业提交可方便切换。

② 作业提交页面梳理作业提交参数，不常用参数设置为高级参数，并且默认隐藏不显示。

③ 作业提交时如需选择资源，支持搜索。

④ 资源选择可展开显示包括不可用的全部资源，并可提示不可选择的原因。

⑤ 作业列表中支持多维度作业条件查询，支持多种条件组合查询。

⑥ 针对作业状态给出说明，比如提交出错列出具体原因，作业完成提示耗时时间，排队/运行提示排队/运行时长，如果排队时间过长，主动提示可能原因。

⑦ 针对作业状态给出相关操作，比如完成的作业可删除，排队/运行的作业可终止，删除的作业可恢复。

⑧ 在作业列表页面，点击作业条目的应用信息可直接进入作业提交页面。

Portal2.0 中新增资源搜索和推荐功能，主要应用于 Portal2.0 的用户交互界面，针对用户给定的任意搜索词汇，检索到系统中相关的计算资源、软件资源、作业资源，以及其他页面，并将检索结果页面链接呈现在搜索结果中，供进一步获取详情。资源搜索和推荐基于 ElasticSearch 实现，整体架构主要包含三个部分：Portal 网站、资源搜索接口、ElasticSearch 服务器，如图 5-15 所示。

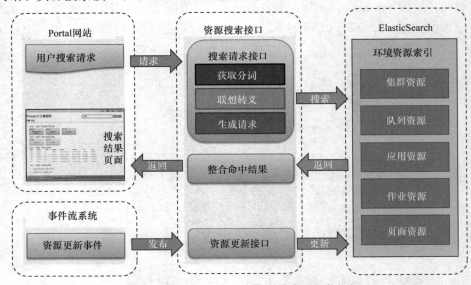

图 5-15　面向 Portal2.0 的资源搜索和推荐框架

Portal2.0 中接受搜索字符串的输入有两处：一个是在页面公共头部右侧增加一个搜索输入框；另一个是在 Portal2.0 的首页，支持匿名访问的情况下进行搜索。页面头部目前在 Portal2.0 结构中是一个共性的部分，仅在此一处增加搜索框，所有页面均可用。Portal2.0 的搜索结果主要如下：

① 包含关键字的资源介绍页面，包括集群介绍页面和应用介绍页面，每个页

面呈现形式是词贴形式，一个类别一个颜色，每个词贴，包括其中每个词汇都是一个超级链接，可点击进入对应的页面。

②包含关键字的作业提交页面，每个页面呈现形式是词贴形式，一个类别一个颜色，每个词贴，包括其中每个词汇都是一个超级链接，可点击进入对应的页面。

③包含关键字的作业信息，展现形式同作业信息，最多显示 5 条记录，超出则在区域右下角给出上一页和下一页的选择。每条记录可选择点击，进入作业详细页面。

④包含关键字的其他页面，呈现的是每一个页面的标题，通过点击链接可进入页面。

资源搜索接口由前后两部分构成：前端接口服务和后端搜索服务。前端接口服务采用环境统一接口框架，增加资源搜索相关 URL，共享环境统一的登录、权限验证等功能，接受来自客户端的搜索请求，转发至后端搜索服务，然后将搜索服务返回的结果转发至客户端。前端接口服务接收客户端请求，增加登录用户信息(如果用户尚未登录，给定系统定义关键字)，向后端搜索服务发起请求。后端搜索服务核心功能是将搜索请求按照 ElasticSearch 定义访问格式，其中需要特别定义资源对象用户名属性的值匹配，其搜索结果将包括所有公共资源和该用户提交的作业资源。ElasticSearch 服务器执行搜索命令后会返回搜索结果，访问接口将分解结果并形成一个包含资源所有分段信息的命中数组，并返回给前端接口服务，然后转发至客户端。

5.2.3　应用编程接口

为了更好地满足不同学科领域的需求和体现各种应用的特点，应该鼓励更多的团队开发多样化的终端软件，研究并实现基于 REST 风格的高性能计算服务环境应用编程接口，称为 SCEAPI，其核心思想是充分利用 Web 服务在复杂系统中的集成优势以及 REST 风格的 API 跨平台和开发语言的特性，允许开发人员自由地选择他们喜欢的开发工具和框架，构建面向专业学科领域的应用社区或业务平台。

SCEAPI 尽量遵循 REST 的设计原则。REST 是 Roy Fielding 博士提出的一种软件架构风格，可以降低开发的复杂性，提高系统的可伸缩性。REST 中的一切都被视为资源，每个资源都由 URI 标识，使用统一的协议接口实现针对资源的操作，所有操作都是无状态的，一般使用 XML 或 JSON 展现响应信息。在 SCEAPI 中使用 HTTP 协议的以下几个方法定义对 SCE 计算资源的操作类型：GET 表示查询资源(如机群、作业)的状态；POST 表示创建或更新一个资源；PUT 表示更新一个资源；DELETE 表示删除一个资源。所有的返回信息使用 JSON 字符描述，文件下载是一个例外,以二进制的方式直接返回文件的内容。

在 SCEAPI 中使用层次化的方法区分不同的资源,不同的层次对应 URI 的不同路径。目前,所有资源分为用户、计算资源、作业、数据、账号管理、统计等 6 个类别。用户指 SCE 的所有用户;计算资源包括 SCE 提供的计算机群和应用软件;作业指用户提交的批处理方式的计算任务;数据指作业的输入和输出数据;账号管理负责账号申请、批准、创建等全生命周期的管理;统计实现作业实时和历史状态的统计功能。

SCEAPI 基于 Jersey 开源组件,使用模块化的方式实现相关的功能,基本结构如图 5-16 所示。Jersey 是 JAX-RS(JSR 311 & JSR 339)的参考实现,提供服务端、客户端和测试等方面的组件,用于构建实现 REST 风格的 Web 服务。与 Restlet 和 RestEasy 等框架相比,Jersey 更加规范和直观。在实现的过程中,关键组件包括 SCEAPI 库和 REST 服务模块。SCEAPI 提供访问 SCE 的 API,提供多线程、多用户的服务功能,从而支持大量用户的访问;REST 服务模块是基于 REST 风格的 Web 服务 API 的具体实现,主要包括输入参数检查、自描述错误信息提示、调用 SCEAPI 完成具体的功能、组装 JSON 返回结果等信息。

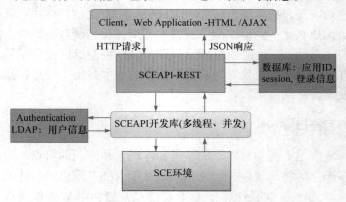

图 5-16　SCEAPI 的基本结构

易于理解和识别的 REST 接口也存在着很多安全问题,相比普通的 Web 应用面临更大的风险。在 SCEAPI 中,针对安全性增强采取以下几个方面的技术手段。首先,所有用户认证的信息通过基于传输层安全(transport layer security, TLS)的 HTTPS 进行传输。HTTPS 是运行于 SSL 之上的 HTTP 协议,本质还是 SSL 通信。SSL 通信是在 TCP/IP 实现的安全协议。IETF 将 SSL 标准化成为 TLS 协议。因此,用户的敏感信息在广域网中以加密的形式进行传输时,可以得到有效的保护。在用户成功登录 SCEAPI 服务器之后,所有相关的操作既可以通过 HTTPS 协议进行,从而保证敏感信息的安全,比如有保密需求的计算作业、输入和输出数据等信息;也可以使用明文的 HTTP 协议进行,从而降低对服务端和客户端加密和解密的资源需求，比如大文件的传输或对能耗要求比较严格的手机终端。除账号登录 API 之外，所有的 API 都需要用户登录之后才可能有权限进行相关的操作。因此，对于这些 API，SCEAPI 的服务端会验证用户是否登录及用户的权限。SCEAPI 使用 URL 签名验证用户的身份和登录是否有效。URL 签名验证及识别访问者的身份。如果服务器接收到的请求中的 URL 是带有签名的，则服务器可以判断该请求是否具备访问权限的合法用户身份；如果签名验证通过，则请求合法，执行请求所要求的相关操作；反之，则服务器判断请求不合法，拒绝执行相关请求操作，返回错误提示信息。SCEAPI 使用的签名算法，使用请求相关的一组基本信息以一定的方式组合成字符串，计算该字符串的 MD5 摘要得到每个 API 的签名。该算法不仅能够验证用户的登录状态是否有效，而且能够防止重放攻击，从而增强 SCEAPI 的安全性。

高性能计算环境应用编程接口已于 2015 年正式发布，面向应用开发者提供可用的在线服务，并提供技术支持。

5.3　资源监控与运维技术

5.3.1　多维度资源监控

为了实时监控高性能计算环境中资源运行情况，即时发现异常并快速处理，以提供稳定的高性能计算服务，基于 Nagios 开源软件针对高性能计算服务环境定制监控系统。考虑到高性能计算服务环境的安全性等诸多特点，我们设计并实施了如图 5-17 所示的监控系统部署方案。

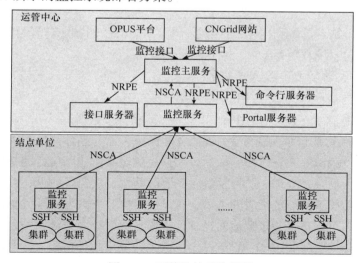

图 5-17　环境监控系统部署

　　我们基于 Nagios 软件提供的插件机制,结合高性能计算环境的特点研发了数据库和环境温度的插件以及检测 RAID 服务的插件,针对不同的高性能计算作业管理系统,包括 LSF、PBSPro、Torque、Slurm、神威作业管理系统,定制研发了系列插件获取集群的总节点数、开机节点数、占用节点数、排队作业数、运行作业数、排队核数、运行核数、排队用户数、运行用户数,以及最大作业运行规模等。如图 5-18 所示。

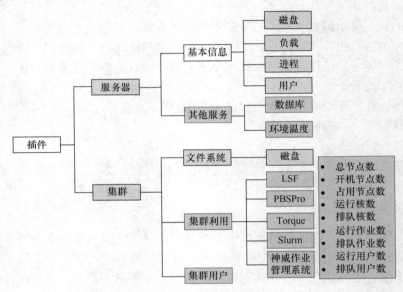

图 5-18　环境监控插件类型

　　针对各个结点单位利用率统计方法不一致的情况,我们重新定义了开机率、节点占用率、系统利用率(CPU 占有率)三个概念:

开机率=开机总节点数/总节点数

节点占有率=运行作业占用的节点数/开机总节点数

系统利用率=运行作业占用的 CPU 核数/开机总 CPU 核数

环境监控系统定时检测环境关键服务和各服务器与高性能计算机的网络连接情况、机器负载情况、硬盘使用情况,一旦超过定义值,系统自动邮件报警,提醒环境运维人员快速处理。监控系统中,定时获取一次监控数据,针对集群,在连接超时的情况下间隔更短时间重试,重试一定次数失败发出邮件报警,在磁盘超限的情况下可用不足一定阈值发出邮件报警;针对环境关键服务,在连接超时的情况下间隔一定时间重试,重试一定次数失败发出邮件报警;针对环境关键服务器，负载报警阈值根据实际情况制定，磁盘可用不足一定阈值发出邮件报警。在实际日常运维中，环境运维人员收到环境服务或服务器的报警邮件，会立即处理，或者联系系统软件开发人员共同处理，确保环境服务的稳定性；环境运维人员收到集群的报警邮件，会确认问题，然后立即联系结点单位相关负责人解决问题并记录故障。

在监控数据存储方面，除了默认的 RRD 格式的存储方式，还扩展支持数据库持久化的监控数据存储方式，以存储长期环境运行数据。为了方便上层应用服务获取监控系统获取的各种监控信息，基于监控系统的功能提供相关的系列接口，接口以 REST 风格接口和图形接口两种方式呈现，允许开发者根据不同需求选择。

目前，环境监控系统已经部署完毕，投入日常运行。通过环境资源和服务情况的监控，可以快速反馈资源接入异常情况和环境服务异常情况，方便环境运维人员及时处理，为提供稳定可靠的高性能计算服务提供保障。

基于上述环境资源监控信息，针对国家高性能计算环境中的多层次、多维度的资源分布和状态变化，结合用户和业务行为的不同特征，我们重点研究了节点、集群、中心和环境多层次，资源、用户和业务多维度监控数据采集以及数据信息的高密度展示和业务状态的动态可视化方法与技术，进而形成较为完善的多维度、可视化监控管理能力，为环境资源优化与配置、计算业务分配与调度、异常事件的诊断与追溯、用户状态管理与分析等功能提供信息和支持。

基于节点、集群、中心和环境多层次，资源、用户和业务多维度的监控数据获取，我们实现了面向不同人群的监控信息展示，重点研究了实现整个环境运行状态的统计数据和实时变化的可视化方法，并在运管中心的大型展示设备上完成环境运行情况的动态效果展示，以及主要统计数据的显示，同时用滚动的方式展示各节点相关数据，通过数据图表展示、评价各节点情况和贡献。

高性能计算应用服务环境用户关注自身应用的运行情况，希望应用可以高效运行，需要信息全面、响应速度快的应用监控系统，以辅助了解当前系统各种软硬件的使用情况。通过实时分析应用程序的运行性能瓶颈，基于对各种行业应用特征的捕捉和专家系统设定，可以在行业应用运行发生性能问题时及时发出报警，并给出优化建议，辅助用户优化软硬件系统以提高整体系统的利用率。在监控节点和环境机群系统性能状态的同时，将性能数据保存为应用性能特征文件，实时保存应用运行现场，供离线性能分析使用。

应用运行时的特征分析可以分析应用运行特征文件，显示应用运行时各节点中处理器、内存、网络和磁盘的性能数据，重构节点及环境中的应用运行过程，高效准确地描述应用的运行特征。硬件厂商的方案设计人员根据用户应用运行特征图，可以清楚了解应用在运行的各个阶段对硬件设备处理器、内存、网络和磁盘等各部分的需求情况，基于这样准确的数据分析，方案设计人员可以提供有针对性、真正符合用户应用需求的设计方案。应用软件优化人员根据用户应用运行特征图，可以准确了解用户应用程序的运行状态，了解程序运行热点段对各种硬部件的依赖程度，快速定位系统性能瓶颈，找到应用优化的空间和方向。

5.3.2　资源机时统计与计费

为了探索环境运行商业模式，我们尝试与环境结点单位进行计算机时结算，主要从集群和环境两个层面操作。

在集群机时统计方面，高性能计算服务环境是由分布于不同地理位置的多台超级计算机系统借助网格技术互联的分布式计算环境。因建设单位、时间的不同，高性能计算机环境中包含多种作业管理系统，但归结起来，主要以 LSF、PBS、Slurm 为主。为统一计算资源使用数量的统计方法，我们先后对 LSF、Torque、Slurm 的作业记账日志进行分析，提取出不同系统下作业记录信息中的共性属性，如标识、时间、用量等，并总结出计算时间资源用量的 Walltime、HostTime 计算方法。在上述工作的基础上，完成计算资源统计软件总体框架的设计和实现，如

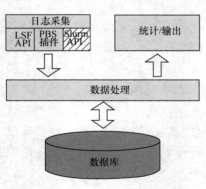

图 5-19　计算资源统计软件总体框架

图 5-19 所示。框架由日志采集、数据处理和统计/输出三大模块组成，其中日志采集模块负责与不同作业管理系统的接口。

计算资源统计软件实现日志信息的存取功能。统计/输出子模块则完成按自然月和自定义时间段的机时统计功能，全系统以及具体到每一用户的统计报表输出功能等。目前，软件完成了全部功能的研发，并在高性能计算环境中多个节点资源系统上部署并试运行，运行情况良好。

同时，我们结合集群机时统计软件，形成了《计算资源统计规范(讨论稿)》，规范适用于安装有作业调度管理软件(包括但不限于 LSF、PBS、Slurm)、通过日志文件保存作业运行记录的高性能计算机系统。规范明确了计算资源统计的周期、统计数据项、每个数据项的定义和单位等要素。

在高性能计算环境资源服务层面，基于《计算资源统计规范(讨论稿)》，我们研发了环境机时结算统计功能。基于 SCE，环境机时结算从集群获取集群计算资源使用明细，并过滤出通过高性能计算环境调度使用的数据，并将面向集群的作业号和集群用户名转换为环境作业号和账号，补充部分信息，最后汇总和统计，通过 SCE 接口提供面向集群、用户和自定义条件的虚拟组织的月度计算资源结算清单。目前该功能已经在投入试运行。如图 5-20 所示。

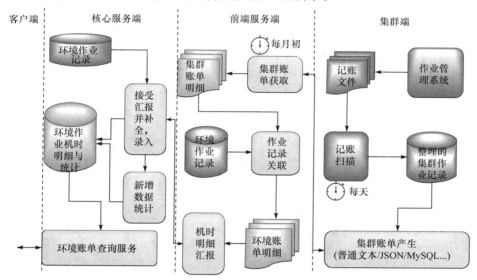

图 5-20　环境机时结算统计模块结构

在高性能计算环境机时统计数据的基础上，我们充分考虑环境中资源的多样性、差异性、分布特点，研究设计合理的定价机制和多类别记账策略，支撑国家高性能计算环境服务化方式的运行。通过统计用户对资源的使用情况实现细粒度记账，记录资源的使用状况，包括机时、存储、网络等硬件的使用和软件核时数的使用等用户使用资源的信息、频率以及能耗的数据等。在记账的基础上为不同资源定义不同的计费标准和策略，提供可定制的定价机制和多类别计费策略，根据合适的经济模型动态设定、调整和加入计费策略。由系统运维人员按需为不同的用户提供不同的服务级别，并生成针对不同人群、不同服务质量和不同等级的计费规则，为多模式运行管理提供多样化的结算功能。提供在记录资源使用状况的基础上进行收费的功能，从而支持国家高性能计算应用服务环境资源的合理优化管理，为环境的服务质量和服务级别管理提供保障。如图 5-21 所示。

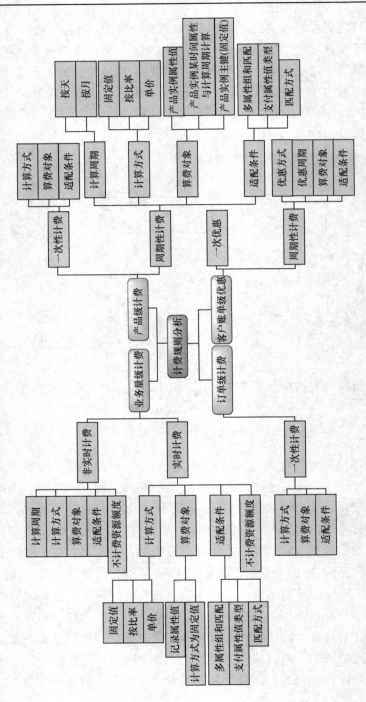

图5-21 计费规则分析

5.3.3　运行管理和支持平台

为了满足高性能计算环境日常运维和技术支持的需求，我们研发了环境运行管理与支持平台(简称 OPUS 平台)。OPUS 平台提供日常环境运维的全方位功能，包括用户和资源管理、作业和文件管理、记账管理、环境运行监控与报警、用户技术支持交互与统计以及环境运维月报/年报自动生成等，使支撑平台具备足够的灵活可配置性，同时具备一定的稳定性、容错性和安全性。目前出于安全考虑，OPUS 平台仅限内部业务访问，并不面向公众开放服务地址。

为了使 OPUS 平台建设顺利，应对日常运维的业务流程进行梳理。首先是用户申请流程。我们结合当前实际的用户申请处理情况，将整个流程梳理为图 5-22，明确了各个环节处理的责任人员。

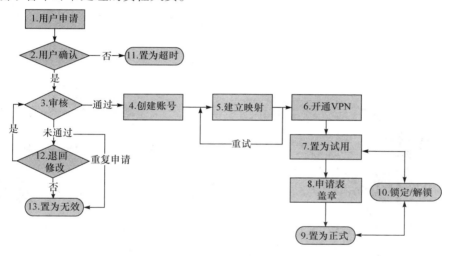

图 5-22　用户申请流程梳理

重点梳理技术支持的业务流程。我们整理了用户反馈的问题列表，以及常规的处理流程，将问题分类，将相关人员分类。由于环境运行用户反馈的问题有可能涉及多个工作人员，需明确一种工作方式来促进工作人员在解决问题方面沟通的高效性，并且对用户问题力争快速响应。如图 5-23 所示。

基于以上对业务流程的整理，OPUS 平台的整体运行框架如图 5-24。

OPUS 平台底层基于环境系统软件 SCE，以及环境监控系统、环境用户管理模块提供的各种数据接口建设。在设计阶段，OPUS 平台采取自顶向下的设计思路，根据梳理的业务需求设计 OPUS 平台的应用层，然后整理接口层以及底层系统需要补充或完善的功能。在具体实施阶段，OPUS 平台采取自底向上的流水线式研发方式，OPUS 平台的每个模块根据底层功能情况大致分为系统层研发和测试、接口层研发和测试、系统和接口部署、OPUS 模块研发和测试、OPUS 平台部署升级几个阶段流水式开展。

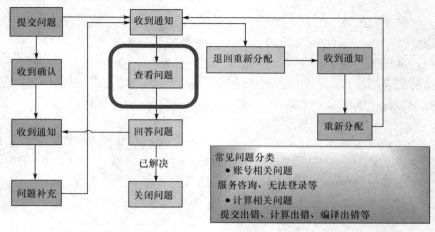

图 5-23　环境技术支持流程梳理

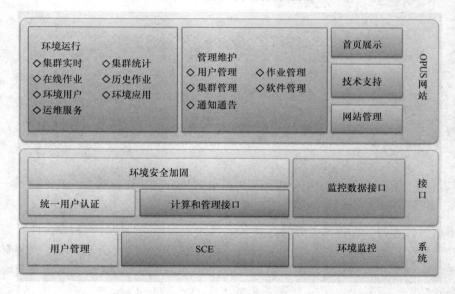

图 5-24　OPUS 平台的整体运行框架

在 OPUS 平台应用层,具体分为首页展示、技术支持、环境运行、管理维护、网站管理几个模块。环境运行模块具体提供集群实时、集群统计、在线作业、历史作业、环境用户、环境应用、运维服务子模块;管理维护根据业务需求分为用户管理、作业管理、集群管理、软件管理和通知通告子模块。平台整体设计一方面用于满足环境日常运维操作需求,一方面期望能够实时反映环境运行情况,并积累历史数据,以便后续进一步分析。

　　环境基本展示是在平台登录首页以简洁的界面反映环境整体提供的资源能力以及目前运维的情况。我们采用地图分布的方式呈现环境中分布在全国各地的各个超级计算中心，通过跳动窗口反映各个中心当前的运行情况，主要包括高性能计算机的开机情况、可用资源情况、排队的作业个数/核数、运行的作业个数/核数等，数据定时自动更新。

　　(1) 用户管理模块

　　环境运维人员可以根据不同分工处理用户申请流程的不同阶段，比如申请审批等。针对已经成功申请账号的用户，环境运维人员可以查看其各种申请信息，以及在环境中已建立的账号和账号映射信息，并且进行信息维护。如图 5-25 所示。

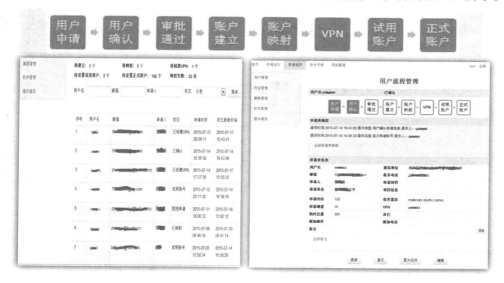

图 5-25　OPUS 平台用户管理模块界面

　　(2) 技术支持模块

　　OPUS 平台针对技术支持人员日常辅助用户进行作业查错的需求提供相应的工具，支持给定用户名和作业号查看作业文件列表和文件内容，也支持通过某些特定条件定位出错作业，不仅可以展现作业本身的输入文件和结果文件，也可以查看由环境中间件处理产生的中间文件，以便快速判定问题所在。如图 5-26 所示。

　　(3) 集群管理模块

　　OPUS 平台支持环境运维人员设定作业提交的权限。当某集群发出停机维护通知之后，为避免不必要的机时使用浪费，环境运维人员会提前在环境中停止集群服务；当集群恢复服务之后，再重新启动集群服务。在集成针对特定用户群体的专用队列资源时，也可以在环境中设定队列的使用范围，避免未授权用户对队列资源的非法使用。

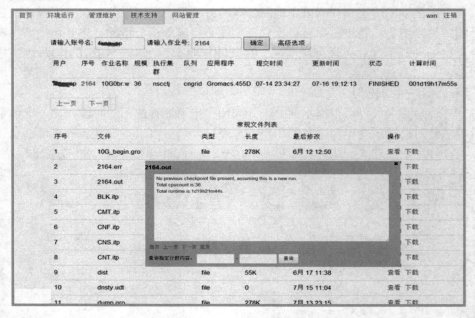

图 5-26　OPUS 平台技术支持模块界面

(4) 结算模块

OPUS 平台支持提供面向集群、用户的月度机时结算统计和明细，支持结算清单的下载，同时支持自定义条件的虚拟组织月度结算清单的产生和下载。

OPUS 平台通过实时作业和历史作业两个页面可以展示环境正在运行排队的网格作业基本情况，也可以显示用户自定义时间段内历史作业的基本情况，通过热力矩阵图和可放缩 TreeMap 两种方式呈现，可以查看作业在节点、应用、用户几个维度的分布情况。在热力矩阵图中，主要显示作业在不同用户和不同节点的分布情况，矩阵针对呈现数据的大小呈现不同颜色和深浅，并且矩阵默认按照数据大小排序，以简洁的方式呈现环境的基本作业情况。热力矩阵图允许显示自定义范围的数据，环境运维人员通过选择不同数据范围的数据，选择查看和获取不同角度关心的数据。可放缩 TreeMap，通过交互的方式允许环境运维人员查看作业在节点、应用、用户几个维度的不同情况的分布，力争直观、灵活、简洁，满足多种需求。OPUS 平台通过集群实时、集群统计和环境运维三个模块可以展示环境中各个节点的集群利用情况、月利用率统计情况，环境中关键网格服务器的 CPU 利用率、磁盘利用率以及服务启动情况，以方便地查看或定位环境异常情况。

2016 年，OPUS 平台已经全面完成建设并投入使用，目前通过运行支持平台可对环境全部账号信息进行全生命周期管理，并可提供高性能计算环境的日常管理操作以及各类运行统计数据。

5.3.4　核心软件持续交付技术

软件快速部署主要解决的问题是缩短环境系统软件交付周期，快速完成安装升级。由于用户需求、性能调优、修复缺陷等原因，系统软件需要持续研发；另一方面，高性能计算环境各类系统服务部署分布在全国各地，配置异构，管理方式也各有不同。为了达到较好的平衡，我们采用持续交付技术实现软件快速部署，具体分为三个步骤：第一，规范研发流程，通过代码控制系统和缺陷跟踪系统辅助实施；第二，构建自动测试平台，完成代码自动构建，实现代码自动测试；第三，构建软件自动部署平台，实现系统软件的系统部署，以及完成日常运维所需的配置信息调整和维护。如图 5-27 所示。

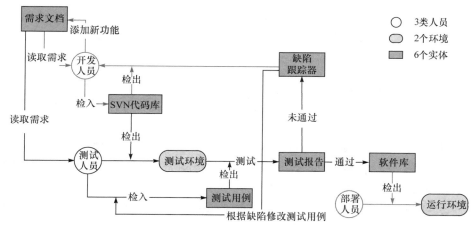

图 5-27　研发流程规范

在规范的研发流程下，所有的需求被分解为需要完成的研发任务，并且形成研发需求文档，描述具体需求，拟定解决方案，制定具体的实施周期等。研发需求文档确定之后，系统软件开发人员开始实施编码，编码各个阶段的代码将更新在统一代码版本管理库中，并提交修改说明；测试人员根据需求文档维护测试用例库。当研发完成之后，自动执行测试过程，测试人员形成测试报告，并将缺陷记录在缺陷追踪系统中，反馈给开发人员。如果测试通过，代码将进入软件库留存。

通过构建自动化测试模型和自动化测试环境，作业管理系统支持 PBS、Slurm 和 LSF，方便测试模型采用不同的部署方案进行测试。如图 5-28 所示。

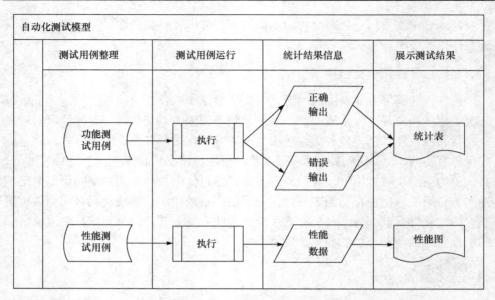

图 5-28　系统软件自动化测试模型

　　软件自动部署方面,我们调研了开源的自动部署软件 Puppet、SaltStack、Chef、Ansible,仔细分析了各个平台的特点,结合环境运维的实际需求,选定 SaltStack 软件构建高性能计算环境系统软件自动部署平台。

　　高性能计算环境系统软件自动部署平台主要包括 4 个功能模块:

　　① 网格服务器初始化模块:针对首次接入环境的网格服务器,完成环境系统软件安装前必需的操作;采用 Master 端主动推送的模式。

　　② 环境系统软件安装升级模块:根据服务器角色选取合适的系统软件模块包,进行安装升级,并完成必需的配置;采用 Master 端主动推送的模式。

　　③ 系统软件相关服务监控模块:监控环境构建核心服务,确保服务处于正确的状态;同时监控配置文件,必要时对服务进行重启;采用 Minion 端定时同步模式,定时同步一次。

　　④ 网格服务器实时管理:网格服务器实时信息的获取及处理。功能模块部署时,设置单独的服务器作为 Master,系统服务、前端服务、Client 端网格服务器在部署 Minion 时针对角色配置 Minion ID。如图 5-29 所示。

　　运维人员可以通过对 SCE 自动部署中不同模块进行组合,快速完成运维任务。同时,根据高性能计算环境系统软件自动部署平台本身的部署特点,运维人员可以根据实际情况,选择不同的 Minion Target 来操作,既可以选择特定的一台网格服务器单独升级,也可以选择一组网格服务器同时升级,保证环境系统软件升级维护的灵活性。另外,实现关键服务的监控以及自动重启,并且不需要烦冗的登录及跳转即可完成对网格服务器实时信息的获取及管理，极大地方便了运维人员的操作，节省了运维时间。

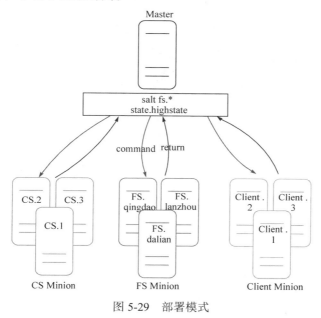

图 5-29　部署模式

5.4　环境安全保障

5.4.1　环境安全体系

　　安全是高性能计算环境建设不容忽视的一项重要工作。我们主要从软件研发、环境运维、制度管理三个维度重点建设环境安全。如图 5-30 所示。

　　软件研发方面，安全编程已渗透到高性能计算环境系统软件的各个层面，包括 SSL 安全传输、信息格式检查、白名单输入、异常输出处理、自定义错误提示、身份验证、细粒度权限管理、日志跟踪处理，等等。

　　环境运维方面，通过在各节点集群外围部署防火墙，对相关服务器和服务进行监控，对系统异常行为进行检测和报警等措施增强环境安全防范，避免被攻击以及攻击在高性能计算环境中资源之间的扩散。

　　制度管理方面，对外服务网站实施 ICP 备案/公网安备案、事业单位网站挂标等措施，并依托中国科学院网站群内容平台执行管理员定期对内容进行检查和审核，定期安全扫描。高性能计算环境网格管理账号实名制实现了用户行为和信息的可追溯。

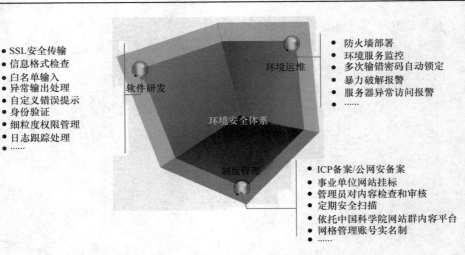

- SSL安全传输
- 信息格式检查
- 白名单输入
- 异常输出处理
- 自定义错误提示
- 身份验证
- 细粒度权限管理
- 日志跟踪处理
- ……

软件研发

环境运维

- 防火墙部署
- 环境服务监控
- 多次输错密码自动锁定
- 暴力破解报警
- 服务器异常访问报警
- ……

环境安全体系

制度管理

- ICP备案/公网安备案
- 事业单位网站挂标
- 管理员对内容检查和审核
- 定期安全扫描
- 依托中国科学院网站群内容平台
- 网格管理账号实名制
- ……

图 5-30　高性能计算环境安全体系建设

5.4.2　用户认证与授权

为了支持学科领域应用社区和业务平台在高性能计算环境中的优化集成，并且从整体上考虑环境的安全，我们基于开源软件 CAS 和 OAuth2.0 定制了高性能计算环境统一用户认证和授权系统，如图 5-31 所示。

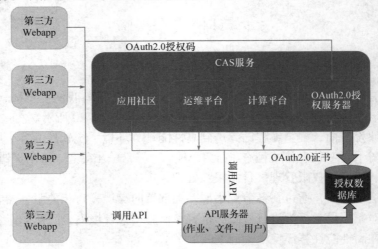

图 5-31　高性能计算环境统一用户认证和授权系统

统一用户认证技术实现了用户单点登录。用户只需要一套用户名和密码，就可以访问基于环境应用编程接口建设的各个应用社区和业务平台，并且登录了其中一个应用平台,在一定时间范围内登录其他应用平台不需再次输入用户名密码。

从环境管理的角度，统一用户认证技术可以实现环境用户共享使用，统一管理，并对用户提供统一的服务和支持入口。通过授权技术可以实现应用社区和业务平台对环境资源的访问安全性，环境在应用平台层面、接口类型层面分别定义了授权机制，双重保障环境资源访问的安全性。

基于环境应用编程接口、统一认证和授权系统，通用的环境应用社区和业务平台开发分为三个步骤：第一，向环境运行管理中心申请应用 ID 和 KEY，申请应用平台的授权范围和平台测试账号；第二，基于测试开发环境开发应用平台，实现包括 OAuth2.0 授权，通过调用 SCEAPI 实现应用平台基本功能，完成基本测试；第三，环境运行管理中心核查应用，通过之后，平台开发人员将相关调用地址修改为正式运维环境，并面向用户提供服务。如图 5-32 所示。

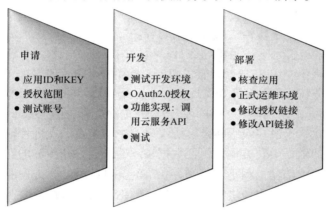

图 5-32　环境应用平台开发集成步骤

5.4.3　数据安全传输

在作业运行之前，需要将作业数据文件上传至目标超级计算机存储上，在作业完成之后需要将结果数据文件从目标超级计算机存储下载到用户本地，以便查看作业的计算结果。在高性能计算环境中，如果由用户使用客户端直接访问超级计算机资源来进行文件传输，则需要在超级计算机资源上为每个用户开通防火墙或者建立 VPN 通道。而随着环境中超级计算机资源数量的增加和环境用户的增加，上述操作会变得非常频繁，同时也会给环境运维和超级计算机资源管理带来极大的复杂性，并造成巨大的安全隐患。为此，用户到超级计算机资源的访问需要通过环境服务器和相关系统服务来进行中转连接。通过固定的地址访问各个超级计算机资源，避免频繁的防火墙维护操作，并且所有到超级计算机资源的连接需要通过前端服务器进行访问控制，以此保证对超级计算机资源合法访问。由此可见，用户使用客户端与目标超级计算机资源进行数据文件上传下载过程中，必须通过至少两台环境服务器进行中转。

　　现有的数据传输工具都是在节点间直接进行数据传输,无法满足上述经多个中间节点进行中转的数据传输需求。因此,如何实现经多个中间节点进行数据中转传输成为一个问题。最简单的方式是使用一般的数据传输工具,按照传输路径,依次在两点间进行多次文件传输操作,在最终文件传输成功后,需要删除中间节点上的临时文件。但这种方式存在如下问题:传输操作烦琐;中间节点需要存储临时文件,在传输出错时会遗留下来;文件传输的整体进度不可见不可控;无法对外提供文件传输接口。另外一种中转传输方式是采用 SSH 的端口转发机制在源与目的间经中间服务器节点建立转发连接,然后使用一般的两点间传输工具实现经多个中间节点的中转传输。每条中转传输路径仅提供固定两点间的数据中转传输,在多路并发进行数据中转传输时,中间的服务器节点需要使用多个不同的临时端口进行请求转发,使得提供中转服务所使用的端口是动态变化的,无法使用固定的端口对外提供中转传输服务。同时客户端要使用目的机上的本地用户进行认证,而高性能计算环境中目标超级计算机的用户映射关系是系统屏蔽的,故在高性能计算环境中使用 SSH 端口转发机制进行数据中转传输不可行。

　　鉴于上述分析,我们设计并实现了一个数据中转传输系统 MCP,实现经多个中间节点的数据中转传输。MCP 基于安全文件传输协议(Secure File Transfer Protocol,SFTP),通过多级中转传输协议以及中间节点的文件传输代理,实现经多个中间节点的数据中转传输,保证数据访问的合法性和传输的安全性,避免在落地式中转传输中传输过程不可控和存在临时文件的问题,方便对外提供文件传输接口,且采用转发流水线进行快速转发,数据中转传输所需时间小于落地式中转传输。

　　在高性能计算环境中,经多个中间节点进行数据中转传输的路径如图 5-33 所示,其中用户 M 在运行客户端的计算机 A1 上,后台环境服务器位于计算机 G1 上,计算机 G2 上运行有对超级计算机进行访问控制的前端服务,当用户需要将 A1 上的文件传输到位于 A2 上的超级计算机时,需要依次按 A1、G1、G2、A2 的顺序进行用户认证和文件复制操作。

　　为了避免烦琐的多次文件中转传输操作,使用一个命令即可将文件在计算机 A1 与 A2 间经中间节点进行中转传输,设计并实现了一个具有多级中转的数据传输系统。分析了 SCP 和 SFTP 协议的基本功能,并以此工作为基础设计并实现数据中转传输系统 MCP,采用客户端/服务器(C/S)模式,提供数据中转传输功能。同时,为了简化使用,提供类似 SCP 命令的使用方式。整个系统的结构如图 5-34 所示。

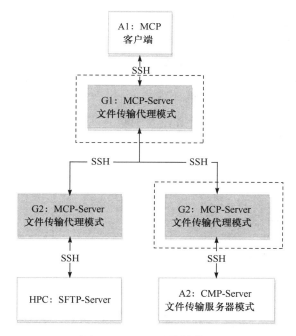

图 5-33　MCP 系统结构图

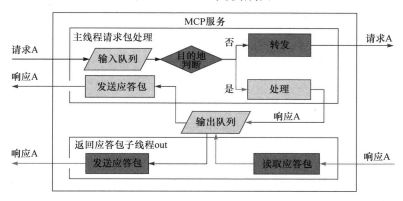

图 5-34　MCP-Server 处理流程

在数据中转传输系统 MCP 中，服务器端有两种工作模式：文件传输代理模式和文件传输服务器模式。文件传输服务器 MCP-Server 在运行过程中根据请求包的目的 IP 自动设置工作模式，当目的 IP 不是自己时，按文件传输代理模式进行工作，反之按文件传输服务器模式工作。其中文件传输代理模式主要进行数据包的转发，而文件传输服务器模式主要对客户端请求包进行文件传输处理并生成应答包。数据中转传输系统 MCP 兼容 SFTP-Server，即文件传输服务器除了MCP-Server 外，也可以是 SFTP-Server。在使用 SFTP-Server 作为文件传输服务器端时，必须至少经过以文件传输代理模式工作 MCP-Server 进行一次包的转发处理，才能使得客户端可以与 SFTP-Server 进行文件传输。MCP 客户端也可以直接与 MCP 服务器端交互，进行文件传输。

在测试的网络传输速率较高的网络拓扑环境中，相同大小的文件在相同的传输路径下，使用 MCP 传输所需时间比使用 SFTP 进行落地式文件传输所需时间有所减少，且随着传输文件大小的增加以及中间节点数的增加，效果更加明显。如图 5-35 和图 5-36 所示。

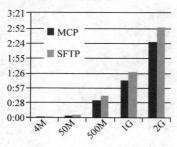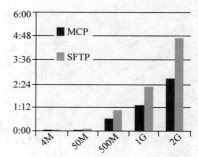

图 5-35　经一个节点的文件中转传输时间图　　　图 5-36　经两个节点的文件中转传输时间图

5.4.4　环境日志分析挖掘

环境事件流处理与分发系统作为国家高性能计算环境中对于事件的专用处理系统，其基本功能即消息数据的传输、存储与分发功能。采用 Apache Kafka 作为系统的基本数据分发平台，在此之上建立事件工厂模块，针对环境中几种主要的事件内容格式进行解析、筛选、处理分析和格式转换。此外使用 Logstash 作为系统的数据采集工具。国家高性能计算环境事件流处理与分发系统的基本架构如图 5-37 所示。

在环境各组件发生事件时，由相应组件程序分别记录自己的事件日志，其中包含所有可能产生的事件类型。然而在实际应用时，相关维护人员或应用程序往往只关心某一种或几种类型的事件。因此建立事件分类是环境事件流处理与分发系统所必须实现的环节。根据环境实际运行情况和使用需求，初步将事件划分为以下 7 大类：

① 用户操作：这类事件表示用户在环境客户端执行了一种操作或请求，包括查询环境资源、提交作业、传输文件等。

② 管理操作：这类事件表示仅有管理权限的用户才能执行的操作的记录，包括建立用户组、修改用户权限等。

③ 作业状态：这类事件表示用户作业发生了状态变更，例如作业准备、作业

运行、作业完成，以及提交产生错误、作业运行失败、作业被终止等异常事件，相关应用可以通过事件消息中记录的作业号来追溯相应作业。

④ 应用状态：这类事件表示集群中的应用程序的变更情况，主要包括安装、升级或版本变更、卸载等。

⑤ 集群状态：对于计算集群的当前状态的报告，可能是一种服务器与目标集群间的周期性通信的事件，记录了集群的运行状态、当前作业数等相关参数。

⑥ 警报事件：这类事件表示环境中产生了需要注意或及时处理的问题，例如密码攻击、磁盘已满、内存溢出、CPU 过热、程序运行异常等，对实时性有一定要求。

⑦ 新日志模式：在进行事件处理时，系统日志将根据已经定义的日志模式库中的记录进行格式匹配，而日志模式则是对于过往日志的类别总结，然而当系统日志出现了不存在于过往日志的新模式记录时，系统无法判断是否需要针对该模式制定新的环境警报规则和策略，因此需要将其内容作为一种事件发布给指定警报规则的维护人员处。

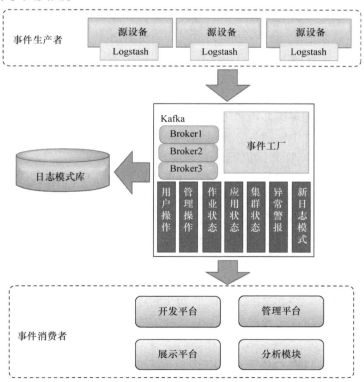

图 5-37　国家高性能计算环境事件流处理与分发系统的基本架构

相关应用程序在订阅事件时，将以上 7 种类型为对象。对于每种类型事件还可以具体划分子类的情况，各应用需要自行定义相应的处理办法。在未来实际运行过程中如果出现新的需求，也可以增添更多的基础事件类型对象。

在国家高性能计算环境中，环境中间件的组件和集群程序以及操作系统都可能成为环境事件的产生源，这些程序记录事件的方式各不相同，也就难以使用一种通用的方法获取其中信息。出于此种需求，我们在环境事件流处理与分发系统中增加了事件工厂模块。事件工厂主要用于接收各种类型格式的事件，并使用各自的解析方法对其中主要内容进行提取，然后筛选可能含有重要内容的事件，进行统一处理。最终将这些事件信息封装成为符合事件工厂统一接口的格式，发布成为各种事件类型。当相关应用接收到订阅的事件时，只需要按照事件工厂的统一接口进行解析就可以获取其中的关键信息。

根据原始日志格式的不同，事件工厂内存在多个工作车间，每个车间都包含两个模块的步骤，分别为解码模块和过滤模块。事件流系统需要收集多少种格式的日志，事件工厂就需要多少数量的车间用于处理相应日志格式。解码模块的主要工作就是根据车间对应的日志格式进行解码，将原始的一行数据分解为若干个字段，每个字段是一个 Key-Value 的值对，Key 代表字段标识，同时也表示字段含义，Value 是字段值，也即内容信息。例如，一个几乎必须存在的标识就是事件时间，基本上所有种类的日志记录都需要记录发生时间，但记录格式可能不同。而该值将在解码模块被分解出来，并形成时间戳的统一格式。

目前我们初步实现了环境事件流处理与分发系统的基本功能，并将其部署到国家高性能计算环境中试运行。测试结果表明事件处理和发布平均延时小于 100 毫秒，可以满足对事件时效性的要求。

基于环境事件流处理与分发系统中收集的海量系统日志信息，针对环境中资源的状态变化、业务流程中的计算服务状态、节点之间数据交互的网络流量状态、用户访问环境的行为模式等关键要素，研究基于日志信息的环境运行状态分析与预测、用户行为分析与建模以及业务特征分析和挖掘的方法和技术，为进一步支持国家高性能计算环境多模式、高效、可靠运行提供支撑。

通过对海量的监控与日志数据的形式化表达，以快照的图形化方式刻画每一个时刻的环境状态，并通过图随时间的变化和环境行为与图的映射，得到历史局部与全局的信息和特征记录及图形库。在环境的实时运行监控过程中，基于获取的监控数据和日志信息，生成实时状态图，与图形库中的历史信息进行匹配与比对，判断当前环境行为的状况，分析环境运行行为走势，重放环境行为的演化过程，进而预测未来环境的运行趋势。

在环境监控和日志分析挖掘的基础上，研究环境中业务、资源和用户状态的多层次多角度分析评估的方法，研发通过分析和预测环境性能状况和发展趋势，反向调节资源配置、计费策略等机制的技术和工具，以最大化环境资源利用率，降低环境运维成本，提升用户的性能价格体验。同时，研究环境安全运行、关键信息可靠备份、异常发现和追踪等相关方法和机制，实现环境异常诊断工具，保障国家高性能计算环境的可靠运行。

基于监控的历史数据预测环境资源利用率的变化，评估环境运行性能、计费策略的合理性等。实现单维度和多维度的环境行为异常检测分析，不需要人工干预，能捕捉监控数据的变化。开发部件亚健康的快速检测与定位、操作系统行为分析以及通信网络性能的建模等系统行为异常检测分析工具，对系统中的软硬件和 I/O 的软性故障进行分析定位。通过代码段分析判断良性故障的发生和可能的原因，实现应用运行异常检测与分析功能。

在基于资源利用率变化情况的资源利用率预测方法方面，目前使用最为普遍的方法有两种：第一，使用前一阶段的资源利用率的值作为预测值，比较适用于资源利用率变化较大的场景，不适用于资源利用率变化不大的场景，因为可能受局部波动的影响，准确率降低；第二，将前 k 次资源利用率的历史值进行加权求和，作为下一阶段的预测值，比较适用于资源利用率变化不大的场景，对于资源利用率变化较大的场景，准确率降低。基于以上情况，我们设计了基于资源利用率变化情况的预测方法，对资源利用率的错误率进行监控，当错误率大于某一个给定的阈值时将历史数据个数设置为 1，并不断地对个数进行增加，直到增加到指定的最大值。对于用户交互型应用来说，应用资源利用率有时变化大，有时比较稳定，使用我们设计的预测方法将更加合适。

在监控系统中单维度和多维度异常预测方面，我们设计了单维度的异常预测模型，采用无监督聚类算法，在不需要人工标注的情况下，自动发现和预测单维度上的异常情况。同时针对监控任务，通过保留核心点的机制将聚类模型转化为分类模型，提高异常预测的效率，并完成模型实时更新。针对多维度的监控任务，提出上下文相关的异常预测模型和周期相关的异常预测模型。面对应用监控环境多维度复杂的系统行为，异常预测模型通过循环神经网络的结构完成对系统的刻画和异常预测。由于预测到的异常或警告的严重程度不同，异常分析模型可以在未标注的数据上进行分析，避免人工标注数据、训练模型，减少人工维护成本。如图 5-38 所示。

在部件亚健康的快速检测与定位方面，我们改变了传统的基于实际负载的检测方法，采用离线观察计算部件和通信部件等手段，具备定位准确(可精确到"端口")、监控状态少、监控开销小以及对作业无干扰等优势，能够更方便、准确地定位亚健康部件。

在系统软件噪声定位分析方面，我们采用了"固定工作量""固定时间量"及"噪音序列"三种测量手段，实现全节点、单 CPU、单核三个测量流程，预期可

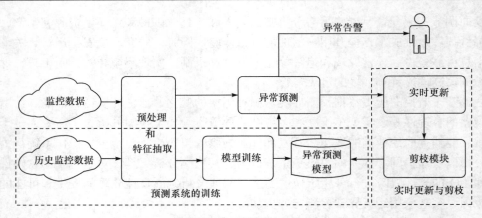

图 5-38　预测训练模型

获得良好的可扩展性，并研发出系统优化的有力工具，发现至少两类操作系统噪音，有效解决由系统软件噪音引发的并行程序性能波动现象。

5.5　环境运行与服务支撑

国家高性能计算环境(中国国家网格)自建成以来一直稳定运行。截至 2017 年年底，已接入结点单位 19 个，包括 1 个北方主结点、1 个南方主结点、6 个国家级超级计算中心和其他 11 个分布在全国各地(包括香港地区)的普通结点，总聚合计算资源 200PF，存储资源 167PB。

2005 年 12 月 21 日，科技部部长徐冠华、中国科学院副院长施尔畏以及英国政府首席科学家大卫·金爵士(Sir David King)到中国科学院计算机网络信息中心视察，并为中国国家网格运行管理中心揭牌，宣布中国国家网格运行管理中心正式成立。2017 年 3 月举行了中国国家网格合肥运行中心授牌仪式，宣布中国国家网格合肥运行中心正式启用。至此，高性能计算环境拥有北京/合肥双运行中心，数据可异地备份，服务更加可靠、有保障。

高性能计算环境面向用户提供多种技术支持形式，包括邮件、电话、微博、QQ、微信等，统计至 2017 年 12 月 31 日仅技术支持邮件共计近 5000 封，常见问题包括用户、命令参数、程序编译方法、复杂程序编译流程、应用软件输入文件格式、输出文件错误信息解读、集群库调用等。

目前高性能计算环境提供的应用编程接口以及相关的服务支撑方案已在计算化学、材料、环境、物理等多个应用领域的 10 余个应用社区和业务平台建设项目中得到广泛应用，提供定制化、专业化的高性能计算服务接口服务，成为支撑应用服务建设的重要保障之一。如图 5-39 所示。

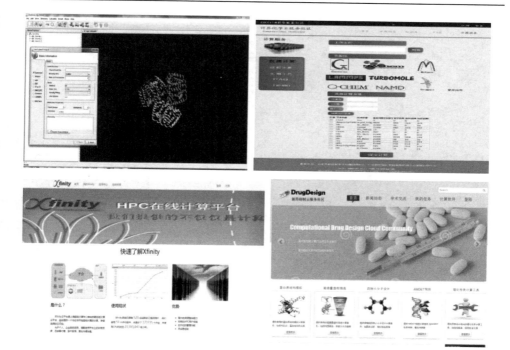

图 5-39　应用社区服务支撑

第三篇　应用与成果篇

第6章 国家高性能计算环境的重点应用成果

本章介绍国家高性能计算环境的重点应用成果，包括 4 个应用社区和 100 个典型应用成果案例，其中典型应用成果案例从应用领域和作业规模两个维度进行收集与整理，最后精选出最具代表性的 100 个案例。同时，专门介绍入围戈登·贝尔奖的 5 个应用。这些案例生动地呈现我国在不同应用领域的现状与水平。

6.1 应 用 社 区

应用社区建设引入云计算的先进理念，将网格和云计算的优势有机结合，构造既有网格的分布异构资源聚合能力，又有云计算的灵活使用模式和商业运营模式的高性能计算应用服务环境。用户不必关心底层的物理资源，而是通过应用社区获得资源和服务。国家高性能计算环境提供可动态请求和分配的虚拟资源，一方面可以向领域用户提供更为专业的服务，提高服务质量；另一方面可以提高国家高性能计算环境的资源利用率。应用社区是在改变运营模式和机制方面的大胆尝试，将走出一条国家高性能计算服务环境可持续发展的新路。

6.1.1 工业产品创新设计社区

6.1.1.1 背景

随着我国创新驱动战略的实施和工业转型升级及两化深度融合的不断推进，工业产品研发得到前所未有的重视。近年来，作为工业产品创新所必需的高性能计算应用服务，需求增长强劲。但传统的高性能计算服务资源分散，使用门槛高，服务模式单一，服务质量不高，资源难于共享，不能很好地满足工业产品创新设计的需求。随着互联网、云计算和大数据等技术的快速发展，基于这些技术手段集成各类创新资源，开发并构建第三方高性能计算创新应用服务社区，对实现资源高度共享，降低用户使用门槛，提高服务质量，提升工业自主创新能力有非常重要的意义。

工业产品创新设计社区(简称工业社区)依托国家高性能计算环境，基于互联网和云计算等技术，聚合工业产品创新所需的高性能计算、存储、应用软件、可视化、数据等资源，为用户提供专业可靠的仿真分析和优化设计服务，实现生产性运行，为工业产品的创新设计提供支撑和保障；建立管理规范和运营机制，探索商业化运营模式，培育形成基于国家高性能计算服务环境的工业产品创新设计生态环境。

6.1.1.2　总体架构与功能

1. 总体架构

以工业领域用户的实际需求为导向，结合云计算理念，利用已有的成熟技术、标准和规范，支持资源的多样性、管理的复杂性、用户的多样性和商业运营，构建稳定、安全、高效、可扩展的工业创新社区。

工业社区总体架构本着简单、开放的原则，采用层次化划分方法，如图 6-1 所示。资源层基于国家高性能计算应用服务环境，支持接入包括计算集群、License服务、图形工作站、存储服务等资源；管理层负责管理调度这些资源；应用层是用户利用工业社区资源实现各种不同操作的入口；用户访问环境支持多种平台、多种形式访问工业社区资源。

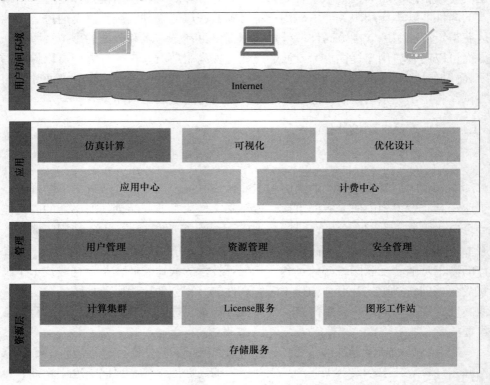

图 6-1　工业社区总体架构

2. 管理功能

工业社区管理包括对社区资源、用户和安全的管理。

(1) 资源管理

工业社区资源管理实现资源的动态接入和退出以及按需调度。工业社区的资源包括硬件、软件、应用三类。硬件资源支持计算集群、存储系统、图形工作站、License 服务等多种资源的接入。工业社区通过驱动(Driver)技术来识别、驱动不同类型的资源。驱动层内部对每种资源采用不同的实现，对外提供统一的接口，屏蔽资源的异构性，同时对资源进行管理和监控。软件资源是指各类高性能计算应用。应用服务是软件资源和硬件资源的结合，是用户使用的真正入口。当资源提供商同时拥有硬件和软件时，分别发布软硬件后，需正式发布应用；也可以由硬件提供商和软件提供商合作，将软件部署到硬件上，由硬件提供商正式发布应用。

(2) 用户管理

用户管理根据工业社区功能进行用户角色分类，根据用户使用方式选择映射机制，根据用户角色进行权限分配。工业社区的角色包括社区运营商、资源提供商和用户三类。社区运营商掌握工业社区的管理权，其主要职责包括：负责工业社区及相关工具包的开发，并提供使用；负责资源的营销工作；负责用户收费以及与资源提供商进行结算；负责处理用户投诉，保障用户服务质量。资源提供商是工业社区资源提供者，其主要职责包括：在工业社区上部署发布硬件、软件和应用资源；维护已发布资源的稳定运行；为用户提供服务。用户则通过工业社区按需选择和使用资源及应用服务，并按使用量付费。

工业社区将根据不同用户的使用方式，支持工业社区用户到后台主机用户的多对一映射和一对一映射，确保用户最方便地使用资源，同时降低管理负担。由于用户的类型区别及个性化需求，工业社区采取一套适应性强、非常灵活的分配策略。在权限分配技术上，大部分系统都采用基于角色的访问控制，工业社区将在此基础上实现权限自定义功能。

(3) 安全管理

安全管理在工业社区的资源层、管理层、应用层和用户访问环境等不同层面，使用身份认证、安全性测试、软隔离、数据加密、权限拦截器等技术和措施。在工业社区开发过程中为确保代码的安全性，需做到：权限管理，参数检查，审计日志，全面应用 HTTPS，弱密码检查。

3. 应用功能

工业社区应用提供软件即服务(software as a service，SAAS)和平台即服务

(platform as a service，PAAS)两种类型。用户直接使用仿真分析、优化设计和远程可视化等应用服务；资源提供商通过应用中心的资源和应用服务引擎构建资源和应用服务，共享软硬件资源；计费中心提供费用收支平台。

(1) 仿真计算

基于模板技术封装仿真分析软件。为了进一步方便用户使用，在模板中增加对组件的初始值、验证逻辑以及组件与组件之间的联动逻辑的定义，并允许用户通过在提交计算任务时指定某个(或某几个)参数的变化范围和规律，实现批量计算任务的提交。模板开发工具采用所见即所得(what you see is what you get，WYSWYG)的方式，用户可以直接将模板组件拖动到面板中并设置属性等，自定义应用。仿真计算为用户提供方便简洁、易于使用、功能丰富的图形操作界面，支持常用参数的保存、仿真计算命令的预览、上传本地和主机文件以及特定参数的模板定制等。如图 6-2 所示。

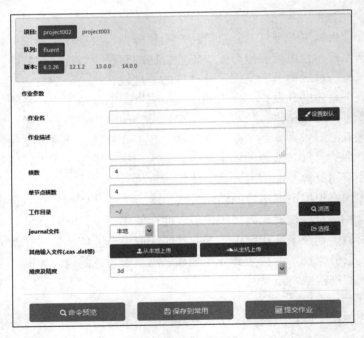

图 6-2　提交仿真作业

(2) 优化设计

针对三款市场占用率较高的优化设计软件 Optimus、Isight 和 modeFRONTIER，结合用户企业管理规范和用户使用习惯，制定多学科优化设计仿真计算的流程规范，覆盖协同设计、仿真和优化，支持多种优化方法、定义设计变量、约束和目标函数。基于模板技术，实现优化设计模板的创建、使用和维护方法，实现知识经验的复用机制。Isight 的界面如图 6-3 所示。

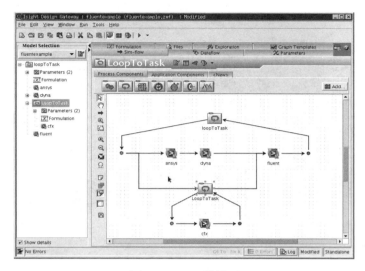

图 6-3　Isight 的界面

(3) 可视化

研究和遴选远程图形接入协议和适用标准,针对不同协议和异构操作系统,集成第三方工具实现远程可视化;研究可视化资源的智能调度,为用户提供图形工作站查询选择和前后处理软件视图;并对前后处理服务和仿真分析服务进行有机集成,为用户提供一体化的软件即服务,提升用户体验。可视化服务包括以下特性:支持多操作系统,支持三维加速,多用户并发使用,保护数据,带宽占用率低,图形化使用统计。工业社区的可视化方案包括 Ctrix、VNC 和 VMWare 三种。如图 6-4 和图 6-5 所示。

图 6-4　选择可视化软件

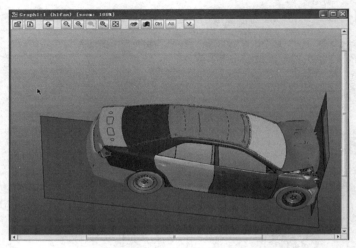

图 6-5　用户可视化案例

(4) 应用中心

应用中心以应用的形式向用户展示工业社区所有可用资源，用户按需购买应用，选择合适的计费策略，按使用量付费。应用中心面向所有未注册用户和已注册用户，主要内容是应用的浏览、购买、评论查看。如图 6-6 所示。

图 6-6　应用中心

工业社区运营商掌握应用中心的管理权，主要职责包括：第一，开发工业社区及相关工具包；第二，负责资源的营销工作；第三，负责收费，再结算给资源提供商。资源提供商是软件的提供者，主要职责包括：第一，负责资源和应用服务的开发；第二，维护部署在工业社区的软硬件资源。用户通过工业社区使用资源和应用服务，并按使用量付费。

(5) 计费中心

制定多种计费策略，例如按资源使用量计费，按包月、包年方式计费，分时段计费，等等。通过制定不同的策略，满足用户的不同需求，有利于资源的合理分配和利用。计费服务提供计费历史的统计和查询功能，并可按预定的方式和时间自动生成统计报表，以便管理员随时查询各种资源的使用情况及产生的费用。用户按资源使用量付费给社区运营商，社区运营商根据资源使用情况和服务质量评价定期与资源提供商进行结算。工业社区建立一个安全可信的计费中心来管理用户的账户金额和计算用户的费用。如图 6-7 所示。

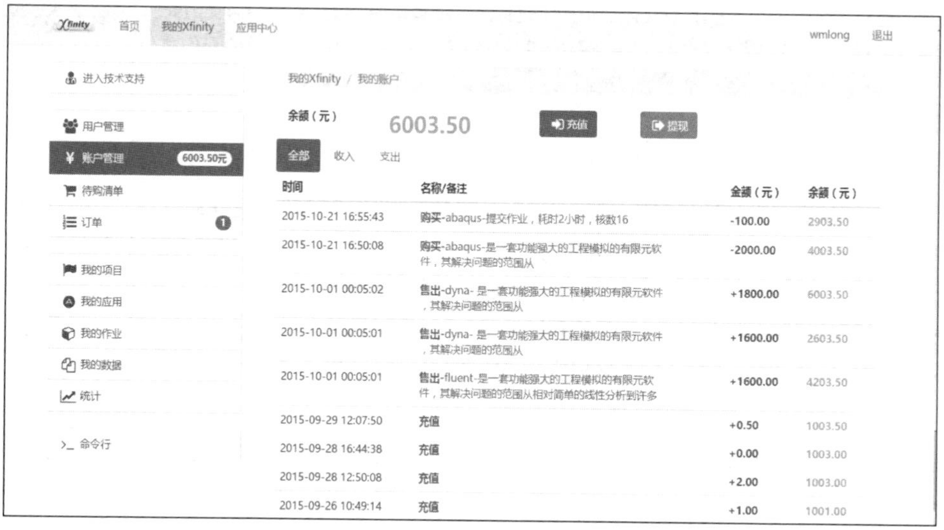

图 6-7　计费清单

6.1.1.3　运行情况

工业社区整合的高性能计算硬件资源包括上海超级计算中心、国家超级计算天津中心、湖南大学国家超级计算长沙中心、上海交通大学、西安交通大学的高性能计算机。工业社区集成了工业应用领域的典型应用软件 15 个，前后处理可视化软件 13 个，包括 ABAQUS、DYTRAN、LS-DYNA、ANSYS、NASTRAN、MARC、PAMCRASH、Fluent、CFX、STARCD、STARCCM、FEKO、Optimus 等。

工业社区已实现 7×24 小时生产性运行(正常维护检修除外)。上海超级计算中心的工程计算用户全部通过工业社区使用高性能计算资源，中国商飞、上海核工程研究设计院、中航商发、宝钢集团、上海电气、上汽集团等重要大用户通过专线使用工业社区。工业社区的应用范围涉及多个工程计算应用领域，包括航空航天、船舶、汽车、钢铁、核电、材料加工和半导体等。

工业社区为工业用户提供可靠稳定的大规模计算仿真服务，自投入运行以来截至 2018 年 5 月，已有 100 多家用户单位，700 多个工程师用户，累计提供机时超过 3200 万核小时，有力地支持了一大批工业企业和科研机构的研发创新工作。

　　同时，基于服务用户、合作共赢的理念，制定工业社区运行管理规范，在工业社区的运营模式、资源接入和退出、用户服务和用户行为等方面做出规定，以维护工业社区的稳定有效运行，确保用户正常使用工业社区资源。工业社区的利益攸关方包括社区运营商、资源提供商者和用户，工业社区运行管理规范明确各方的权利和义务，厘清彼此之间的关系，在此基础上建立工作机制，充分发挥各方的优势和特长，为工业社区的稳定运行打下坚实基础。

6.1.1.4　创新点

(1) 按需定制的应用服务模式

　　提供按需定制的应用服务模式解决服务多样化和专业化问题。工业社区为用户提供硬件、软件、License 等多种资源，并基于这些资源整合形成多种服务功能：仿真计算、优化分析、存储、前后处理等，同时支持软件厂商或企业根据特定需求基于应用层或资源层的门户定制。工业社区按需定制的应用服务模式实现了服务方式的便捷性、多样化和差异性，提升了用户体验。

(2) 可扩展的资源接入技术

　　提供可扩展的资源接入技术解决多种类资源的集成和管理问题。工业社区资源有一个很明显的特征——资源种类众多。工业社区为快速支持用户对不同资源的需求，结合已有需求资源种类，分析资源使用异同，抽象统一资源接入架构，提供一个可扩展、可快速兼容新资源的资源接入层，快速接入其他资源。工业社区可扩展的资源接入技术实现了资源的动态接入与集成，丰富了工业社区资源种类，使工业社区更具吸引力。

(3) 支持基于 Flexlm 的 License 管理技术

　　提供基于 Flexlm 的 License 管理技术是解决多种类资源的集成和管理问题的另一个关键技术和创新点。Flexlm 是常用的第三方许可证授权管理软件，通过构建一个 Flexlm 管理中心，将分散的 FLexlm 集中起来管理，可形成一个共享的虚拟 Flexlm 的 License 资源池。根据用户对不同 License 的请求，自动从资源池选择合适的 License 给用户，在客户端建立 License 代理服务可打破 Flexlm 在局域网的使用局限性，并支持对用户使用情况进行管理和统计。工业社区基于 Flexlm 的 License 管理技术实现了 License 的浮动管理，扩大了软件使用范围，方便了用户。

(4) 支持多平台的远程可视化技术

　　通过应用 Ctrix、VNC 和 VMWare 等最新技术为跨平台三维虚拟图形应用提供最佳使用体验。通过可视化端口代理技术，实现不同网络环境下的图形节点连接、调度和管理；实现可视化会话生命周期的管理；基于驱动模式的图形可视化驱动技术，实现可视化驱动标准和兼容性；满足多用户跨平台实时使用远程图形资源需求。

6.1.2　生物信息学与计算化学科学计算社区

6.1.2.1　背景

生物信息学作为一门新兴交叉学科，包含生物信息的获取、处理、存储、分发、分析和解释等在内的所有方面，综合运用数学、计算机科学和生物学的各种工具，来阐明和理解大量数据所包含的生物学意义。目的在于通过这样的分析逐步认识生命的起源、进化、遗传和发育的本质，破译隐藏在 DNA 序列里的遗传语言，揭示人体生理和病理过程的分子基础，为人类疾病的预测、诊断、预防和治疗提供合理有效的方法和途径。近年来，生物信息学领域的相关研究数据和计算量需求呈现出快速增长的态势，对相关的信息处理和分析能力提出了更高的要求，不仅需要 P 量级的高性能计算处理能力，而且需要 P 量级的数据存储和管理能力。而生物信息学计算的问题大都不是通信密集型的，可以划分为多个相互之间通信较少、甚至没有通信的计算任务，因此生物信息学计算的任务非常适合在由互联网连接起来的网格环境下进行，同时协同使用多个高性能计算资源完成计算任务。另外，生物信息学研究者大都对计算机技术，特别是分布式处理、并行计算、网络编程等不是非常熟悉。因此，提供一个环境，使得用户不需要了解过多的计算机相关知识就可以灵活使用，显得非常重要和急迫。

计算化学是专门在计算机的帮助下求解化学问题及进行相关领域研究的学科。计算化学家依据化学理论编制出计算机程序，用于计算分子结构和性质，模拟生物大分子的变化和状态，研究超分子材料、纳米材料的变化过程和结构性质，等等。伴随着计算机硬件的飞速发展，计算化学得到前所未有的成长。科学家们已经运用这些技术成功解释了许多化学现象，甚至对实验科学中的一些错误认识加以纠正，并依据计算结果获得了具有预期功能的新材料和高效药物，无论在理论研究还是在社会经济效益方面都取得了巨大的成功。20 世纪 90 年代以来，诺贝尔化学奖也两次授予理论与计算化学家。随着计算机计算能力的不断增强，分子模拟所研究的蛋白质分子尺度和模拟时间长度不断加大。随着超级计算机的规模越来越大，国际上已报道的模拟的分子尺度已经达到数百万个原子，模拟时间长度也从 70 年代的 10ps 增长至现在的 100ns 以上。

基于国家高性能计算环境，建设服务于生物信息学和计算化学领域用户的专业科学计算社区，探究资源建设和使用的新模式，解决图形化软件共享、与中国国家网格交互、资源接入、应用支持等方面的关键问题，最后形成一套行之有效的科学计算社区运行模式和管理机制。通过上述工作，扩大国家高性能计算环境的用户群，增强国家高性能计算环境的影响力，推动网格技术在科学计算应用领域的进一步发展及深度应用。

6.1.2.2　主要研究内容

1. 科学计算社区研制

科学计算社区旨在利用国家高性能计算环境中的大量资源，为广大的科学计算用户提供科学研究活动的环境。重点考虑能够方便各类科学计算应用社区构建的社区系统体系结构，制定科学计算社区与 SCE 的交互方式，并制定相应的交互接口，提供网格环境中图形化软件的共享方式，研究系统运行数据和用户个人数据的集成等。

2. 资源建设

研究科学计算社区中各种软硬件资源的分类和索引方式，以便用户快速定位所需资源；调研各类资源的使用模式及用户偏好，以便资源能够以最符合用户习惯的方式提供给用户；研究数据资源的镜像和备份机制，为用户提供具有服务质量保障的数据服务；整合生物信息学和计算化学领域 80%以上的软件和数据库资源。

3. 资源接入中国国家网格技术研究

研究科学计算社区中各类资源的特点，探究各类资源(包括硬件、软件、数据库等)接入中国国家网格的方法和动态更新流程，并开发相应的工具，方便用户资源的接入。为丰富科学计算社区资源，吸引更多用户使用科学计算社区、保证科学计算社区持续稳定运行奠定基础。

4. 应用支持研究

对生物信息和计算化学研究工作中的应用进行调研，明确当前迫切需要但中国国家网格尚未对其提供支持的功能，探究这些功能在科学计算社区中的支持方式。目前重点考虑的功能包括：对生物信息学应用中批处理功能的支持、面向领域专家的转录组数据处理的工作流开发支持、可视化"一站式"计算支持工具和批量作业运行中的格式转换支持工具等。

5. 应用研究

研究典型的生物信息学和计算化学科学计算应用在科学计算社区中的实现方式，形成一系列典型应用案例，为其他应用的开发提供借鉴。现阶段重点考虑分布式流感病毒(HnNn)分析、以细胞类型为单元的人类转录组数据建设、超大体系蛋白质分子跨膜转运过程模拟、阿秒尺度电子行为研究等领域。

6. 管理机制和应用推广

研究并制定与科学计算社区建设运行相配套的工作规范和措施，对管理机构的组成以及与中国国家网格的功能和服务之间的接口进行明确的界定，形成一套适合于生物信息学和计算化学科学计算社区的管理机制。研究以应用单位为主导的应用推广模式，探索用户激励机制，调动更多的用户贡献和使用资源。

6.1.2.3　科学计算社区功能及应用支持

生物信息学与计算化学科学计算社区的系统建设基于国家高性能计算环境资源，利用中国国家网格中间件，构建适合于生物信息学和计算化学研究的专用科学计算社区。科学计算社区主要分三个层次：最下层包括中国国家网格结点、用于虚拟计算和数据空间服务的结点；中间层是中国国家网格 GOS 系统、数据库查询服务、虚拟计算环境服务和数据空间管理服务；最上层是最终用户的使用接口层。生物信息学科学计算社区架构如图 6-8 所示。

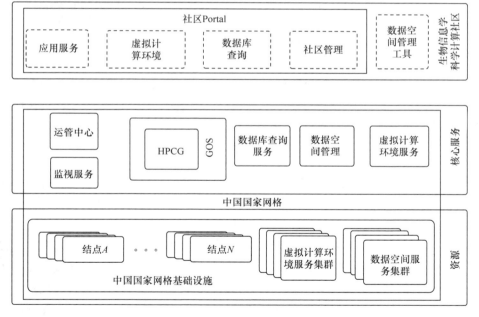

图 6-8　生物信息学科学计算社区架构

生物信息学科学计算社区的 Portal 和 Client 端主要为用户提供如下功能：

① 资源呈现：Portal 呈现的内容包括应用资源服务信息、计算作业提交及状态查询、数据库检索提交及状态查询、用户记账信息、用户交流平台等。

② 单步计算作业：此类作业主要通过 GOS 使用部署在中国国家网格中的服务资源。

③ 虚拟计算环境作业：此类作业主要通过虚拟计算环境使用图形界面软件共享服务。

④ 数据库查询和检索：功能包括单一数据库查询和异构数据库查询。数据库元数据信息包括检索界面模板、数据库类型、服务器地址、端口、驱动程序等。

⑤ 数据空间管理：数据空间管理服务软件 Corsair 是一种针对网格环境中数据的迁入、迁出和共享等问题而提出的虚拟文件管理工具。

科学计算社区应用支持主要包括：

1. 下一代测序转录组数据处理的工作流

科学计算社区建立一个纯基于 Web 的工作流，用于对使用下一代测序平台(如 Illumina/Solexa 和 ABI SOLiD)产生的 RNA-seq 转录组数据的工作流分析，称为转录组数据分析工作流(RNA-seq transcriptome analysis pipeline，RNA-TAP)。RNA-TAP 的工作流程包括原始数据的上传、质量过滤、参考序列的准备、短序列到基因组序列的 Mapping、短序列到 Junction 数据库的 Mapping、Mapping 后统计分析、基因注释、差异表达基因分析(DEGseq)，以及 GO 基因功能分析和 KEGG 代谢途径分析等后续功能分析和数据挖掘。所有这些功能都使 RNA-TAP 适用于一个广大的研究人员群体。RNA-TAP 的目的是向广大的生物学家提供一个易用和实用的生物信息学分析平台。RNA-TAP 提供一系列实用的工具，用于对下一代测序平台得到的转录组数据的分析，主要包括五个主要的功能和步骤：注册系统、数据准备、参考基因组的设定、Mapping 功能、基因组注释和功能分析。

2. 生物信息学软件的批处理功能

生物信息学软件的批处理功能是指使用同一计算分析工具，对大量的数据进行重复的处理。用户指定一个输入数据列表文件，批处理系统就会自动地依次将列表文件中的文件作为输入参数，重复调用计算工具进行分析。在大规模测序时代，单向的孤立的研究方式已经被汹涌的生物信息潮所淹没，大量的数据必然需要大规模的数据处理，因此生物信息学软件的批处理功能也就显得越发重要。生物信息学科学计算社区为用户提供基于 Web 方式的作业批处理，实现对用户作业的批量提交、分布高效执行、各个作业状态回报、结果数据实时更新等方面的功能。

3. 化学格式批量转换技术

计算化学领域的不同应用软件支持的文件格式各有不同，但经常会有对不同文件格式解析的需求，即需要将一种格式转化成另一种软件支持的格式，譬如：使用分子可视化软件查看分子的三维结构；使用另一种计算软件对已有的分子文件进行计算。

文件格式的不同主要体现在所需的化学计算参数和分子结构的表示上，化学计算参数一般根据具体的计算软件侧重的计算领域而定，分子结构一般采用笛卡尔直角坐标(Cartesian coordinate)或 Z 矩阵(Z-matrix)表示。

针对查看分子三维结构的需求，考虑到分子可视化软件的输入一般为分子的笛卡尔坐标，因此对于以 Z 矩阵表示分子结构的文件，就需要一个将 Z 矩阵转换为直角坐标的过程；针对不同文件格式之间的转换，考虑到不同的计算软件输入文件一般有特定的文件后缀名，譬如 Gaussian 通常采用.com、. gjf，Molpro 一般采用.inp 等，所以在解析文件时，可以根据不同的后缀来选取不同的解析方式；对于一些不以后缀名区分，而是以文件内容为特殊标示的文件格式，可以设定几种默认的解析方式。

4. 应用研究

(1) 分布式流感病毒(HnNn)分析

在基因组学发展起来以后，通过测序技术确定病毒基因组序列，精准设计抗体，开发快速检测手段和疫苗已经被证实是一条行之有效的途径。而这一途径的基础就是海量分布生物信息数据的精准和完善。因此需要整合有文献记载以来的所有流感病毒数据，建立分布式流感病毒数据集，集成整合所有流感病毒的相关信息，来分析流感病毒基因组、基因、多态性和单独或者在比较环境下的系统生物学相互关系，从而为流感病毒疫苗的生产提供分子生物学支持。另一方面，大规模高致病性流感的爆发，迫切要求建立其相应的流感病毒流行趋势的预测预警系统，而这就需要在系统中展示世界范围内病毒序列的地理分布、地理来源和频率，以促进序列数据与地理信息和流行病学数据之间的耦合，通过数据分析进行理论预测。

(2) 以细胞类型为单元的人类转录组数据建设

转录组研究目前亟待解决的核心问题就是数据的不完整，还没有一个以细胞类型为基本单元的、使用方便的人类转录组数据库。我们力图建立这样的一个数据库并提供相应的分析框架，实现不同病理组织、不同病理时期的数据的统一整合分类，不同细胞和不同生物状态下转录组的动态模型，基因调控序列的识别和分析，比较基因组序列(如脊椎动物间)分析，以及 EST/SAGE/PMSS 数据和基因注释数据(如 GO)的管理和整合等。此外，我们将建立统计模型，获取人体转录组数据所涉及的全部病理细胞类型，进一步去冗余，合并同种异名的病理细胞类型，最终形成一个以细胞类型为基本单元的分类体系。我们还将对转录组病理细胞数据相对比较集中的肺癌和乳腺癌数据进行重点挖掘，以期定位致病基因，进行基因产物的功能预测，推测致病基因作用机理。

(3) 阿秒尺度电子行为研究

激光超短脉冲的发展历经纳秒(ns，10^{-9}秒)、皮秒(ps，10^{-12}秒)和飞秒(fs，10^{-15}秒)阶段，目前正跨入具有重要里程碑意义的阿秒(as，10^{-18}秒)阶段。阿秒光脉冲将对电子的运动，特别是内壳层束缚电子的动力学的研究产生重大影响，并将促使化学反应中电子运动动力学的研究产生重大突破。理论上，科学家已经找到相关模型研究分子中运动速度更快，大约100阿秒时间尺度的电子的运动。可研究H、He、H^{2+}等体系的阈上电离、高次谐波产生、电荷共振增强电离等现象和影响分子的电离和解离产率的相关因素。

(4) 超大体系蛋白质分子跨膜转运过程模拟

蛋白质分子模拟是运用大规模高效的理论模型和数值计算，研究生物大分子结构与功能的关系等问题，实现生物技术与计算机技术的完美结合。通过对超大体系的蛋白跨膜转运过程的动力学模拟，为蛋白跨膜转运过程机理提供动态的理论图像，实现百万原子以上规模生物分子模拟；揭示生物体中蛋白跨膜转运的方式，解决分子生物学界这一长期悬而未决的难题，大大提升我国在国际生物化学和分子生物学领域的学术水平。

首先通过分子动力学模拟、主分量分析(principal component analysis，PCA)等研究自由态Ffh、FtsY(即没有形成Ffh-FtsY复合物时的状态)的构象变化机理。在平衡涨落下，自由态的GTPase有向复合物构象转变的趋势，说明在形成Ffh-FtsY复合物的过程中，两个单体蛋白可以处于一种"与组织"的结构，也就是说当单体蛋白处于接近复合物构象状态时，它们的相互作用可以很快形成复合物，这就解释了快速形成早期中间体的机理。并且，通过进一步分析筛选出一些可能影响复合物形成的关键残基和结构元素，为后续的实验研究提供了建议。Ffh-FtsY形成稳定复合物后，通过活性部位附近关键氨基酸残基的进一步构象调整激活GTPase，催化GTP水解而驱动复合物解离。有趣的是，在生物化学上证明很重要的残基并不能从结构生物学上找到直接的证据。这可能是因为蛋白结构确定是在晶体而非溶液环境下，而且使用的是底物类似物，因此蛋白结构中某些基团的位置并不是对应正常功能的状态。针对结构生物学和生物化学结果的矛盾之处，我们通过设计模拟方案，验证了在Ffh-FtsY复合物中几个重要相互作用网络的调整，从而说明了其中一些有矛盾的残基的生物化学作用。与实验结构相比，我们的模拟提供了一个更合理解释GTPase活化的模型。如图6-9所示，其中(a)图为模拟得到的自由态Ffh(NG结构域)的运动方式，(b)图显示Ffh从自由态到复合物(Ffh-FtsY)状态的结构变化。

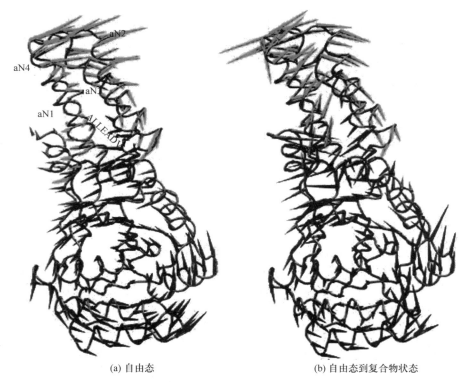

(a) 自由态　　　　　　　　　　(b) 自由态到复合物状态

图 6-9　模拟结果与实验结果的对比

(5) GPCR 蛋白动力学模拟

目前临床应用药物的 30%—50%通过 G 蛋白偶联受体(G protein-coupled receptor, GPCR)这一靶点发挥作用，因此 GPCR 是目前药物设计中关注的重要受体蛋白之一。但跨膜蛋白结构复杂，模拟体系大，相互作用复杂，影响因素多，动力学性质不易分析，是动力学模拟的难点之一。我们通过同源模建、分子对接等方法，构建了包括蛋白、配体、膜分子、水分子等在内的大约 130000 分子的膜蛋白体系，并运用 NAMD 进行了亚微秒级动力学模拟。通过对跨膜蛋白的动力学性质进行分析和与实验结构比较，得到并预测了 GPCR 蛋白的一些动力学性质。如图 6-10 所示。

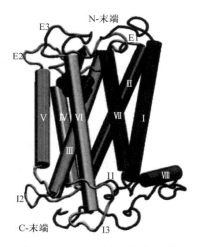

图 6-10　GPCR 蛋白的结构示意图

在 200 纳秒的模拟过程中，通过计算动力学模拟过程中 GPCR 蛋白和配体的均方根差(root

mean square deviation，RMSD)发现，体系在 20 纳秒以后就基本稳定，可以用取样结构来评价体系的动力学性质。

比对晶体结构中提供的 B 因子和模拟结果得到的 B 因子，确认体系在动力学工程中，结构上比较活跃的区域和实验值一致，模拟结构能够可靠地反映体系的动力学性质。

通过计算配体与蛋白的结合能，并对其进行能量分解，确定模拟模型中配体结合相关残基与生物突变实验结构一致。对动力学结果详细分析，也同样可得到体系的结构和配体结合随时间变化的相关性质，并预测 GPCR 蛋白的动力学特性。

6.1.3　新药创制社区

6.1.3.1　背景

随着基于生命科学的制药技术的发展，制药研究通常需要亿亿次高性能计算机进行数据模拟和分析。目前国内大多数制药企业和相关研究人员对于超级计算缺乏认识，因此制药相关的高性能计算的门槛很高，国内很少有利用超级计算环境来处理新药创制的平台。因此，设计研究并提供一种易用、通用的新药创制社区已经成为国内制药领域乃至高性能计算领域的迫切需求。新药创制社区的建立依托于国家 863 计划信息技术领域项目"高效能计算机及应用服务环境"中的课题"高性能计算环境应用服务优化关键技术研究"，是该课题的重要研究成果。

基于新药创制领域用户的实际需求，突破传统社区软件整合的思想，在集结多学科计算软件基础上，通过工作流、可视化以及第三方工具，利用 SCE API、Code Igniter 等技术，针对研究人员操作和流程上的习惯开发简单易用、用户体验良好的新药创制社区，为使用者提供一站式服务。目前，已制定新药创制社区运维流程与服务规范，形成计算资源统一视图，完成制药应用协作机制研究，实现全局范围内的资源最大化利用。

新药创制社区是一个承上启下的系统：向上需要为用户提供一组操作界面，支持各类新药创制应用的开发与推广；向下需要实现与环境基础软件 API 的对接，进而实现对底层计算集群与存储设备等计算资源的访问。因此如何提供一个通用的新药创制框架，连接计算资源和用户需求，是新药创制社区设计和开发的重点。考虑到新药创制应用的多样性和需求的分散性，借鉴已有的应用网格体系结构，设计一个两层新药创制社区体系架构，下层是各类计算资源，上层即为科学计算社区。新药创制社区框架底层为面向新药典型应用的通用框架与实现方案，根据用户的需要特点进行资源分类，有针对性地为用户提供符合其使用习惯的服务方式和工作界面。新药创制社区框架的基础核心为环境资源的 Portal 接入，支持两种与环境基础软件的交互方式：社区系统和环境基础软件交互以及社区系统与运管中心监视服务的交互；在制药工作流方面，提供制药 Pilot 工作流体验，通过工作流、可视化以及第三方工具，为使用者提供一站式服务，提升药物设计能力。此外，新药创制社区还为用户提供权限管理功能以及线下领域信息交流(培训中心、技术沙龙等)，并通过应用接口为用户提供定制服务部分(国内外优秀应用、客户定制化应用等)以及统一查询接口。新药创制社区框架体系结构如图 6-11 所示。

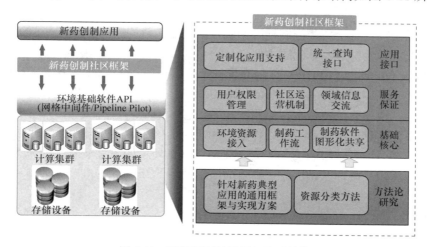

图 6-11　新药创制社区框架体系结构

6.1.3.2　设计与实现

新药创制社区基于 SCE API 接口，利用 PHP 的 CI 框架，研究和实现基于中国国家网格环境的 Web 平台。新药创制社区的整体架构如图 6-12 所示，主体包

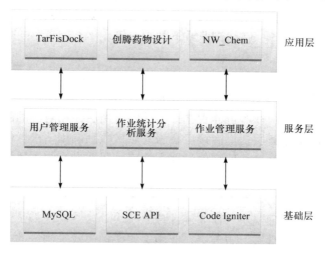

图 6-12　新药创制社区的整体架构

含三层架构，从上往下依次是应用层、服务层和基础层。三层之间不是独立的，而是相互交互、相互紧密关联的，其中服务层是新药创制社区最重要的一层，起到承上启下的作用，三层共同帮助用户完成新药创制社区的用户登录、作业提交和作业统计分析等。

1. 基础层

基础层负责整个新药创制社区的底层，比如和数据库的交互、对 SCE API 的调用以及本地缓存等。基础层主要由 MySQL、SCE API、Code Igniter 框架组成，其中 Code Igniter 是由 PHP 写成的开发框架，基于 Code Igniter 开发的新药创制社区由模型-视图-控制器(model view controller，MVC)架构，简单方便，具有很高的可移植性。数据库主要负责存储用户相关信息如用户名、密码等，同时也存储作业的一系列信息比如作业类型、作业时间、申请核数、提交日期、作业编号、计算完成日期等。基础层调用 SCE API 完成与网格环境的大量交互，因为 SCE API 涉及网络传输，因此基础层应该高效简洁地使用 SCE API。

2. 服务层

位于中间的层是服务层，是新药创制社区最重要的一层。从功能上说，对下服务层要调用基础层提供的接口，执行数据库的增删查改操作和调用 SCE API 及网格环境交互数据；对上服务层要提供丰富易用接口，供模块层调用。服务层主要提供三大服务，分别是用户管理服务、作业统计分析服务和作业管理服务。用户管理服务主要实现用户的登录登出和修改联系方式以及密码等功能。作业统计分析服务主要检索数据库中的作业信息，筛选出符合条件的作业，提供统计和分析方面的服务。作业管理服务提供作业提交管理相关的服务，比如作业提交、作业状态查询、作业终止、在线浏览或下载查看等。

3. 应用层

应用层主要由诸多不同的应用构成，比如 TarFisDock、创腾药物设计、NW_Chem 等。当用户在浏览器中选择不同的应用后，相对应的服务便会启动，根据具体情况调用服务层提供的接口，服务层接收到调用请求后便会调用基础层的接口完成信息的交互，然后将信息返回给应用层。最终应用层接收到处理后的信息后，便将信息输出给用户。

从功能模块划分的角度上看，新药创制社区中最重要的功能模块包括用户管理模块、作业提交管理模块、作业统计分析模块。这些模块都是依据新药创制社区的总体架构中的基础层、服务层、应用层的架构模式来构成的。

(1) 用户管理模块

用户管理模块实现用户的登录登出等功能。用户在第一次登录也就是还没有账号的情况下，首先要去科学计算环境账户申请页面填写个人信息，比如用户名、密码、工作单位、研究领域等。当用户登录时，填写完用户名、密码后，该模块会通过调用 SCE API 来完成与网格环境的交互，从而验证用户是否存在，用户名与密码是否正确等。当登录成功后，系统会将其相关信息保存在数据库中，同时也完成一系列的初始化工作，比如会话控制初始化。用户在一段时间内再次登录新药创制社区时，由于仍然处在会话控制的有效期内，因此不需再次输入用户名和密码即可访问新药创制社区。

(2) 作业提交管理模块

当用户登录后，用户会通过作业提交管理模块来完成作业的提交。由于新药创制社区集成多项应用，因此用户需要先选择相应的应用后再进入该模块。该模块主要实现输入文件上传、计算资源的动态选择、作业提交、作业状态的实时查看、作业终止、计算结果文件下载或在线浏览、PDTD 数据库匹配(仅在 Dock 应用中使用)等功能。新药创制社区大部分应用的作业提交管理模块都支持文件上传、可用计算资源的获取、作业提交、作业状态查看、作业终止和计算结果查看这 6个功能。该模块是系统功能的核心，其工作流程如图 6-13(a)所示。

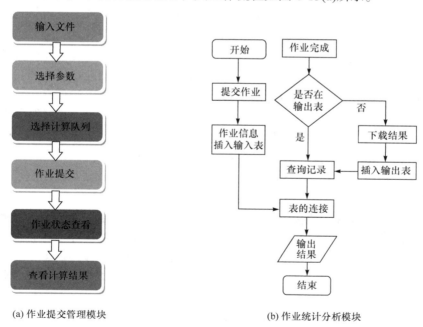

(a) 作业提交管理模块　　　　　　　　(b) 作业统计分析模块

图 6-13　新药创制社区作业提交管理模块与作业统计分析模块

(3) 作业统计分析模块

作业统计分析模块统计提交过的作业，将输入作业和输出作业——建立联系，并保存相对应的信息，比如提交日期、完成日期、申请计算核数、计算时间等信息。该模块分为输入作业和输出作业两部分。当用户提交作业时，该模块会记录输入作业的序号、输入源文件、申请的计算核数、估计计算时间、作业的提交时间、作业的类型等信息，将其插入到数据库中。当作业完成后，输出作业模块会先查询数据库是否有相对应的数据项，如果有，则直接输出相对应的文件；如果没有，则表明还未从网格环境取回计算结果，因此通过网格环境提供的 API 得到计算结果文件，并将文件的相关信息插入到数据库中。最后的匹配结果包含输入作业的信息，同时也包含输出结果文件的计算完成时间、计算结果文件等信息。该模块的工作流程如图 6-13(b)所示。

6.1.3.3　新药创制 Pilot 工作流

针对新药创制过程中包含的生物大分子、基于靶标结构药物设计和基于配体药物设计这三大应用的特点，新药创制社区通过集成上海创腾公司研发的基于 Pipeline Pilot 的新型药物分子三维计算机辅助设计功能模块，将其转化为成新药创制社区的功能组件(Component)，以图形化方式灵活地编写可修改的 Protocol(工作流程/任务)，为用户提供制药的 Pilot 工作流体验。这些功能组件包括基本界面和显示组件、数据输入和输出组件、数据分析和数据计算组件(包括蛋白质建模及模拟组件和众多药物发现和设计组件等)。这些组件操作简单，拥有图形化操作，大部分处理过程都支持 Pilot 工作流服务，为用户提供一套处理化合物和化学信息、生物大分子信息和药物设计的工具，涵盖化学信息学、生物信息学、生物芯片、组合化学、药物设计、临床试验、高通量筛选等众多领域。用户可以直接通过浏览器在线编写工作流来调用这些组件，并可以随时更改工作流，不仅可以设置工作流断点和工作流检查点，同时还能够对计算过程的中间结果进行半实时监控的研究。Pilot 为信息管理和资源整合提供数据流控制、数据和程序整合、数据分析和报告等服务。如图 6-14 所示。

此外，新药创制社区拥有大量支持图形化操作的应用，例如 Ligand Builder V2、AutoDock Vina 以及化合物代谢产物预测等。这些图形化操作除了能够直观明了地给出图形化示意之外，还能够为用户提供三维显示结果，用户可以实时观察显示结果并对三维图形进行动态更改。新药创制社区支持图形化软件的共享方法，因此用户可以通过新药创制社区提供的操作界面，像使用本地图形化软件一样使用安装部署在远程计算节点上的图形化软件。

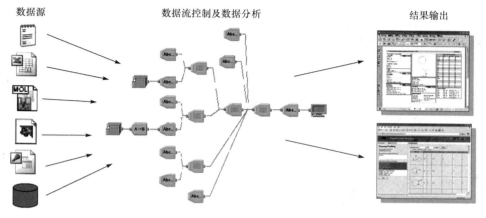

图 6-14　Pilot 工作流

6.1.3.4　应用与推广

新药创制社区在应用资源方面，集成蛋白质结构模拟、高通量虚拟筛选、小分子设计、AMDET 预测、理化性质计算等 5 大类 40 余项应用软件。此外，新药创制社区引入多项特色应用：一方面移植中国科学院上海药物研究所的 TarFisDock 平台，该平台可以为用户提供靶标识别；另一方面集成北京创腾公司的药物辅助设计平台，为用户提供了一套处理化合物和化学信息、生物大分子信息和药物设计工具。经过大量的实际操作表明，新药创制社区具有简单易用，符合新药创制研究人员操作习惯等特性，能显著减少用户的操作时间，方便用户高效、安全地完成计算任务。基于新药创新社区进行制药设计，目前已获得丰厚的应用成果。

① 基于蛋白-蛋白相互作用(protein-protein interaction，PPI)识别肺腺癌驱动基因，提供差异性，分析确定不同转录、翻译、调控水平下的种子基因；利用 STRING 数据库构建相关的蛋白-蛋白相互作用网络；以最短路径法寻找两种水平下种子基因之间的最短路径；采用置换检验等方法筛选最短路径上的基因(242 个候选基因)。相关成果已转化为学术论文。

② 利用虚拟筛选发现新型 Menin-MLL 抑制剂，构建具有较好的阳性分子筛选能力的两类模型，制定虚拟筛选策略；在 121 个化合物中发现 12 个抑制率大于 50%的化合物，其中 5 个的抑制活性达到微摩尔级；为 Menin-MLL 小分子抑制剂发现提供新骨架。相关成果已转化为学术论文。

③ 利用虚拟筛选发现新型选择性 PRMT5 抑制剂，基于 PRMT5 底物结合口袋，进行对接虚拟筛选，得到活性化合物 DC_P33；经过化学合成改造和优化，得到 33 个类似物，21 个 IC50 达到微摩尔级；DC_C01 对 PRMT5 有高选择性；对 MCL 细胞系 Z138，Maver-1 以及 Jeko 都有浓度依赖的抗癌细胞增殖活性。

④ 利用打分函数发现和优化新型 FGFR 抑制剂,靶标特异性打分函数 RTK-Score 可有效区分活性化合物;DC-110 对人肺癌 NCI-H1581 裸小鼠移植瘤生长具有显著抑制作用, 相关成果已转化为专利(专利申请号 201610353035.2)。

新药创制社区的建立为药物设计研究人员、企业工程技术人员和相关专业的师生提供了一个良好的平台。新药创制社区已在北京大学等 15 家单位推广使用,举办培训 10 余次, 取得了初步成效。

新药创制社区最重要的意义是降低了生命科学计算的门槛, 推动企业和相关科研机构利用超级计算资源探索解决领域问题, 培养生命科学计算用户, 促进计算资源、计算专家、领域专家在新药创制社区环境结合, 共同推动国内生命科学研究的进步。因此新药创制社区一方面将充分利用国际领先的高效能计算资源,整合多方优秀软件算法, 为用户提供基于 Web 的各种计算服务, 以减少用户在相关软件的购买、部署、运维方面的成本投入;另一方面还将致力于打造一个开放、对等的数据平台, 用户每次提交的作业信息都保存在数据库中, 未来可以根据以往的数据来分析出用户作业之间的关联, 减少新药创制中的重复计算。

6.1.4　数字媒体与文化创意社区

数字媒体与文化创意社区以数字媒体制作用户的实际需求为导向, 结合云计算的理念和模式, 依托国家高性能计算应用服务环境构建基于高性能计算环境的数字媒体与文化创意社区。数字媒体与文化创意社区以团队和项目为入口、三维内容制作流程管理为主线建立, 实现为团队找项目, 为项目找团队;建立新的组织模式、新的工作流程;减少制作周期, 降低生产成本, 给设计人员更多的发展空间;解决传统渲染农场海量数据导入的痛点, 为解决目前三维内容制作行业的痛点进行一次尝试。如图 6-15 到图 6-17 所示。

图 6-15　团队与项目门户网站

图 6-16　数字媒体与文化创意社区门户

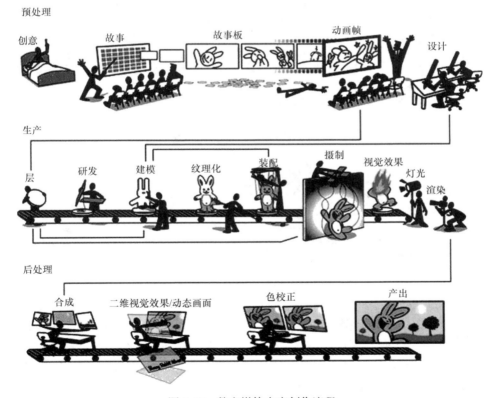

图 6-17　数字媒体内容创作流程

渲染只是数字媒体内容制作的一个环节，而在数字媒体内容制作中由于数据量很大，因此在制作过程中数据频繁交换，直接影响制作周期和成本。数字媒体与文化创意社区就是以高性能渲染计算为抓手，以制作流程为主线建设的。数字媒体与文化创意社区以高性能计算中心的渲染计算资源和海量的存储资源为中心，将数字媒体制作为中心的文化创意产业的用户，包括项目投资、设计、制作的人员通过社区平台聚集在一起，协同工作，建立一个良好生态环境。数字媒体与文化创意社区包含用户注册登录、团队注册、项目注册和项目分包等功能。团队包含三维内容制作流程管理，项目包括项目分发和媒体数据管理。

三维内容制作流程管理系统是数字媒体与文化创意社区的关键，是建立在云计算模式基础上实现的。通过制作流程管理实现项目全周期的管理、异地协同制作、统一文件命名、数据在线更新、路径不依赖等，包括数字媒体资产数据管理子系统和制作流程管理子系统。实现建模、贴图、绑定、标准光、布局、动画、灯光、渲染、合成的全流程管理，如图 6-18 所示。数字媒体资产数据管理子系统是将数字媒体内容制作过程中的涉及的三维模型、图像、音频、视频及文本文件以数据库的方式管理，并提供 RETS API 接口方式。系统采用开源的数字媒体资产数据管理系统 Razuna，实现数据文件的上传下载、组织管理、版本管理等功能。制作流程管理子系统是将工作流技术应用于数字媒体内容制作过程，实现流程模版定制、项目跟踪、角色分配、任务调度、工作审验、插件集成、数据在线更新等功能。

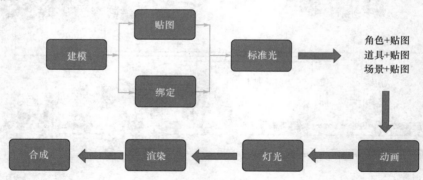

图 6-18　数字媒体内容制作流程

制作流程管理系统客户端包括浏览器、桌面客户端、插件客户端和移动客户端。浏览器包括子项目建立、任务建立、项目查看、项目属性修改、任务审验、任务查看、任务属性修改、渲染提交、渲染查看、任务甘特图、人员甘特图等功能；桌面客户端包括项目导出、即时通信、渲染任务提交等功能；插件客户端已在 3Dmax、Maya、Nuke 制作软件实现与流程管理系统的挂接，包括用户登录、打开任务、保存任务、引用模型、传递材质、更新引用以及插件管理等功能；移动客户端基于 ionic 开发，实现 iOS 和 Android 统一开发，包括查看项目、查看任务、审验项目等功能。如图 6-19 到图 6-21 所示。

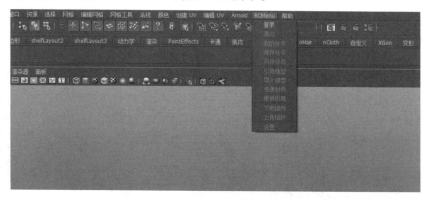

图 6-19　Maya 插件菜单

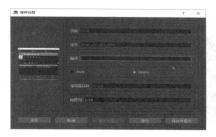

图 6-20　Maya 插件中的保存任务和选择任务

图 6-21　制作流程管理系统的移动客户端界面

　　基于云计算模式的制作流程管理系统已用于山东新视觉科技公司的动漫制作。制作的山东 26 名人动画系列剧之"辛弃疾",其中人物 59 个,场景 29 个,道具 66 个,有 245 个镜头,系统的任务数达到 1640 个,时间长度为 17 分钟,总数据量为 6.7TB。制作的新疆风情动画系列剧之"祸福难料",其中人物 28 个,场景 5 个,道具 32 个,有 85 个镜头,系统的任务数达到 654 个,时间长度为 10 分钟,总数据量为 3.7TB。实现建模、贴图、绑定、标准光、布局、动画、灯光、渲染、合成的全流程管理,取得了很好效果。目前正在完善系统功能,进行成果转化。如图 6-22 和图 6-23 所示。

图 6-22　　"祸福难料"作品

图 6-23　　"辛弃疾"作品

6.2 典型应用成果

术业有专攻,为了便于不同学科的学者与专家了解在国家高性能计算环境中的应用领域的进展,先从应用领域维度进行应用成果的整理与筛选,包括计算化学、计算物理、计算力学、计算材料、生命与健康、地球科学、航空航天、天文学、工业仿真与设计、金融计算等 10 个应用领域。

同时为了满足从事高性能计算行业的学者与专家了解超级计算机的应用规模水平,从作业规模维度进行应用成果的整理与筛选,包括百核规模、千核规模、万核规模和十万核及以上规模。

特别感谢国家高性能计算环境的 19 家结点单位提供如此丰富的应用成果,经过严格甄选,最后收录了 100 个典型应用成果案例。需要特别说明的是,受限于篇幅,有些类似应用成果案例没有收录。此外,由于学科之间存在交叉与融合,一个应用成果可能会涉及多个学科,难免会挂一漏万。

6.2.1 典型应用成果案例——从应用领域维度

6.2.1.1 计算化学

1. 多尺度模拟方法研究铀镎与运铁蛋白的相互作用

用户姓名:王东琪
用户单位:中国科学院高能物理研究所
软件来源:开源程序
计算规模:不详
成果简介:

该应用研究锕系溶液动力学和锕系生物无机化学,将分子动力学方法用于重金属离子动力学的研究,并发展高价态重金属离子的极化力场。

核能的快速发展带来了大量的放射性废物,如果进入环境,会威胁环境和公众健康。其中,铀因半衰期长、毒性大、化学行为复杂,并能以铀酰(UO_2^{2+})的形式在环境中迁移而备受关注。因此,有必要深入理解铀酰在环境中的迁移行为。腐殖酸(HA)是一类广泛存在于自然环境中的结构复杂的天然有机大分子物质。先前的研究表明:在水溶液中腐殖酸能通过其含氧有机官能团与铀酰发生相互作用,比如羧基、羟基等,从而影响铀酰在环境中的化学种态和迁移行为等。但在分子水平上却很难解释其相互作用的机理。

为了探究腐殖酸与铀酰相互作用机制和复杂的动力学过程及其受疏水表面的影响,以碳纳米管(CNT)构建疏水表面,采用分子动力学模拟的方法首次在分子层面上研究腐殖酸-铀酰-碳纳米管三元体系的溶液动力学。

随着计算能力和体系复杂度的提升，传统的非极化力场难以满足对模拟精度的迫切需求，因此有必要发展极化力场。基于铁离子的重要性和对高精度的极化力场的需求，在 Amoeba 框架下发展并评估铁离子的极化力场，成功地模拟铁离子在水溶液中的动力学行为和与卟啉之间的相互作用。如图 6-24 所示。

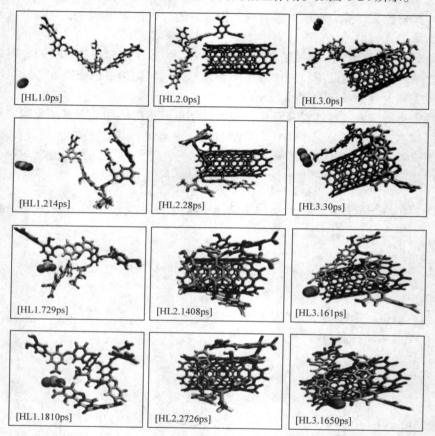

图 6-24　多尺度模拟方法研究铀锋与运铁蛋白的相互作用

2. 矿物界面的第一性原理分子动力学模拟

用户姓名：刘显东

用户单位：南京大学

软件来源：商业软件、开源软件

计算规模：约 2000 核

成果简介：

① 重金属离子在黏土矿物表面的络合机理。该应用研究了 Ni(Ⅱ)在黏土边缘面上的络合结构及自由能。结果显示 Ni(Ⅱ)在 SiO 上和 Al(OH)2 上分别形成单齿与双齿络合，在八面体空位则形成稳定的四齿络合并且进入晶格。自由能计算表明八面体空位的稳定性远远高于其他位点。Co(Ⅱ)、Cu(Ⅱ)、Zn(Ⅱ)等离子在空位的计算也显示它们都能进入八面体晶格，因此也具有极高的稳定性。该应用对于认识金属离子的地球化学行为和成矿作用有重要意义，相关成果已发表在地学一区期刊《Geochimica et Cosmochimica Acta》上。如图 6-25 所示。

图 6-25　重金属离子在黏土矿物表面的络合机理

② 亚砷酸-硫代亚砷酸系列在流体中的存在形式。该应用研究了含氧硫代亚砷酸从常温到高温的微观结构，同时研究了 pKa，从而得到随 pH 变化的物种分布图。此外，该应用研究了在高温流体下含氧硫代亚砷酸和成矿金属的络合形式，发现它们稳定的络合结构，并将进一步探究这一类络合物种在地质流体中的成矿作用。相关成果已发表在 SCI 期刊《Chemical Geology》上。如图 6-26 所示。

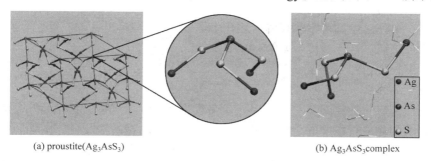

(a) proustite(Ag₃AsS₃)　　　　　　　　(b) Ag₃AsS₃complex

图 6-26　亚砷酸-硫代亚砷酸系列在流体中的存在形式

3. 碳化物对石墨烯和碳纳米管成核和生长影响

用户姓名：武志坚
用户单位：中国科学院长春应用化学研究所
软件来源：商业软件(VASP)、免费软件(DFTB+)
计算规模：32 核并行
成果简介：

将无定型的 Ni_3C、Ni_2C 和 NiC 作为研究对象，讨论了不同碳密度下石墨烯生长的动力学过程。分子动力学模拟表明碳从镍碳化合物中析出是一个快速的过程，碳密度越高，析出越快。在低碳密度的条件下容易形成小的零落的石墨烯岛，不能生长为大片石墨烯，因此高碳密度是在镍上生长大片石墨烯的必要条件。在 Ni_3C 晶体在成核和生长过程中，晶体的 Ni_3C 随着碳的析出很快变为无定型的镍碳化合物，这与大部分实验未观察到 Ni_3C 的晶体结构一致。如图 6-27 所示。

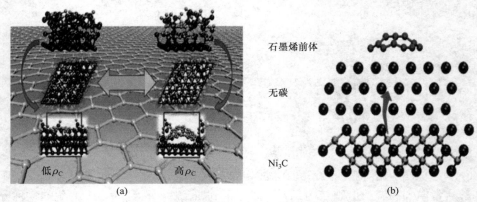

图 6-27　碳化镍表面石墨烯或纳米管成核过程

4. 稀土基新型的钙钛矿氧化物纳米电子材料

用户姓名：刘晓娟

用户单位：中国科学院长春应用化学研究所

软件来源：商业软件(VASP + W2K)

计算规模：32 核并行

成果简介：

钙钛矿氧化物界面体系的界面处存在极化不连续，这将引起界面处电荷、自旋、轨道和晶格自由度的重构。稀土元素作为一种新型的功能材料微观局域结构精细调节的开关，可通过对界面处的结构进行调节以控制界面处的性质。该应用利用基于密度泛函理论的第一性原理计算，利用稀土离子的镧系收缩及 $4f$ 电子效应，研究了一系列钙钛矿氧化物 $LaTiO_3/RO/LaNiO_3(R=rare\text{-}earth)$ 异质超晶格，证明了该体系界面处的性质可通过不同的 RO 界面来调节。因此，可根据理论上的研究结论，研发新型的钙钛矿氧化物纳米电子材料。

5. 基于分子模拟的 PD-L1 与 PD-1 及其单克隆抗体相互识别的结构和能量基础研究

用户姓名：姚小军

用户单位：兰州大学

软件来源：商业软件(Gaussian16、Amber14、NAMD2.9)、开源软件

计算规模：中等规模(100 核)

成果简介：

免疫检查点阻断是当前癌症免疫治疗领域的热门手段。已有研究表明，阻断 PD-1 和 PD-L1 间蛋白-蛋白相互作用可以激活 T 细胞的抗肿瘤免疫反应，消除癌症患者体内的肿瘤细胞。PD-L1 与蛋白配体复合物，包括野生型 PD-1、突变体 PD-1、单克隆抗体 avelumab 和 BMS-936559 的晶体结构解析为蛋白-蛋白相互作用的研究提供了初步的结构基础。然而这些结果只得到了 PD-L1 和蛋白配体之间识别过程的静态相互作用信息。进一步了解 PD-L1 的热点残基，以及界面上不同区域对 PD-1 或单克隆抗体的贡献，对于发现和设计靶向 PD-L1 的新型抑制剂具有重要意义。在该应用中，残基网络分析、MM-GBSA 自由能计算和残基-残基接触分析被用来分析 PD-L1 界面的关键残基。PD-L1 和 4 个不同的蛋白配体，即野生型 PD-1、突变体 PD-1(11 个位点突变，即 V64H、L65V、N66V、Y68H、M70E、N74G、K78T、C93A、L122V、A125V、A132I)、单克隆抗体 avelumab 和 BMS-936559 的分子动力学模拟研究，对各复合物的平衡状态进行采样。我们系统地比较残基网络分析和 MM-GBSA 方法识别出的界面残基，并对四个复合物体系中界面残基的重要性进行评估。通过残基能量分解和虚拟丙氨酸扫描突变，我们提供了界面残基的能量贡献，并识别出 Y56、Q66、M115、D122、Y123、R125 等热点残基。从每个蛋白配体中都提取出结构相似的 β 发卡结构片段，与识别出的热点残基间有紧密的相互作用。该应用的结果将为靶向 PD-L1 抑制剂的设计提供一个良好的出发点。如图 6-28 所示，(a)为 PD-L1 表面的热点残基识别，(b)—(e)分别为野生型 PD-1、突变体 PD-1、单克隆抗体 avelumab 和 BMS-936559 中识别出的与热点残基区域紧密作用的β发卡结构片段。

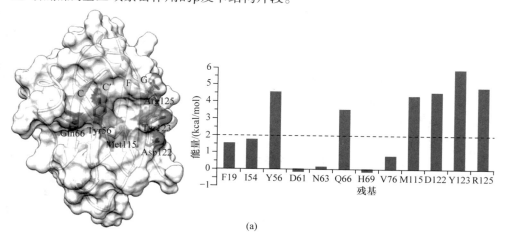

(a)

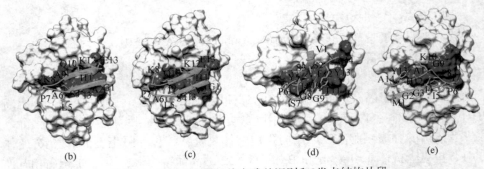

图 6-28　PD-L1 表面的热点残基识别和β发卡结构片段

6.2.1.2　计算物理

1. 分子动力学模拟软件研究

用户姓名：杨启法
用户单位：中国原子能科学研究院
软件来源：自主研发软件
计算规模：80640 核
成果简介：

目前，辐照损伤实验表征技术已经可以观测缺陷的原子尺度特征，但实验不能获得纳米级稳定缺陷的动态演化过程及其对材料性能降级的影响。大规模原子尺度模拟有望动态地分析辐照缺陷的产生以及演化过程。目前的辐照损伤原子尺度模拟方法由于时空尺度的局限性，不足以获得直接与实验结果对比的工程应用参数。基于超级计算机开发针对材料辐照效应的原子尺度可扩展模拟软件有望进一步深入探索材料的辐照损伤机理，为材料的性能优化奠定基础。

分子动力学模拟的基本思想是依靠牛顿力学求解运动方程来模拟分子体系的运动，并进一步计算体系的其他宏观性质。分子动力学模拟的计算过程分为四步：第一步选取研究对象，确定平衡系综；第二步设定分子的初始位置和速度；第三步确定势能模型，计算分子间作用力；第四步求解运动方程。重复第三、四步直到达到所需时间步。在计算过程中，模拟采用的数据结构决定在计算力的过程中寻找邻居原子的效率，不仅如此，数据结构还决定模拟可以达到的规模。基于材料辐照损伤研究，该应用新设计了一种针对结构金属的分子动力学模拟数据结构，扩展了分子动力学模拟的规模，提高了模拟的效率。

该应用在"天河二号"上使用 80640 核实现了 10^{11} 原子数的大规模分子动力学模拟，计算取得了良好的性能，并行效率达到 90% 以上；实现了微观组织演化大时空尺度模拟，突破了"天河二号"上 8 万核大规模模拟的调优测试的关键技术，为进一步理解材料的辐照损伤机理打下基础。如图 6-29 所示。

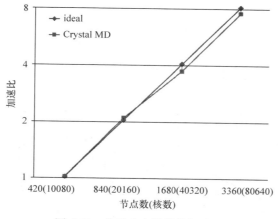

图 6-29　分子动力学模拟加速比

2. 爆炸毁伤的高精度大规模仿真研究

用户姓名：王成
用户单位：北京理工大学
软件来源：自主研发软件
计算规模：2 万核
成果简介：

该应用将针对民用及工业安全领域中的各类复杂的爆炸问题，进行高精度大规模数值模拟研究及软件开发的验证与确认工作，揭示爆炸灾害的致因机理，为安全领域爆炸事故的预防与救援提供科学依据和关键技术支撑，以提高我国重大爆炸灾害事故预防及救援的核心竞争力。自主研发的高精度大规模仿真软件 ExVisual 中，算法采用自主构造的具有保正性的高精度 WENO 有限差分格式、高精度边界处理方法以及网格自适应技术，能够对于不同的实际物理问题建立计算模型，通过高性能计算得到模拟结果。我们紧密围绕爆炸力学中高精度数值计算方法与软件开发、危险物质爆炸规律及其与结构相互作用开展研究，取得了若干原创性成果：

① 针对爆炸火焰加速及爆燃转爆轰问题展开研究，揭示超快火焰与前导激波耦合形成过驱爆轰机理；发现在较宽管道内火焰失稳促进火焰加速传播，火焰与前导激波之间发生局部爆炸是触发爆燃转爆轰的主要原因。如图 6-30 所示。

② 对三维凹球形传爆药聚能传爆进行数值模拟研究。爆轰波到达凹球形界面后的发展状态由两方面因素决定：凹球空气区域的存在导致爆轰波阵面后形成的球形稀疏波作用；凹球形装药结构的冲击波汇聚和聚能效应。

③ 对煤矿巷道内瓦斯爆炸事故进行仿真模拟，得到爆炸波传播规律，能够确定爆炸波及范围，为实施快速救援和事故调查分析提供重要技术支撑。

④ 某化工厂燃气泄漏，最终导致大规模爆炸。对其进行数值模拟研究，还原当时现场的情形，实现爆炸灾害情形的再现。

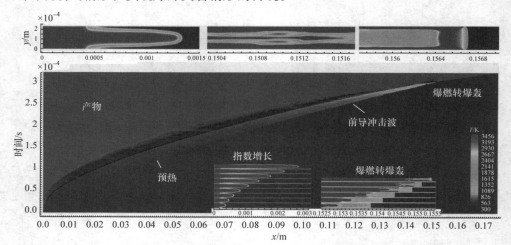

图 6-30　超快火焰与前导激波耦合形成过驱爆轰

3. 基于电子散射的逆蒙特卡洛方法挖掘电子能量损失谱中的光学和介电函数

用户姓名：丁泽军

用户单位：中国科学技术大学

软件来源：自编 Fortran+MPI 程序

计算规模：1 万核

成果简介：

自主研发的逆蒙特卡洛(reverse Monte Carlo，RMC)方法，采用全物理的数值模拟方法(即蒙特卡洛方法)来细致考查电子在样品材料中从形成到输运以及最终被探测器接收的全过程，能够准确考虑到各种物理影响因素，并用于从反射电子能量损失谱(REELS 谱)中提取出与固体的光学常数直接相关的能量损失函数(energy loss function，ELF)。逆蒙特卡洛方法结合电子输运的蒙特卡洛模型进行REELS 谱模拟，并用马尔可夫链更新参数化能量损失函数。与常规光学测量相比该方法的优点是：提供更宽能量范围的能量损失函数(能量损失可高达 120eV 左右)。在 REELS 谱的蒙特卡洛模拟中，我们使用 Thomas-Fermi-Dirac 势计算的 Mott 截面描述电子弹性散射。考虑到计算效率，使用半经典模型描述电子非弹性散射过程。已有文献证明，半经典模型与量子模型具有相似的精度。深度相关的微分非弹性散射截面(DIIMFP)以复杂的方式结合体激发和表面激发。从实验 REELS 谱中导出能量损失函数的过程等价于寻找最优能量损失函数(或等效的振子参数)的过程。因此，最优能量损失函数的确定实际上转化为振子参数空间中全局优化的问题。模拟退火法作为最流行的概率搜索算法之一，被用于更新振子参数以获得最优能量损失函数。基于逆蒙特卡洛方法，我们针对 Ni、Fe、Cr、Co、Pd 等材料，从不同能量 REELS 谱中提取出材料的能量损失函数。对于同种材料，不同能量 REELS 谱所提取出的能量损失函数具有很好的一致性。通过求和检验计算发现，提取的能量损失函数数据精确性均要优于目前已经发布的能量损失函数结果。图 6-31 为 Co 在 1000eV、2000eV 和 3000eV 电子入射下的逆蒙特卡洛方法计算结果，其中(a)为能量损失谱的模拟值和实验值的对比，(b)为逆蒙特卡洛方法得到的能量损失函数。图 6-32 为 Co 的逆蒙特卡洛方法计算结果与文献结果的对比，其中(a)为能量损失函数，(b)为光学常数。

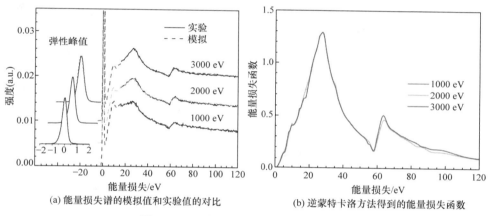

(a) 能量损失谱的模拟值和实验值的对比　　　　(b) 逆蒙特卡洛方法得到的能量损失函数

图 6-31　Co 的逆蒙特卡洛方法计算结果

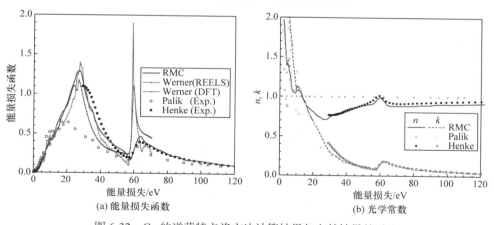

(a) 能量损失函数　　　　(b) 光学常数

图 6-32　Co 的逆蒙特卡洛方法计算结果与文献结果的对比

4. 高温量子反常霍尔效应的理论研究

用户名称：乔振华

用户单位：中国科学技术大学

软件来源：商业软件(VASP)

计算规模：128 核

成果简介：

乔振华与国内外同行合作，提出一种基于电荷补偿型 n-p 共掺方案在铁磁性拓扑绝缘体中实现高温量子反常霍尔效应的新思路。该成果于 2016 年 7 月 27 日以 "High-temperature quantum anomalous hall effect in n-p codoped topological insulators" 为题发表在国际权威物理学期刊《Physical Review Letters》上。

量子反常霍尔效应是在零外磁场条件下产生的量子霍尔效应。近 3 年来，国内外的多个实验组在磁性掺杂拓扑绝缘体(比如将 Cr/V 掺入 Sb_2Te_3)中已经观测到该效应，但都要求极低的实验实现温度(约 30mK)，这大大限制了该效应在新型电子器件上的潜在应用。主要瓶颈源于单一磁性元素掺杂导致的拓扑绝缘体带隙的大幅度减小以及实验中不可避免的杂质非均匀性。受研究团队之前的系列相关工作启发，比如利用电荷非补偿的 n-p 共掺方案来引入杂质能带从而有效缩小 TiO_2 的宽能隙(参见：Zhu W, Qiu X F, Iancu V, et al. Band gap narrowing of titanium oxide semiconductors by noncompensated anion-cation codoping for enhanced visible-light photoactivity. Physical Review Letters, 2009, 103(22) : 226401)，首次将电荷补偿型 n-p 共掺方案引入到铁磁性拓扑绝缘体中来实现高温量子反常霍尔效应，如图 6-33 所示，可将图中的钒(–)和碘(+)元素分别取代锑和碲元素。研究发现，单一元素(如硬磁的 p 型钒原子)掺杂的 Sb_2Te_3 在引入共掺元素(如 n 型碘原子)后，拓扑绝缘体的本征窄小体能隙得到最大程度保留。同时，共掺碘元素的引入提供一系列附加优势，如均相掺杂更易实现，体系的自旋轨道耦合效应进一步增强，费米能级位置精确调控以及低浓度磁掺即可实现强铁磁性等。对钒-碘共掺杂 Sb_2Te_3 的铁磁性质和拓扑性质的深入研究表明，该共掺杂体系可以实现超过 50K 的量子反常霍尔效应，高出现有的观察温度三个量级。

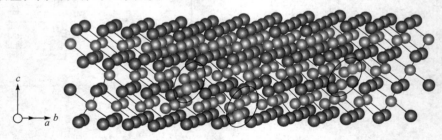

图 6-33　n-p 共掺杂示意

该应用提出的 n-p 共掺杂方案是一种普适的概念性突破，为实验实现高温量子反常霍尔效应提供了重要的参考方案。受此启发，该领域已有实验组基于共掺的概念获得初步但引人关注的突破。

5. M4N(M=Fe, Co, Ni)的磁性隧道结

用户姓名：闫羽
用户单位：中国科学技术大学
软件来源：商业软件(VASP)
计算规模：32 核并行
成果简介：

利用第一性原理研究了一系列基于 M4N(M=Fe, Co, Ni)的磁性隧道结(MTJ)的电子结构、磁性和隧穿磁电阻效应(TMR)。体结构的 Fe4N 具有半金属特性。Fe4N/MgO 异质结具有垂直各向异性。通过利用体结构 Fe4N 的带结构和透射通道以及 Fe4N/MgO/Fe4N 的磁性隧道结的动量空间的透射解释了产生大的隧穿磁电阻效应的物理原因。计算结果表明该隧道结有比较好的自旋器件应用价值，对自旋电子学的发展起到很好的推动作用。

6. 面向太阳能电池全色染料敏化剂的分子对接：基于四蒽/蒽基卟啉的理论研究

用户姓名：张材荣
用户单位：兰州理工大学
软件来源：商业软件(Gaussian09)
计算规模：64 核
成果简介：

由于染料敏化剂对太阳能电池的光电转换效率有很大影响，因此发展新型染料敏化剂对于染料敏化太阳能电池至关重要。为了提高覆盖完整太阳光谱的光捕获效率，分子对接策略被用于设计全色染料敏化剂。考虑到四蒽基卟啉(TAzPs)和四蒽基卟啉(TAnPs)宽吸收带，基于卟啉染料敏化剂 YD2-o-C8，通过用 TAnPs/TAzPs 基团对 YD2-o-C8 中卟啉环的不同取代，设计了全色染料敏化剂 $H_2(TAnP)-\alpha$、$H_2(TAzP)-\gamma$、$H_2(TAzP)-\varepsilon$ 和 $H_2(TAzP)-\delta$。运用密度泛函理论和含时密度泛函理论计算了设计的染料敏化剂的几何结构、电子结构、激发态及相关性质。对几何结构、共轭长度、电子结构、吸收谱、跃迁组态、激子束缚能、电子注入和染料再生的自由能增量等的分析表明，设计的分子可作为潜在的染料敏化剂应用于太阳能电池。在设计的染料敏化剂中，$H_2(TAnP)-\alpha$ 和 $H_2(TAzP)-\gamma$ 有望在太阳能电池中表现出较好的性能。如图 6-34 所示，其中(a)为染料敏化剂的分子结构示意图，(b)为计算的吸收光谱，(c)为 X 代表的分子结构。

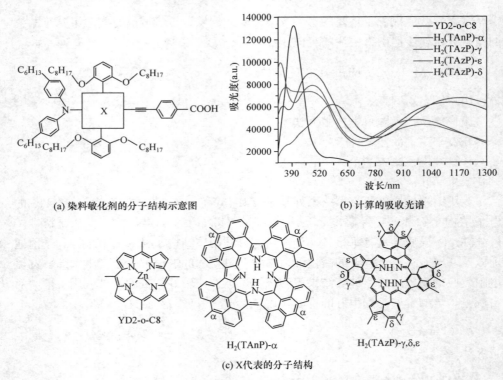

(a) 染料敏化剂的分子结构示意图　　　　　(b) 计算的吸收光谱

YD2-o-C8　　　　　　H₂(TAnP)-α　　　　　H₂(TAzP)-γ,δ,ε

(c) X代表的分子结构

图 6-34　染料敏化剂的分子结构示意图及计算的吸收光谱

7. 激光等离子体相互作用中光传输、粒子加速和辐射的大规模数值模拟研究

用户姓名：盛政明、陈民、翁苏明

用户单位：上海交通大学

软件来源：自主研发软件

计算规模：2048 核

成果简介：

激光尾场加速由于其巨大的加速梯度，有望成为下一代紧凑型台面加速器和辐射源的加速机制。然而由于缺乏微型波荡器，电子束的辐射可调谐性一直是本领域研究的难点。借助于大规模数值模拟研究，物理与天文学院陈民、盛政明、张杰等提出了基于等离子体通道的波荡器辐射方案，大大增强了尾波电子束的辐射可调谐性，2016 年该成果发表在期刊《Light: Science & Applications》上。该研究受到 973 A 类项目、青年 973 项目、国家自然科学基金面上项目和青年千人计划启动经费的支持。强激光与物质相互作用表现出的效应十分依赖于激光场的时空特性，调节强激光脉冲的时空特性可以在很大程度上操控强激光与物质间的相互作用，这对于光学调控在很多方面的应用极为重要。目前已经提出或者利用等

离子体反射镜、等离子体光栅、等离子体透镜、等离子体通道、等离子体拉曼放大器等来操控强激光脉冲，但这些都难以用来实现对强激光频谱的深度调制。物理与天文学院於陆勒、盛政明等提出了一种基于等离子体介质的超快全光调制器，不但能够快速地调制强光的频谱和时空特性，而且频谱调制范围也得到了极大扩充，能够承受的激光脉冲强度比传统的弱光调制器的光强阈值高十几个数量级，而调制速度与之相比可高一两个数量级。2016 年该成果发表在期刊《Nature Communications》上，受到 973 A 类项目、国家自然科学基金面上项目的支持。

8. 核壳介电颗粒附近的离子结构

用户姓名：徐振礼
用户单位：上海交通大学
软件来源：自主研发软件
计算规模：2 GPU 卡
成果简介：

核壳结构介电颗粒指由同心的内核及壳层组成的材料。这种材料在生物医药和能源存储等领域都具有非常重要的应用。跟传统的单一介电颗粒相比，虽然核层为最主要的组分，但是在材料设计上，通过设计合适的壳层能发挥核层材料的优点，并且得到颗粒的良好性能。基于其重要意义，该应用通过数值计算系统地研究了核壳介电结构颗粒周围的双电层。对于介电系数的非均匀性，该应用创新性地发展了基于镜像电荷的快速蒙特卡洛模拟方法。结果表明，核壳介电结构颗粒周围离子的自能和相互作用受到核壳结构介电系数的影响，且显著依赖于壳层的厚度。这种依赖性导致双电层呈现出复杂的静电现象，并有助于调控双电层的结构和性能，从而提升胶体和能源材料的性能。

9. 基于 GPU 的颗粒流软件研发

用户姓名：杨磊
用户单位：中国科学院近代物理研究所
软件来源：自主研发软件
计算规模：多 GPU 核（"元"超级计算机）
成果简介：

该应用设计并研发了基于 CUDA 平台的多 GPU 颗粒流模拟算法。该算法将原颗粒模拟规模提高了数个量级，能够支持模拟真实 ADS 散裂靶装置内颗粒流动所需的颗粒数。经过大量的优化工作，该应用实现的多 GPU 算法拥有较好的扩展性。经测试，在 128 块 GPU 并行计算 5120 万个颗粒时，实际性能达到了理论性能的 76.32%。针对 ADS 散裂靶的需要和多 GPU 程序框架的特点，设计并实现了高能粒子束流在轰击散裂靶后的束靶耦合能量沉积模拟算法。基于 GPU 的束靶耦合算法相对于原 CPU 模拟算法，计算速度提高了两个数量级，间接地提高了束靶耦合的计算精度。此外，多 GPU 颗粒流模拟算法还实现了颗粒之间热辐射传热、气膜传热、接触传热等主要的传热方式模拟，能够模拟束靶耦合后热量在颗粒体系内传播的过程。目前，该算法已经用于 ADS 散裂靶装置的模拟工作。如图 6-35 所示。

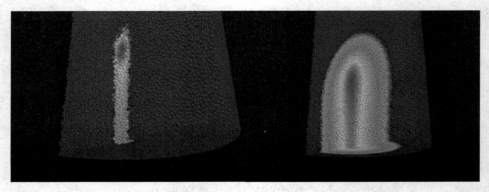

图 6-35　基于 GPU 的 ADS 散裂靶装置内颗粒流动模拟

10. a-氰基丙烯酸在锐钛矿 TiO$_2$ (101)和(001)表面吸附的密度泛函理论研究

用户姓名：张材荣
用户单位：兰州理工大学
软件来源：CASTEP
计算规模：100 核
成果简介：

染料敏化剂在半导体电极表面的吸附模式能够改变半导体的导带边和电荷转移速率，进而影响染料敏化太阳能电池的开路电压、短路电流等参数。许多实验报道的新型有机染料敏化剂都以氰基丙烯酸作为电子受体基团。为理解染料敏化剂和半导体电极表面之间的相互作用，基于层晶模型，用 PBE(Perdew-Burke-Ernzerhof)泛函结合超软赝势研究 a-氰基丙烯酸(CAA)在 TiO$_2$(101)和(001)表面的吸附构型、吸附能和相关性质。a-氰基丙烯酸在 TiO$_2$(101)表面的最稳定结构是解离双齿吸附模式，即氰基 N 和羧基 O 分别与沿[010]方向两个相邻的 Ti 成键，羧基中的 H 解离后与表面 O 形成氢键。a-氰基丙烯酸在 TiO$_2$(001)表面的最稳定吸附构型也是通过羧基解离而形成的双齿吸附模式，即羧基 O 与沿[100]方向两个相邻的表面 Ti 成键，羧基解离的 H 与表面 O 形成 OH。a-氰基丙烯酸在(101)和(001)表面的吸附能分别是 1.02eV 和 3.25eV。态密度分析不仅表明 a-氰基丙烯酸和 TiO$_2$

表面之间形成了化学键, 而且还表明 a-氰基丙烯酸在 TiO₂(101)和(001)表面的稳定吸附提供从 a-氰基丙烯酸到 TiO₂ 光诱导电荷转移的可行模式。如图 6-36 所示, 其中(a)为 TiO₂(101)表面模型, (b)为 TiO₂(001)表面模型, (c)为 a-氰基丙烯酸在 TiO₂(101)表面的最稳定吸附构型, (d)为 a-氰基丙烯酸在 TiO₂(001)表面的最稳定吸附构型, (e)为 a-氰基丙烯酸在 TiO₂(101)表面的最稳定吸附构型的态密度, (f)为 a-氰基丙烯酸在 TiO₂(001)表面的最稳定吸附构型的态密度。

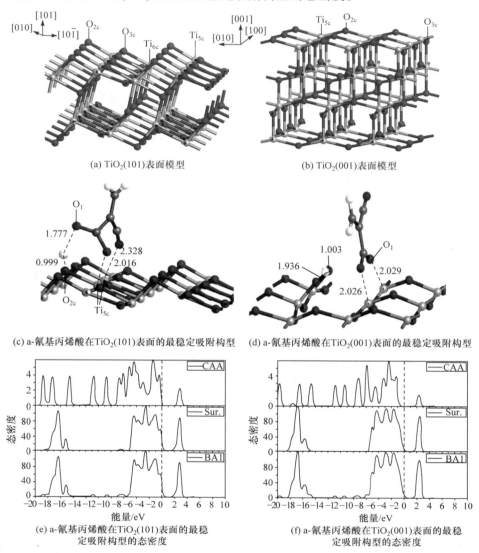

(a) TiO₂(101)表面模型　　　　　　(b) TiO₂(001)表面模型

(c) a-氰基丙烯酸在TiO₂(101)表面的最稳定吸附构型　　(d) a-氰基丙烯酸在TiO₂(001)表面的最稳定吸附构型

(e) a-氰基丙烯酸在 TiO₂(101)表面的最稳定吸附构型的态密度

(f) a-氰基丙烯酸在 TiO₂(001)表面的最稳定吸附构型的态密度

图 6-36　a-氰基丙烯酸在 TiO₂(101)和(001)表面吸附的密度泛函理论研究

6.2.1.3　计算力学

1. 高速列车空气动力学优化设计及评估技术与高超声速飞行器气动外形优化设计

用户姓名：杨国伟

用户单位：中国科学院力学研究所

软件来源：商业软件

计算规模：1024 核

成果简介：

对包括高速列车气动外形评估和优化设计及高速列车隧道、交会等气动特性评估等方面进行了数值模拟和仿真。为新一代高速样车下线和研制提供系统数据支撑。此外还进行飞行器跨声速气动颤振特性评估技术、高超声速飞行器气动外形优化设计以及高超声速飞行器气动热弹性评估等方面的研究。

① 在"和谐号"380B 研制方面，通过对"和谐号"3 型车进行气动性能和流场分析，确定 20 多个减阻降噪优化区域，并制定改进方案，对每个方案及综合改进方案进行详细分析和风洞实验验证。改进后的 8 辆编组列车以时速 350 公里运行时气动阻力减少 8.6%。

② 对我国自主设计的 C919 大型客机机翼进行跨声速气动性能反设计；对我国若干高超声速飞行器的跨声速气动颤振特性进行评估；对高超声速飞行器外形进行乘波体气动力优化设计；对某高超声速实验模型进行高超声速气动热弹性评估。

2. 面向大型飞机设计的万核级流场数值模拟软件研制

用户姓名：周磊

用户单位：中国航空工业集团公司第六三一研究所

软件来源：自主研发软件

计算规模：2048 核

成果简介：

通过"深腾 7000"的计算，多块结构网格数值模拟软件 CCFD-MB 及混合网格数值模拟软件 CCFD-UG 的开发工作已基本结束，并已在大型飞机设计中取得实质性进展，两个数值模拟软件均已用于各种型号飞机的初始设计中。同时，在以下问题的研究中取得进展：飞机设计气动复杂计算问题研究与分析、湍流问题的高分辨率数值计算及湍流机理研究、计算模型建立、并行算法设计、数值模拟的可视化研究与实现、万核级流场数值模拟软件集成、软件的部署与应用推广和维护。千万网格点在 2048 核时，CCFD-UG 计算软件还能达到 80%以上的效率(并行加速比除以并行进程数)。

这一大型飞机全机流场高精度气动设计数值模拟软件，可支持飞机设计过程中的全机流场黏流数值模拟；在飞机机翼、机身关键区域，可进行直接模拟及大涡模拟，以提高计算的解析度；可进行万核级的超大规模计算，提高飞机气动计算的效率和精度。通过有效的应用推广与示范，有望基于该软件逐步形成飞机气动计算高精准度的行业标准，在"国家大飞机计划"的实施和推进我国飞机制造业由"中国制造"向"中国创造"的重大战略转移中发挥重要作用。

3. 列车高速通过隧道时的运行阻力研究

用户姓名：梅元贵

用户单位：兰州交通大学

软件来源：商业软件、基于有限体积法的通用流体分析软件 STAR-CCM+

计算规模：外部绕流三维数值仿真，网格规模 4000 万—9000 万；过隧道三维运动网格数值仿真，网格规模 3000 万—5000 万

成果简介：

行车阻力涉及列车能源消耗和行车最高速度等问题。空气阻力是列车空气动力学中的一个基本问题，研究历史已逾百年。当列车通过隧道时，空气阻力已占运行总阻力的 90%以上。列车隧道空气阻力作为附加阻力，以隧道因子的形式体现在列车阻力公式中。高速铁路具有快速、安全、节能和与环境具有良好的兼容性等特点。对高速列车而言，降低空气阻力是节能降耗的重要目标之一。日本、德国等高速铁路技术先进的国家对隧道空气阻力进行了研究，提出了各自不同技术路线下具体车型和隧道参数下的空气阻力特征值。

该研究通过归纳和整理国内外列车空气阻力研究的相关论文、研究报告、规范和标准、专利和计算机软件等成果，总结列车隧道空气阻力的研究现状和方法；以我国时速 350 公里高速铁路隧道和 CR400AF 中国标准动车组为背景，研究列车通过隧道和明线运行时的空气阻力，以及单列车通过隧道和交会过程中的阻力形成机理和变化特性，比较明线运行和通过隧道两种情景的空气阻力共性与异性特征；通过大批量计算工况系统研究包括更高速度的列车速度、列车长度、隧道净空面积(阻塞比)、隧道长度等因素对列车空气阻力的影响特性与主次关系；获得我国高速铁路隧道参数下的列车空气阻力变化规律，完成"高速列车隧道空气阻力数值模拟软件 V3.0"软件著作权登记，为相关标准中条文说明修改和高速列车设计提供技术参考。如图 6-37 所示。

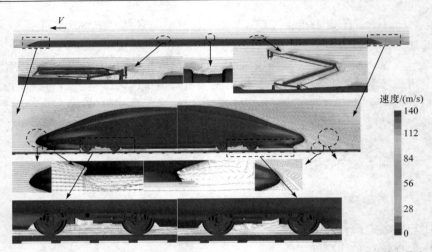

图 6-37　单列车时速 350 公里明线稳定运行时纵向中心平面车体周围的速度分布

6.2.1.4　计算材料

1. 量子材料高压相变的计算模拟

用户姓名：孙建

用户单位：南京大学

软件来源：商业软件、开源软件

计算规模：480 核

成果简介：

拓扑半金属和拓扑绝缘体等量子材料，由于具有非平庸的金属表面态、不饱和磁阻以及手征反常等独特的物理性质和潜在的应用价值，近年来成为国际凝聚态物理研究的热点之一。而高压是调节材料晶体结构及其电子结构的重要手段。课题组尝试利用高压改变 Dirac/Weyl 半金属材料的电子结构并探索可能的拓扑超导。利用"天河二号"计算平台，结合课题组在基于第一性原理计算的晶体结构搜索和高压相变计算模拟方面的基础，课题组和实验合作者一起完成了一些具有重要科学意义的工作。

课题组利用随机搜索和进化算法等晶体结构搜索方法，结合 VASP、WIEN2k 等基于第一性原理计算软件，预言 TaAs 在 14GPa 的高压下会出现新的稳定相(空间群 P-6m2)，如图 6-38 所示，并预言它是一种全新 Weyl 半金属相。与常压相不同，高压相只具有一套在同一能级上的 Weyl 点，为角分辨光电子能谱实验观测带来一定的便利。课题组的理论预言被合作者的高压输运测量实验和高压同步辐射 X 射线衍射实验所证实，实验测得的相变压强与理论预言符合得很好。相关成果已发表在期刊《Physical Review Letters》上。

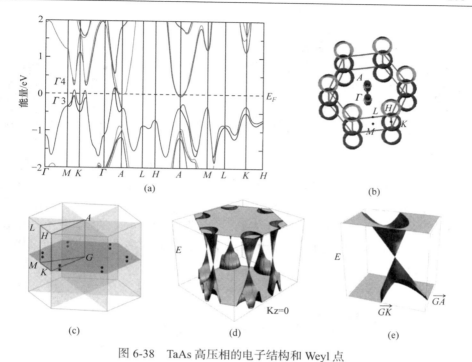

图 6-38　TaAs 高压相的电子结构和 Weyl 点

实验合作者在高压输运实验中发现 ZrTe₅ 有两个超导相，但是不能确定其结构。课题组通过第一性原理计算和晶体结构搜索方法确定两种高压稳定相的结构，相变压强分别在 5GPa 和 20GPa 左右，与实验吻合得很好，随后完成的高压同步辐射实验确实测到课题组搜索到的这两种结构。该成果已发表在期刊《美国科学院院报》上，同时 Phys. org 的专栏作家 Stuart M. Dambrot 撰文对该成果进行详细报道。在课题组的工作之后，国际上同时有两个研究组在与 ZrTe₅ 类似的体系 HfTe₅ 中也测到两个高压诱导的超导相，并引用课题组的成果。

2. 基于介孔硅的核磁荧光双模态靶向纳米探针制备及机理研究

用户姓名：邵元智
用户单位：中山大学
软件来源：商业软件、开源软件
计算规模：2048 核
成果简介：

新型磁光双模态探针——钆金纳米探针具有高特异性、高灵敏度、高分辨率等特点，在癌症检测与医学成像上有潜在的应用价值，是当前纳米生物医学材料技术的一个研究热点。密度泛函理论是一种研究多电子体系电子结构的量子力学方法，其主要目标是用电子密度取代波函数，作为研究的基本量。

本项目不仅研发一种具有实用价值的靶向核磁-荧光双模态分子影像探针，也从学科交叉层面上探讨介观系统的光磁耦合作用新特征及其机制的物理基础。在实验方面，课题组首次合成制备的基于纳米介孔硅 MCM-41 的磁光双模态探针——Au@Gd$_2$O$_3$@SiO$_2$，能提供多尺度空间的高特异性、高分辨率探测，实现高灵敏度地显示组织层面及细胞内潜在病变的成像，在早期肿瘤检测及辅助治疗方案的制定方面具有很好的潜在应用价值。

在理论方面，课题组通过密度泛函理论计算发现 Gd$_2$O$_3$ 团簇基态磁性随着尺寸的增大，呈现出铁磁与反铁磁震荡的行为。另外，课题组依托"天河二号"超级计算机，通过第一性原理计算系统考察 Au@Gd$_2$O$_3$ 探针的电子结构特征，揭示 Gd-Au 纳米团簇之间相互耦合作用方式，并由此最终解决核磁模态和光学模态之间的成像增强促进机制。图 6-39 为水环境中 Au@Gd$_2$O$_3$ 纳米探针的分子结构，长方体尺寸为 16Å×16Å×32Å。

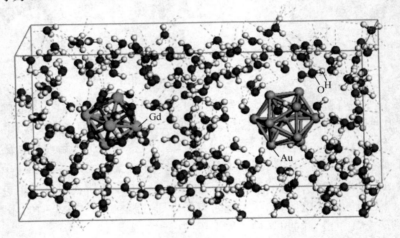

图 6-39　水环境中 Au@Gd$_2$O$_3$ 纳米探针的分子结构

3. 先进功能材料与能源材料的多场耦合行为研究

用户姓名：洪家旺

用户单位：北京理工大学

软件来源：自主研发软件

计算规模：约 1000 核

成果简介：

先进功能材料与能源材料在发展循环经济、生态环境保护、绿色化学化工、尖端国防材料、新能源材料、绿色医用材料等领域中日益彰显重要作用。先进功能材料与能源材料体现出多场耦合效应而成为许多新型器件的核心材料。发展相应的原子尺度的模拟计算方法并开发出高效计算软件用于材料多场耦合行为研究，对于深入理解材料微观机理，探寻高性能新材料体系具有重要意义，同时也为材料器件的设计和优化应用提供理论指导。

为了研究先进功能材料与能源材料中的多场耦合行为及其在外场下的调控，课题组开发外电场/电位移场下材料性能的第一性原理计算算法和软件包，嵌入开源第一性原理软件 ABINIT 中，首次获得材料微结构在外电场下演化的相图，为外电场下材料性能预测和调控提供了有力的计算工具；开发计算声子-自旋的高效率、高精度方法，相比原方法效率提高 50 倍以上；发展材料挠曲电效应第一性原理方法，首次计算材料挠曲电效应；开发计算材料动态结构因子软件，用于虚拟实验，节省中子和同步辐射测量机时以及优化后期数据分析；采用第一性原理分子动力学方法，结合温度相关等效势能方法和中子散射/同步辐射实验测量，获得材料在不同温度下的声子色散关系及其相关热力学性质，研究声子在能源材料和功能材料多场耦合效应中的关键作用。相关成果已发表在《Nature》《Nature Physics》《Physical Review Letters》《Physical Review B》等学术期刊上。

课题组与美国加州大学伯克利分校吴军桥教授、杜克大学 Olivier Delaire 教授等合作撰写的论文《Anomalously low electronic thermal conductivity in metallic vanadium dioxide》在国际权威学术期刊《Science》线上发表。该研究工作发现在高温下 VO_2 中存在异常的低电子热导现象，为深入研究和理解新奇材料中热输运行为提供了新的途径。如图 6-40 所示。

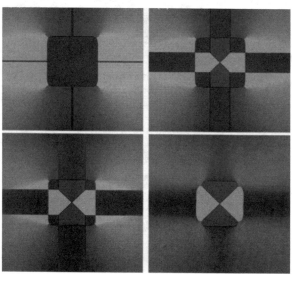

图 6-40　先进功能材料与能源材料的多场耦合行为研究

4. 常温下受限水的二维方形冰结构研究

用户姓名：吴恒安

用户单位：中国科学技术大学

软件来源：开源软件(LAMMPS)

计算规模：一般每个算例约需 1000 CPU 核小时，完成整个研究需几十上百个算例

成果简介：

采用分子动力学模拟揭示了二维方形冰形成机理，石墨烯片之间的范德华力相互作用对受限水施加 1.0GPa 左右的横向压强(类毛细压)，受限水中的氢键网络从层间向面内转变从而形成有序的方形晶体结构。模拟结果还预测，该二维方形冰结构在受限空间内普遍存在，在非石墨烯片及多种不同表面性质的毛细通道内也可能观察到该特殊方形冰结构的形成。2015 年 3 月的 Nature 网站以首页头条形式第一时间对该成果进行了报道，并在新闻配图上标注了"University of Science and Technology of China"，如图 6-41 所示。这项成果体现了微纳米力学模型和数值模拟在发现新现象和探索新机理方面的重要作用。

图 6-41　Nature 网站首页头条报道

5. 结合密度泛函理论计算和实验针对 Cu-CeO₂ 电极上 H₂ 氧化的协同效应的研究

　　用户姓名：夏长荣
　　用户单位：中国科学技术大学
　　软件来源：商业软件(VASP)
　　计算规模：72 核
　　成果简介：

固体氧化物燃料电池(SOFC)是一种环保、高效、燃料合适的电化学转换装置。Cu-CeO₂ 材料已被公认为用于 SOFC 的有前途的阳极材料。虽然 Cu 不是一种足够好的氧化催化剂，并且具有相对较低的催化活性，但是 Cu 和 CeO₂ 的组合可以增强催化活性并克服与 Cu 或 CeO₂ 单独相关的问题。密度泛函理论计算表明，支撑在 CeO₂(111) 上的 Cu 簇抑制了界面 O 空位的形成，但是提高了催化活性，并且与化学计量的 CeO₂(111) 相比，减少了 H₂ 氧化反应过程的能量势垒。能量势垒最高为 $0.836eV$ 的三相界面(TPB)反应机制明显低于化学计量的 CeO₂(111)，其最高能垒为 $2.399eV$。实验中，程序升温还原(TPR)实验证实 Cu 颗粒可降低 CeO₂ 的还原反应温度并增加还原的 CeO₂ 含量。此外，通过电导率弛豫(ECR)实验，比较纯 CeO₂ 和 Cu 修饰的 CeO₂，Cu 颗粒大大改善了反应动力学，其中 O 表面交换系数从无修饰的 CeO₂ 的 $1.012×10^{-4}cm/s$ 增加到 Cu 修饰的 CeO₂(CeO₂-Cu₈₀) 的 $12.18×10^{-4}cm/s$，和理论计算结果一致。该成果已发表在期刊《Journal of Materials Chemistry A》上。

6. 基于密度泛函的正电子计算程序在材料研究中的应用

　　用户姓名：谢毅、孙永福
　　用户单位：中国科学技术大学
　　软件来源：二次开发的开源软件、自主研发软件
　　计算规模：48 核
　　成果简介：

电子-正电子湮没过程不仅在高能碰撞领域是一个核心的研究内容，同时结合低能的正电子放射源，使得正电子成为研究材料缺陷微结构的重要无损探针。在此领域，课题组开发了正电子密度泛函理论计算程序，结合近代物理系叶邦角教授负责研制的一系列正电子探测器，具备了完整的理论结合实验的正电子探测与分析手段。

　　该正电子密度泛函计算程序首先选择 FLAPW 方法、中性原子叠加方法、PAW 方法三者之一，来构造电子完全势能等数据，分别满足精确、快速、精确且快速

的计算要求，前者基于 WIEN2k 计算程序，后两者修改自 Quantum Espresso 的部分计算模块。然后进入自主研发的正电子密度泛函计算部分，得到正电子的量子波函数，最后给出统一的电子-正电子湮没行为计算。

　　基于此软件的理论计算，关键性地支持了谢毅-孙永福课题组关于 MoO_3 材料的氢析出电催化性能研究，提供了不可替代的材料表征与机理研究。相关理论计算揭示了 N 注入增加了双氧空位活性位点的浓度，并引起析氢电催化过程中电导率的提升，使得催化剂的析氢活性获得了 6 倍的性能提高，为获得高性能、低价格、易制备的析氢电催化剂提供了重要的研究方向。相关成果以 "Nitrogen-doping induced oxygen divacancies in freestanding molybdenum trioxide single-layers boosting electrocatalytic hydrogen evolution" 为题，已于 2016 年发表在期刊《Nano Energy》上，影响因子达到 11.553。如图 6-42 所示。

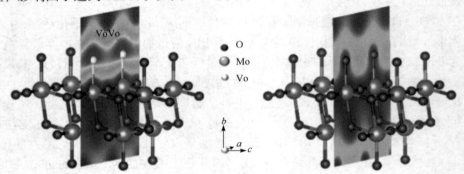

图 6-42　基于密度泛函的正电子计算程序在材料研究中的应用

7. 高通量计算模拟在材料基因组工程新材料预测中的应用

用户姓名：张澜庭、孔令体、朱虹
用户单位：上海交通大学、上海交通大学密西根联合学院
软件来源：商业软件(Gaussian)
计算规模：64 核
成果简介：

2011 年，美国为复兴制造业，正式启动 "材料基因组计划(Materials Genome Initiative)"，旨在综合运用高通量计算、高通量实验和数据库技术，实现材料科学家 "materials by design" 的梦想，并将新材料的开发周期和成本都降低一半。高通量材料计算模拟作为该计划的重要组成部分，已经在多个材料研究领域发挥重要作用。2015 年 4 月成立的上海交通大学材料基因工程联合研究中心把组建 "Materials Project Asia Hub" 高通量计算平台作为三个基石方向之一，开展了在上海交通大学的超级计算机 "π" 上搭建和调试高通量计算平台的工作。上海交通大学高通量计算团队来自材料学院、密西根学院、物理与天文系、高性能计算中心

等多个机构，在以上海交通大学讲席教授、美国加州大学伯克利分校教授 Ceder 为首"Materials Project"团队的指导下，以及高性能计算团队的帮助下，顺利完成了计算体系的构建，如今已开始镁合金表面、热电材料相关性能计算的高通量计算模拟。2016 年该研究将热电材料的筛选扩大到 1000 个材料，并开展铁磁、结构材料相关的高通量计算流程设计，进行新材料的理论预测，与此同时加大对数据库的建设及展示。

8. 基于 GPU 面向 Ⅲ-Ⅴ 族半导体材料研究的应用软件研发

用户姓名：石林
用户单位：中国科学院苏州纳米技术与纳米仿生研究所
软件来源：自主研发软件
计算规模：多 GPU 核（"元"超级计算机）
成果简介：

Ⅲ-Ⅴ 族半导体材料因其在固态照明、蓝光激光器、高迁移率功率电子器件中的成功应用而备受关注。为深入研究 Ⅲ-Ⅴ 族半导体中掺杂、空位和量子点等复杂结构，对于大规模并行计算资源的需求日益迫切。传统并行计算已经出现可扩展性瓶颈的问题，利用性能功耗比更好的 GPU 异构计算实现进一步加速无疑极具现实意义。该研究中，中国科学院苏州纳米技术与纳米仿生研究所和中国科学院计算机网络信息中心联合各自在 Ⅲ-Ⅴ 族半导体材料计算和大规模 GPU 异构计算方面的优势力量，在 GPU 异构计算架构下，改进和优化 Ⅲ-Ⅴ 族半导体材料计算程序。中国科学院计算机网络信息中心完成了第一原理平面波 GPU 加速软件 PWmat1.0 的开发。该研究已实现 GPU 版本的软件加速比达 25 以上。此外，对 GaP 中 ZnO 的掺杂、GaN 中的 ZnGa-VN 掺杂等展开了深入的研究。如图 6-43 所示。

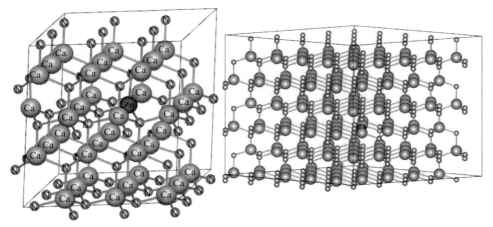

图 6-43　Ⅲ-Ⅴ族半导体材料 GPU 计算

6.2.1.5　生命与健康

1. 冷冻电镜生物大分子三维重构软件

用户姓名：刘志勇

用户单位：中国科学院计算技术研究所

软件来源：自主研发软件

计算规模：1512 核

成果简介：

冷冻电镜技术已经成为一种公认的研究生物大分子三维结构不可或缺的重要手段。但是由于冷冻电镜成像原理和电镜本身的结构特点，其成像结果及重构需经过大规模的、复杂的计算。在"天河二号"上实现此类计算既具有研究上的挑战性和学术意义，又具有可以扩展超级计算新的应用领域、为生物学家提供超级计算手段的应用价值，对超级计算技术和结构生物研究均具有重大的意义。课题组主要从冷冻电镜三维重构的主要过程入手，结合"天河二号"进行应用开发与优化。

Relion 作为单颗粒三维重构领域中重要的软件，无法处理大尺度的生物结构，因为生物结构尺度的增大和处理进程的增多，导致因占用内存过大，程序无法实际运行。针对此问题，课题组提出栈式存储方案，不仅在速度上有所提升，更重要的是在内存方面得到优化，从而使得 ICT-Relion 可以处理之前软件无法处理的大尺度、大规模的数据。

对于电子断层三维重构，直接进行重构非常耗时。利用"天河二号"的高性能协处理器 MIC 对程序进行加速。首先实现传统重构算法如背投影、同步迭代算法、同步代数重构算法等在 MIC 卡上的加速。课题组自主研发了针对电子断层成像(electron tomography，ET)重构的基于压缩感知的弥补缺失信息的三维重构算法 ICON，并将其移植到"天河二号"上，在单张 MIC 卡上即可获得 20 倍左右的加速比。同时课题组在 MIC 上实现了非线性快速傅里叶变换(nonlinear fast fourier tranform，NFFT)，大大地提高了并行处理效率。图 6-44 为"天河二号"计算出的高等植物(菠菜)光系统Ⅱ-捕光复合物Ⅱ超级膜蛋白复合体结构。

2. 视网膜解析仿真平台研究与应用验证

用户姓名：黄铁军

用户单位：北京大学

软件来源：自主研发软件

计算规模：24000 核

成果简介：

图 6-44　超级膜蛋白复合体结构

　　灵长类视网膜神经网络精细仿真对于认识灵长类视网膜的信号加工过程、仿生视觉信息编码和处理以及视觉健康研究都具有重要意义。课题组以猴视网膜解析和生理实验数据为基础，采用 NEURON 仿真平台对灵长类视网膜神经细胞进行精细动态仿真。每一个细胞模型分成多个舱室，植入具有动力学特性的离子通道，采用 BluePyOpt 提供的特征库构造目标函数以及遗传算法优化，为每一个待优化的细胞模型设定特征值及偏差容忍范围、参数搜索范围以及遗传算法相关参数，最后交由"天河二号"运行，获得较优的解。课题组已对灵长类视网膜中央凹主要神经元细胞(如神经节细胞、双极细胞、无长突细胞、感光细胞和水平细胞等)建立精细模型，生成百万神经元级别的灵长类视网膜中央凹区域的拓扑结构。课题组正在优化系统，争取实现逼近生物真实的视网膜能够在"天河二号"上动态实时运行。

　　该课题得到了北京"脑认知与类脑计算"重大课题"大脑初级视觉系统解析仿真平台研究与应用验证"项目支持。采用的神经仿真平台和实验方法与欧洲"人类大脑计划(Human Brain Project)"相同，这表明"天河二号"能够有效支撑我国"脑科学与类脑研究"重大专项等相关科研工作的开展。如图 6-45 所示。

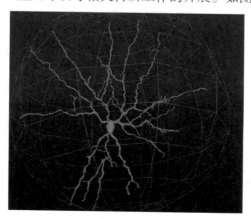

图 6-45　视网膜解析仿真平台研究

3. 基于超算平台的人类非编码 RNA 的系统鉴定和功能研究

用户姓名：杨建华

用户单位：中山大学

软件来源：自主研发软件

计算规模：1200 核

成果简介：

新的非编码 RNA 基因资源与调控技术为人类重大疾病的诊断、防治及药物研发等提供了全新的思路与关键技术。课题组联合计算机算法和数学模型(如机器学习算法、泊松分布、二项分布和超几何分布模型等)及新的罚分规则和搜索策略(如概率罚分规则、配对罚分规则、测序数据簇化策略等)等开发新的生物信息学方法，包括 StarScan、starBase、deepBase、RMBase、ChIPBase 和 tRF2Cancer 等，在海量的测序数据中鉴定非编码 RNA 及功能调控网络。

课题组利用自主研发软件，对各类非编码 RNA 及其功能靶标进行预测，研究非编码 RNA 与靶标的相互作用的规律和特征。目标是建立基于超算平台的高通量非编码 RNA 鉴定和分类技术，突破基于新一代测序海量数据发掘非编码 RNA 的技术瓶颈，发展出基于非编码 RNA 功能和调控网络预测的新方法和技术平台。

这些分析平台首次发展了新的方法策略来整合多维高通量的实验数据，明显地降低了预测非编码 RNA 功能靶标的假阳性率，已成为国际同行最广泛使用的非编码 RNA 功能网络研究工具。如图 6-46 所示。

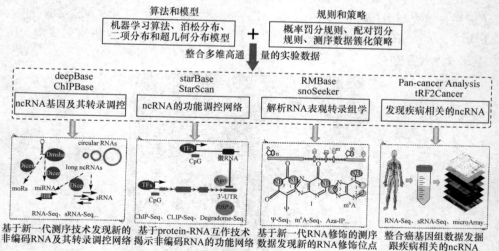

图 6-46　人类非编码 RNA 的系统鉴定和功能研究

4. pMHC 复合物分子构象转化研究

用户姓名：田波
用户单位：中国科学院微生物研究所
软件来源：开源软件
计算规模：660 核
成果简介：

触发细胞免疫的核心事件是被病原体感染的靶细胞上的多肽与 MHC 分子的复合物(pMHC)与 T 细胞受体(TCR)分子间的相互作用。近年来国际上关于 pMHC 及 pMHC-TCR 复合物的分子动力学模拟研究大多揭示了抗原多肽的突变或 MHC 分子多态性导致的微小的结构波动的变化。在这些研究结果中，pMHC 及 pMHC-TCR 复合物大体结构框架保持不变，并没有观测到大规模的构象变化。

该研究发现多肽末端解离和突起是研究体系中未曾报道的大规模构象变化，对 T 细胞识别和疫苗设计理论具有重要意义。该研究首次发现 pMHC-TCR 体系的在过去的模拟和实验研究中未曾报道的现象。淋巴细胞脉络丛脑膜炎病毒(LCMV)糖蛋白 gp33 多肽在 MHC 等位基因为 H2Kd 的小鼠体外为优势表位。在 gp33 与 H2Kb 的复合物的晶体结构中，A2 和 M8 结合在 H2Kb 抗原结合槽的底部。但在分子动力学(MD)模拟中，gp33 多肽的 N-末端脱离 pMHC 底部伸出抗原结合槽外构成了新的 TCR 识别界面，而这一显著的构象变化与 gp33 多肽的 N-末端的不利的结合环境及静电相互作用有关。在多个其他 pMHC 分子复合物的模拟中，未出现多肽末端解离的现象。但是在加速分子动力学(aMD)模拟中，只要加速能足够高，所测试的 pMHC 分子复合物均出现多肽末端解离的现象。该研究的优势在于首次发现 pMHC 分子构想的大规模构象变化，即多肽一端解离上浮，形成单锚定残基结合和新的识别界面，这将对 T 细胞识别产生深刻的影响，也将更新人们对 T 细胞识别理论的认识。如图 6-47 所示。

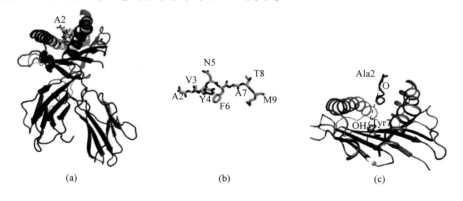

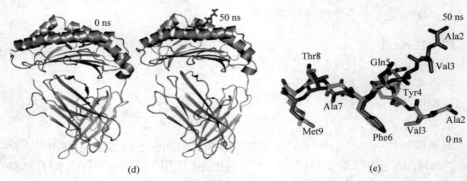

图 6-47　pMHC复合物分子构象转化研究

5. 基于结构的药物设计中受体蛋白构象变化的分子模拟研究

用户姓名：黄牛

用户单位：北京生命科学研究所

软件来源：开源软件

计算规模：1024 核

成果简介：

利用"深腾7000"进行的大规模分子动力学模拟对多个蛋白结构和功能关系的研究，及基于结构的药物分子设计课题起到重要推动作用。

课题1：药物靶标五羟色胺受体(5HT-2A/2B)结构的同源模建，以及同其特异性拮抗剂的诱导契合的研究。通过对模拟的非活性构象的分子对接研究，预测并通过实验验证了抗肿瘤新药 Sorafenib 对 5HT-2B 受体的强结合能力(56nM)，在国际上第一次提出 Sorafenib 除激酶以外的新作用机制。并设计合成多个类似物，利用化学生物学手段研究 5HT-2B 受体与肿瘤及其他疾病的关系。前期工作的成果于 2012 年发表在期刊《Journal of Medicinal Chemistry》上，并被 Faculty 1000 收录。还将申报药物专利一项。

课题2：模拟研究了流感病毒入侵细胞的关键步骤中环境 pH 诱导病毒膜蛋白-血凝素(HA)构象变化的分子机制，鉴定了在 HA 构象变化过程中关键位点和中间亚稳定状态，从而为寻找阻断 HA 构象变化的小分子抑制剂，设计全新的广谱抗流感病毒药物提供帮助。目前已鉴定环境 pH 诱导的 HA 构象变化起始阶段的分子开关。

在"深腾7000"上使用 1024 核进行了计算，相比于 128 核计算结果，1024 核并行效率为 65%。

6. 玉米自交系 Mo17 基因组拼接

用户姓名：赖景盛

用户单位：中国农业大学

软件来源：ABySS 软件

计算规模：2048 核

成果简介：

玉米是重要的粮食作物，提高玉米产量和生产适应性对我国粮食安全有具重要意义。杂种优势的利用是提高玉米产量的重要手段。玉米自交系 B73 和 Mo17 组配出的杂交种曾被美国广泛利用，并发展出很多优良自交系。课题组通过发掘和分析玉米自交系 B73 和 Mo17 基因组之间的变异及其规律为玉米育种提供资源和理论指导，并尝试从基因组学的角度对杂种优势的机理进行解析。

通过下一代测序技术对玉米自交系 Mo17 基因组进行测序，通过 ABySS 等软件组装测序数据，最终得到 Mo17 基因组序列。将得到的 Mo17 基因组与已公布的玉米 B73 自交系基因组序列进行比较，研究两个玉米自交系之间的变异和规律。使用 ABySS 软件，在"深腾 7000"上进行了 2048 核的计算。

7. 3000 个水稻基因组测序数据比较分析

用户姓名：张大兵、韦朝春

用户单位：上海交通大学

软件来源：商业软件

计算规模：16 核

成果简介：

水稻是世界最重要的农作物和重要的模式生物之一。该项目收集了目前全世界 3024 个优良水稻品种，进行基因组测序。测序平均覆盖率近 15 倍，原始测序数据量为 17TB。该项目是目前最全面、最广泛的水稻基因组研究。通过对这些水稻基因组比较分析，揭示水稻基因组的演变，探究影响水稻产量相关性状的分子机制，对水稻研究具有重要的理论指导意义和实际应用价值。在上海交通大学的超级计算机"π"上完成了基于 3000 水稻基因组测序数据的水稻泛基因组(即基因在不同水稻品系中的有无情况)分析，使用 CPU 核小时超过 130 万，硬盘存储空间超过 100TB。

8. 高性能计算在天然无规蛋白分子力场研究中的应用

用户姓名：陈海峰

用户单位：上海交通大学

软件来源：Amber

计算规模：2 GPU 卡

成果简介：

　　天然无规蛋白是一类在生理条件下没有稳定三级结构的蛋白质。近年来,大量分子生物学研究表明,天然无规蛋白具有非常重要的生物学功能,其错误折叠与恶性肿瘤、心血管疾病、神经退行性疾病以及糖尿病等复杂疾病的发生密切相关。因此,研究天然无规蛋白的结构功能关系具有重要意义。然而,天然无规蛋白特殊的结构性质使其难以用 X 射线、核磁共振等传统实验方法来研究。因而,依赖于高性能计算的分子动力学模拟在天然无规蛋白的研究中发挥着越来越重要的作用。自 2014 年以来,上海交通大学生命科学技术学院陈海峰研究团队依靠上海交通大学超算中心的大规模计算资源,相继开发出针对天然无规蛋白的分子力场 ff99IDPs、ff14IDPs 以及 ff14IDPSFF。这些力场首次成功地模拟出天然无规蛋白的构象特征,并准确预测出天然无规蛋白α碳原子的化学位移。力场参数发表之后,受到国内外同行的广泛好评与引用。这些成果将大大推动天然无规蛋白结构与复杂疾病关系的研究,并为靶向天然无规蛋白的药物研发奠定坚实的基础。

9. 蛋白质动力学转变现象的新发现

用户姓名:洪亮
用户单位:上海交通大学
软件来源:开源软件(GROMACS)
计算规模:4 GPU 卡
成果简介:

　　蛋白质被称为生命发动机,承担生命体绝大多数的功能。地球上有成百上千万蛋白质,它们的结构大不相同,行使着各式各样的生物功能。然而蛋白质都会在约-70℃发生动力学转变:低于此温度蛋白质就像块石头,内部运动主要是简谐振动;当提高温度跨越此转变点,蛋白质就会柔化并展现出非简谐运动。有实验表明:当降温到-70℃以下时,一些蛋白质不仅丢失其非简谐运动的自由度,同时也丧失生物活性,例如失去结合催化底物的能力。因此研究蛋白质动力学转变机理,不仅仅是个有意思的物理问题,同时也对理解生命活性如何产生及其同蛋白质动力学的关系非常重要。

　　在过去 30 年,很多实验和理论工作指出,蛋白质动力学转变是由附着在蛋白质表面的水分子在-70℃发生变化引起的。简而言之,附着水分子在此温度会发生玻璃化转变或相变,丧失长程扩散自由度。由于水分子同包裹其内的蛋白质分子有较强的物理作用,比如氢键,因此水在-70℃的固化将导致蛋白质丢失非简谐运动的自由度,以及和这些运动关联的生物活性。这就解释了为什么不同蛋白质的动力学转变都在类似温度,因为尽管蛋白质不同,它表面的水分子本质是相同的。

　　中子散射可以直接测量原子核运动,是研究蛋白质动力学转变现象非常重要的实验手段。中子对氢原子特别敏感,而蛋白质富含氢原子(尤其是其侧链),造成中子散射测到的主要是蛋白质氢原子尤其是侧链氢的运动信号。洪亮课题组运用全氘化蛋白质，巧妙地减弱了氢原子信号的影响，从而测量蛋白质中重原子(C、N、O)尤其是主链重原子的运动。他们发现并证实完全干燥的蛋白质也会在-70℃发生动力学转变。其研究表明蛋白质动力学转变这一现象的存在不依赖于水，是蛋白质固有的性质，但水的加入会大大增强这一转变现象。这一发现对过去 30 年在此领域建立的经典图像——蛋白质动力学转变是由水引起的，提出了挑战和质疑，势必引起学术界对此问题的新思考和进一步研究。数值模拟在上海交通大学的超级计算机"π"上完成。如图 6-48 所示。

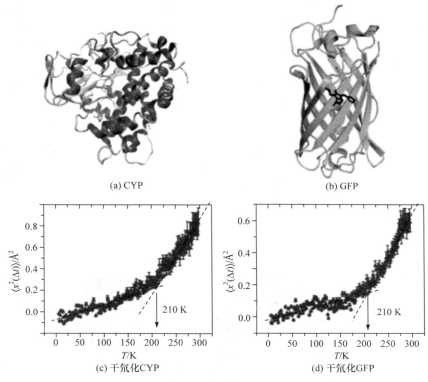

图 6-48　蛋白质动力学转变现象的新发现

6.2.1.6　地球科学

1. 火山喷发的反演建模与大规模并行计算

用户姓名：衡益

用户单位：中山大学

软件来源：自主研发软件

计算规模：38400 核

成果简介：

大气污染问题日益突出，在世界范围内引起了广泛关注。其中，作为主要的自然污染源之一，强火山喷发所产生的火山灰、二氧化硫等污染物在喷发后的一段时期内会随着大气运动在较大范围内产生影响。与卫星和激光雷达等观测技术一起，通过建模及数值模拟对于火山喷发污染物在大气中的传输动态进行仿真计算，是重要的研究手段之一。如何提供一个可靠的初始状态对于火山喷发污染物在大气中的运动模式建模及进一步的精确数值拟合尤为关键。火山喷发污染源的初始状态反演是一个不适定问题，也是近年来该方向研究的热点和难点之一。如何在不断发展的计算规模下实现高分辨率的初始状态反演是科研人员广泛关注的问题。事实上，实现火山喷发大气污染源初始状态的高精度、稳定反演不仅在火山喷发相关研究中有着重要的意义，对于其他大气中的污染模式研究也有着潜在的应用价值。

该研究使用拉格朗日粒子扩散模式 MPTRAC(massive-parallel trajectory calculations)作为正演模型，提出基于粒子滤波和并行计算的反演建模策略，通过建模及数值模拟研究 2011 年非洲 Nabro 火山大爆发案例中海拔高度上的二氧化硫排放模式识别及其高分辨率动态模拟等关键科学问题。MPTRAC 模式混合使用 MPI 和 OpenMP 并行计算应用程序接口，能在超级计算机上通过大规模集合模拟处理多达数亿微小污染物气团的轨迹。如图 6-49 所示。

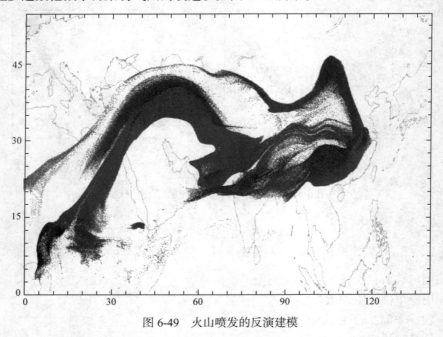

图 6-49　火山喷发的反演建模

2. 准三维地震数据叠前深度偏移任务

用户姓名：未知
用户单位：广州海洋地质调查局
软件来源：未知
计算规模：1896 核
成果简介：

借助"天河二号"顺利完成了叠前深度偏移运行工作，弥补了资料处理所室内地震数据处理高性能计算能力的不足，如期给解释人员提供了成果数据。通过将叠前深度偏移成果数据加载到资料处理所室内处理系统进行质量控制和查看，叠前深度偏移处理成果具有以下特点：信噪比有所提高；波组特征自然；同相轴连续性增强；地层连续性增强，利于解释人员进行层序划分，成果剖面上峡谷水道成像清晰，有明显的强反射特征，底辟构造成像清晰；浅层小断层更加清楚，层间反射清晰，大断面归位合理，细节更清楚。叠前深度偏移成果数据得到了解释人员高度认可和肯定。如图 6-50 所示。

图 6-50　三维叠前时间域层速度体

3. 全球高分辨率大气环流模式 FAMIL 研发

用户姓名：包庆
用户单位：中国科学院大气物理研究所
软件来源：自主研发软件

计算规模：1 万核

成果简介：

气候系统模式是开展短期气候预测和气候变化预估的核心工具，是联合国政府间气候变化专门委员会(Intergovernmental Panel on Climate Change，IPCC)评估报告关键问题最重要的参考依据，是国际地学领域科研竞争的前沿。高分辨模式研发不仅是一个国家气候模式能否进入国际一流模式行列的重要指标，而且是衡量一个国家在气候数值模拟领域是否有自主创新能力的主要标志。我国高性能计算机峰值速度高速地提高，但是设计和开发与之相应的气候系统模式还远远落后。

FAMIL 是中国科学院大气物理研究所大气科学和地球流体力学数值模拟国家重点实验室(LASG)研发的新一代高分辨率大气环流模式，它采用数学方法描述大气运动规律，基于大气动力学方程组开展大规模并行计算。FAMIL 是我国首个最高可达 6 公里分辨率的全球高分辨率模式。模式采用有限体积方法和立方球面网格，自主研发关键物理过程参数方案，显示积云对流降水方案，在超级计算机上实现万核规模计算。

双赤道复合带(Double ITCZ)和热带大气季节内振荡(MJO)的模拟是气候系统模式发展中的公认国际难题。借助"天河二号"超级计算机的巨大计算资源，全球 25 公里大气环流模式 FAMIL 及其耦合版本 FGOALS-f 通过提高分辨率和自主研发显示对流降水方案，基本解决双赤道复合带问题，模式准确再现热带大气季节内振荡传播特征，基本攻克气候系统模式发展的公认国际难题。FAMIL 和耦合版本模式是参加 CMIP6 国际高分辨率模式比较计划中分辨率最高的 4 个气候系统模式之一。高分辨率 FAMIL 模式和耦合版本的成功研发，使得我国进入全球高分辨率气候模式发展的前列。如图 6-51 所示。

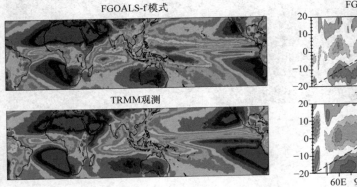
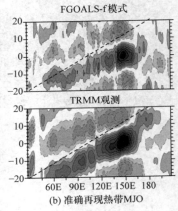

(a) 基本解决双赤道辐合带问题　　　　(b) 准确再现热带MJO

图 6-51　全球高分辨率大气环流模式 FAMIL

4. 华南区域高分辨短临数值天气预报系统

用户姓名：陈子通
用户单位：中国气象局广东省区域数值天气预报重点实验室
软件来源：开源软件
计算规模：未知
成果简介：

受复杂自然条件和剧烈的人类活动影响，华南区域的气象条件会发生较大的变化，而对这种变化及其趋势的预报，大范围区域的较粗分辨率模式不足以对相关的各种天气现象及其机理进行深入的剖析和研究。而发展包含更详细的陆面物理过程模式的精细区域模式，能够更好地刻画地形和地表状况，以及刻画许多大尺度环流难以分辨的区域尺度温度、降水和土壤水循环特征，从而可以更详细地分析华南区域气候对大尺度外强迫和内部物理机制的响应，从而有助于了解大范围天气背景下的小区域气候特征及其重要的物理机。因此急需针对华南区域短时强降水等气象灾害的预报服务需求，开展高分辨模式相关关键技术研究，发展适用于华南区域的高分辨短临数值天气预报系统，支撑强降水的短临预报业务。

该研究重点对以华南区域为中心的大范围区域内精细模式动力框架、物理过程、边界层技术开展研究和改进工作，并对地表地形参数进行更新。希望建设嵌套 1 公里分辨率模式(19-130.56°E，19-27°N)的 3 公里分辨率(96-130.56°E，11-38.36°N)精细模式短临数值天气预报系统，并进行相应个例测试试验，大幅提高模式的短时强降水预报能力和其他地面要素的精细预报水平。

5. 高分辨率气候系统模式研发

用户姓名：李矜霄
用户单位：中国科学院大气物理研究所
软件来源：自主研发软件
计算规模：1 万核
成果简介：

该研究在"天河二号"上采用 FGOALS-f 气候系统模式，成功研发"台风模拟及次季节-季节预测系统"；进行万核以上大规模的高性能并行试验，完成累计 5 千年回报试验；开展实时次季节-季节台风的个数和路径预测，并将预测结果上报国家相关部委，为自然灾害的防御做出贡献。FGOALS-f 系统仅用 100 公里分辨率即可准确再现全球台风路径和个数，明显优于欧美日等发达国家或地区的模式水平。欧洲中期天气预报中心代表国际天气和气候预测最高水平，而 FGOALS-f 系统对我国沿海台风的预测能力已超过该中心。"台风模拟及次季节-季节预测系统"

的成功搭建，使我国在利用全球模式模拟和预测台风领域达到世界一流水平。

6. 上千平方公里的石油地震勘探数据资料处理

用户姓名：武威
用户单位：中国石油集团东方地球物理勘探有限责任公司
软件来源：自主研发软件
计算规模：7100 个计算节点，85200 核
成果简介：

2010 年 11 月，该公司在"天河一号"超级计算机上运行了自主研发的 GeoEast-lightning 单(双)程波叠前深度偏移软件系统。最多利用 7100 个计算节点，在 16 小时内完成了我国最大面积的 1050 平方公里、共计 7 万炮的石油地震勘探数据的复杂三维处理工作，取得了前所未有的成果。如图 6-52 所示。

图 6-52　三维叠前逆时偏移成果剖面

7. 含氢的过氧化铁与超低速区的形成

用户姓名：吴忠庆
用户单位：中国科学技术大学
软件来源：Quantum Espresso
计算规模：约 14 万核小时
成果简介：

探索地球内部的结构对我们了解地球的演化及其内部动力学过程具有至关重要的作用。我们无法直接接触地球深部，但地震波可以穿透内部，并由全球的地震台网不断记录。通过地震波成像，我们可以得到地球内部三维波速图像，犹如

超声波透视人体内部器官的三维成像。在地核地幔边界,存在一层大约十几公里厚的奇怪的超低速区,其纵波波速比周围地幔低约 10%,横波波速低约 30%,一直以来没有得到很好解释。地震波成像显示地球内部地核与地幔边界(核幔边界)的结构,ULVZ 为核幔边界的超低速区,其地震波速相对于正常地幔异常低。

　　利用金刚石压砧装置,斯坦福大学的毛礼文和上海高科中心的毛何光课题组在核幔边界的温度压力下合成了过氧化铁(FeO_2)以及含氢的过氧化铁(FeO_2H_x),并发现它们在常温高压下具有低波速和高密度的特点。中国科学技术大学的吴忠庆课题组与之合作,利用第一性原理计算得到了过氧化铁和含氢的过氧化铁高温高压下的弹性及波速性质。理论计算表明,在核幔边界的温压条件下,含氢的过氧化铁的纵波波速要比周围正常地幔值低约 20%,其横波波速要低约 40%,一定量的含氢过氧化铁在核幔边界富集可以很好地解释地震学在核幔边界观测到超低速区。这意味着,核幔边界观测到超低速区很可能是地球深部隐藏的储氧区(过氧化物),这对我们进一步思考地球演化历史上出现过的一些重大事件,如大氧化事件、雪球地球、生物大灭绝、超大陆的分离合并等,提供了另外的思路。图 6-53 为含氢过氧化铁的横波波速(V_P)和纵波波速(V_S)与超低速区的波速对比。

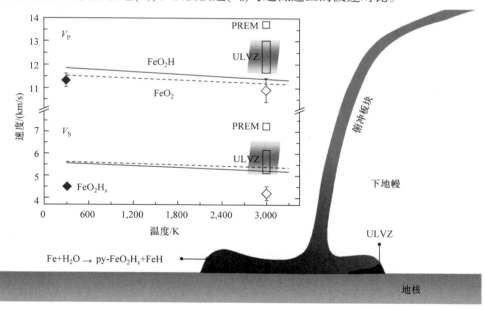

图 6-53　含氢过氧化铁的横波波速和纵波波速与超低速区的波速对比

8. 基于数值模拟方法的长三角地区大气重污染事件发生特征与形成途径研究

用户姓名: 程真

用户单位: 上海交通大学

软件来源：开源软件(WRF)

计算规模：128 核

成果简介：

细颗粒物(PM2.5)污染是长三角地区最亟待解决的环境问题之一。外场观测、实验室模拟等传统研究手段已无法满足现有细颗粒物精细化来源分析的研究目标。基于第三代空气质量模型发展起来的大气污染全过程数值模拟方法具有时空分辨率高，污染重现性强和过程解析度高等特点，已成为目前探究细颗粒物污染过程发生特征以及来源分析最为有效的手段。2015 年，上海交通大学大气环境研究小组在原有大气污染控制团队工作基础上，以上海交通大学高性能计算中心为基础平台，顺利搭建大气污染全过程模拟体系，应用 WRF(weather research and forecasting)、CMAQ(community multiscale air quality)等模型，软件成功实现长三角地区大气污染过程的准确再现，并在此基础上深入开展冬季细颗粒物重污染事件发生特征、形成途径和来源解析研究。2017 年，大气环境研究小组在原有模型基础上，进一步拓展模型解析结果应用方向，包括多种来源解析方法比对、污染应急预案评估及集成化解析平台搭建等。

9. 全球涡分辨率海洋环流模式研发和应用

用户姓名：俞永强

用户单位：中国科学院大气物理研究所

软件来源：自主研发软件

计算规模：万核以上

成果简介：

该研究发展具有高并行度的新一代海洋环流模式，通过引进三极坐标框架下优化模式并行方案等，实现同时利用 CPU 和 MIC 节点的混合并行，较 MIC 本地运行性能提升 10%。利用新版本的海洋模式 licom2.1，分别在 100 公里、10 公里和 5 公里三种不同分辨率模式下进行大量测试，表现出很好的并行效率。其中 10 公里和 5 公里分辨率模式均进行全系统整机 CPU 万核("元"超级计算机)规模以上的并行测试，10 公里分辨率模式整机的并行效率可达 53%，5 公里分辨率模式整机并行效率可达 82%。如图 6-54 所示。

6.2.1.7　航空航天

1. 利用超级计算机进行大型民机减阻优化设计的探索和尝试

用户姓名：不详

用户单位：中国商用飞机有限责任公司北京民用飞机技术研究中心

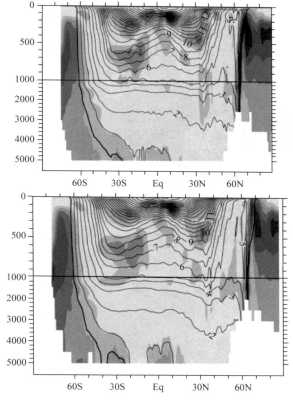

图 6-54 全球涡分辨率海洋环流模式 CPU 和 MIC 混合并行

软件来源：商业软件

计算规模：未知

成果简介：

该研究基于雷诺平均 N-S 方程(Reynolds-averaged Navier-Stokes equation，RANS)，发展飞发集成构型下机翼设计的工具方法，搭建可运行于超级计算机平台的全局优化系统，针对远程宽体客机概念方案开展机翼多目标优化，得到性能优良的一体化气动设计方案。搭建采用遗传算法进行全局寻优的优化系统，该系统集成机翼三维类别形状函数变换法(CST)参数化、复杂外形网格变形、快速计算流体动力学流场解算等关键环节。在"天河二号"超级计算机上开展基于大规模并行计算的大型民机气动外形优化设计研究，在机翼/机身/短舱/吊挂构型中直接对机翼进行多目标优化设计，为了缩短优化设计周期，使用超级计算机开展分布式多任务并行计算流体动力学分析。

在并行计算、加速收敛和适当降低气动计算模型保真度等技术的综合运用下，使用求解雷诺平均 N-S 方程的内部计算流体动力学程序和包含 850 万单元的多块结构网格，对机翼/机身/短舱/吊挂构型的计算分析可在 20 分钟内完成。

包含超过 100 个设计变量的多点优化设计案例中，同时对 128 个方案进行分析评估，100 小时内完成超过 50 代进化。与初始方案相比，优化后各设计点均取得了 3—5count(1count=阻力系数 0.0001)的阻力下降。如图 6-55 所示。

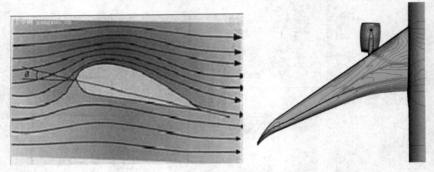

图 6-55　大型民机减阻优化设计

2. 高精度计算流体力学软件 OpenCFD 开发及应用

用户姓名：李新亮
用户单位：中国科学院力学研究所
软件来源：自主研发软件
计算规模：400 万核
成果简介：

在 863 计划、国家自然科学基金、中国科学院信息化专项等课题的资助下，中国科学院力学研究所李新亮研究员课题组自主研发了一套高精度计算流体力学软件 OpenCFD，该软件包含高精度有限差分法、多块结构网格有限体积法、化学反应流动模拟三个求解器。其特点是计算精度高，其最高阶精度可达 8 阶，主要用于湍流直接数值模拟、大涡模拟等高分辨率数值模拟。OpenCFD 具有很好的并行可扩展性，在"天河二号"上实现了最大规模 24 万 CPU 核的纯 CPU 并行计算；在"神威·太湖之光"上实现了最大 400 万 CPU 核的众核异构并行计算。OpenCFD 目前已获得业内上百个科研小组的使用，获得中国科学院超级计算最佳应用奖、全国并行应用挑战赛最佳应用金奖，并作为大型飞机流场万核级计算软件 CCFD 的核心求解器之一，获得陕西省国防科学技术进步奖一等奖及陕西省科学技术奖三等奖。

图 6-56 和图 6-57 是使用 OpenCFD 实现的飞行器流场精细模拟结果。图 6-56 是 ONEAR-M6 三维翼表面湍流的大涡模拟结果，该计算在"神威·太湖之光"上完成，使用了 4 亿网格，该图清晰地显示出转捩过程中的拟序涡结构。图 6-57 是

高超声速升力体飞行器表面的摩擦阻力系数及转捩区域分布,该计算使用了 10 亿网格, 在国家超级计算天津中心及湖南大学国家超级计算长沙中心完成。

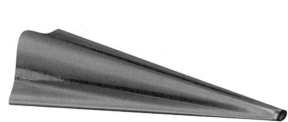

图 6-56　ONEAR-M6 三维翼表面　　图 6-57　高超声速升力体飞行器表面的摩擦阻力系数
　　　　湍流的大涡模拟　　　　　　　　　　　　及转捩区域分布

3. 大型风力机流场计算与仿真、中性大气边界层风力机流场计算

用户姓名: 杨从新
用户单位: 兰州理工大学
软件来源: 开源软件(OpenFOAM)
计算规模: 128 核
成果简介:

(1) 大型风力机流场计算与仿真

基于 973 计划项目"风力机非定常空气动力学机理和高精度数值模拟研究(2014CB046201)",采用 OpenFOAM 开源平台,针对大型风力机的三维非定常流动结构开展高精度数值计算,该计算使用了 2500 万个计算网格,64 个计算核数,并基于带转捩模型的 SST-$k\omega$ 湍流模型进行计算,深入揭示了大型风力机非定常流动机理。图 6-58 为风力机近尾流场不同叶尖速比情况下的尾涡系流场计算,相关成果已发表在《太阳能学报》《电机工程学报》等风能领域高水平 EI 期刊上。

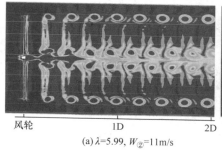
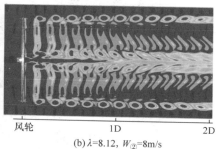

(a) λ=5.99, $W_{②}$=11m/s　　　　　　　(b) λ=8.12, $W_{②}$=8m/s

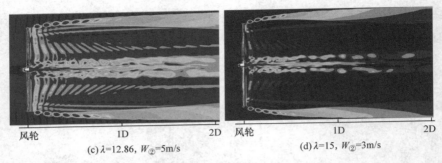

(c) $\lambda=12.86$, $W_{②}=5m/s$　　　　(d) $\lambda=15$, $W_{②}=3m/s$

图 6-58　大型风力机流场计算与仿真

(2) 风力机流场的大涡模拟

基于国家自然科学基金项目"自然条件(外场条件)下水平轴风力机风轮和叶片的气动特性研究(11262011)",采用 128 核和 OpenFOAM 开源平台,针对独立风力机和双列风力机在有偏航和无偏航情况下风力机气动性能的变化和影响开展计算,算法考虑大气边界层内的大气湍流来流、覆盖逆温、温度廓线、水平气压梯度力、科氏力等诸多因素的影响。相关成果已发表在期刊《农业工程学报》和国际会议 FSSIC 2017 上,相关工作已获 2017 年甘肃省科技进步奖二等奖。如图 6-59 所示。

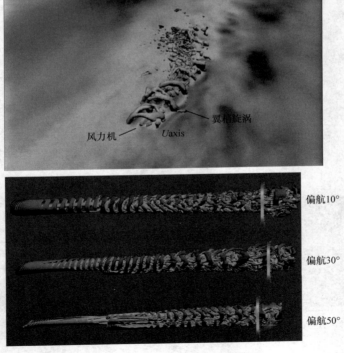

图 6-59　风力机流场的大涡模拟

4. 大型客机缝翼噪声机理的大涡模拟研究

用户姓名：李伟鹏、刘洪

用户单位：上海交通大学

软件来源：自主研发软件

计算规模：128 核

成果简介：

气动噪声是大型客机研制过程中的关键问题之一，直接关系到大型客机的适航、环保性(声污染)和安全性(声疲劳)。利用上海交通大学的超级计算机"π"，针对大型客机的缝翼噪声的产生机理，开展大规模的数值计算工作，揭示缝翼中的多尺度、非定常、复杂的流动现象，阐述层/湍流边界层分离、剪切层混合和剪切层-壁面干扰等典型的流动问题，研究涡声耦合、声源识别、声传播与声辐射等重要声学问题。利用高可靠性大涡模拟，实现缝翼流场/声场一体化研究，阐述流场涡系结构的生成与演化规律，掌握缝翼噪声的产生位置、强度和频谱特性。利用先进的数据挖掘方法，深度分析缝翼非定常流动与噪声之间的多尺度时空关联，揭示缝翼噪声的产生机理。相关成果已发表在高水平期刊《AIAA Journal》《Journal of Aircraft》等上。如图 6-60 所示。

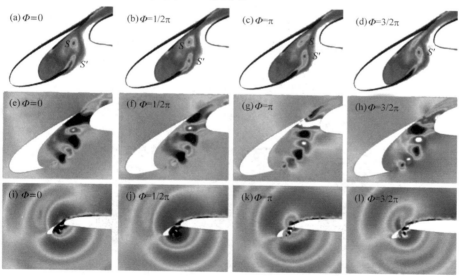

图 6-60　大型客机缝翼噪声机理的大涡模拟

6.2.1.8　天文学

1. 基于"天河二号"的行星与大气模拟

用户姓名：杨超

用户单位：中国科学院软件研究所

软件来源：自主研发软件

计算规模：33534 核(CPU+MIC)

成果简介：

数值模拟是行星流体动力学研究的主要工具，主要研究行星表层的大气、海洋和内部的流体，探讨行星流体的运动形态和随时间的演化过程。行星流体动力学具有大时空跨度、极端物性参数、快速旋转和球形几何形状等特征，决定其数值模拟必须具有很高的时空分辨率，被视为高性能计算的一个挑战。

借助计算机技术进行数值模拟成为预测气象变化趋势的主要手段。针对国产下一代 GRAPES 数值模式的原型系统，采用 MPI+OpenMP 的编程模型，在"天河二号"上实现多节点大规模 CPU+MIC 的异构并行模拟。

行星流体动力学求解行星内部球壳中流体在 Boussinesq 近似和不可压缩条件下的归一化方程组。大气数值模拟求解立方球网格上的二维全球浅水波方程。行星流体动力学方程组离散后形成速度-温度和压力线性系统，在每个时间步上采用 GMRES 算法依次求解速度-温度和压力线性系统直到整个系统达到稳态。大气数值模拟主要为立方球网格上全球浅水波方程组的迭代计算。每个时间步被细分为 3 个小时间步，每个小时间步内，按照 MCV 离散格式，对求解变量(h, u, v)执行模板更新计算以及立方球片间的插值计算操作。

行星流体动力学数值模拟实现"天河二号"平台众核加速，数值模拟结果与相关文献一致。异构众核相比 CPU 实现了 6 倍的加速比。大气模拟基于"天河二号"超算平台，实现立方球网格上全球浅水波方程求解的大规模异构并行计算。使用 shallow-water 标准测试算例的模拟结果与相关文献一致。使用 26496 核的并行效率超过 86.7%。如图 6-61 所示。

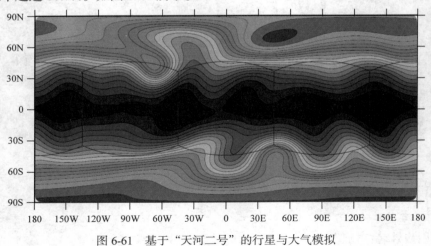

图 6-61　基于"天河二号"的行星与大气模拟

2. 平方公里阵列科学数据处理核心软件大规模集成测试

用户姓名：安涛

用户单位：中国科学院上海天文台

软件来源：自主研发软件

计算规模：11520 核

成果简介：

当前射电天文中最先进的数据分析软件系统所能处理的数据量远不能满足平方公里阵列(square kilometre array，SKA)的需求。为此，由西澳大学 ICRAR 研究所平方公里阵列团队牵头，包括中国科学院上海天文台在内的国际联合团队研发了一款数据流管理系统 DAliuGE(Data Activated Flow(流 Liu)Graph Engine)，为平方公里阵列提供科学预处理产品。

DAliuGE 采用"数据驱动"的先进设计理念，用软件封装数据并启动处理这些数据所需的程序。相当于数据被包装在一个具有活性的软件里，每当一个数据项准备就绪，它就将触发下一个执行任务，并不会因为等待数据而空闲运行。

安涛研究员带领的平方公里阵列团队参加了 DAliuGE 项目的研发工作，完成 Bash APP Drops 的应用及 DAliuGE 逻辑图编辑器的完善、大规模 Drops 运行算法的优化、DAliuGE 集群测试程序的完善等工作。2016 年 6—7 月，由安涛团队牵头，在中山大学国家超级计算广州中心和 ICRAR 研究所团队的协助下，在"天河二号"超级计算平台上成功部署 DAliuGE，并完成 1000 计算节点的大规模集成测试，检验了软件系统的稳定性和可扩展性。这是平方公里阵列核心软件首次完成大规模集成测试。

为分析 DALiuGE 的成本，在 480 个"天河二号"计算机节点上于 1 个数据岛和 5 个数据岛处分别部署 420 万个 Drops。5 个岛上并行的 Separate graph 部分的成本明显减少，因此 5 个岛上的部署成本也相应减少。为了对 DALiuGE 事件处理和演化进行可视化，图 6-62 显示了具有 66918 个 Drops 的运行物理图。程序

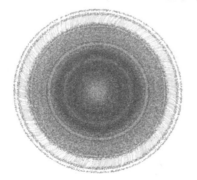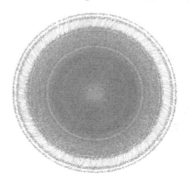

图 6-62　具有 66918 个 Drops 的运行物理图

刚开始时(左半部分)，大多数 Drops 仍处于初始化阶段，有一些正在运行，而少量 Drops 已完成运行；当程序即将完成运行时(右半部分)，全部 Drops 完成运行。

3. 星系尺度上的恒星形成过程和动力学反馈的大规模数值模拟研究

用户姓名：冯珑珑

用户单位：中国科学院紫金山天文台

软件来源：开源软件、自主研发软件

计算规模：8192 核

成果简介：

利用联想"深腾 7000"超级计算平台，建立完整的包括暗物质-流体动力学的高效宇宙学数值模拟计算环境 WIDGEON。基于该程序开展大规模宇宙学数值模拟，探讨宇宙结构形成中的重子物质大尺度速度旋度场和湍流形成和演化特征，研究不同星系模型中物质外流的流体动力学过程；而基于 Gadget 的 N 体数值模拟则有望获得超大规模的宇宙学数值模拟样本，该样本将对我国的重大科学工程如大天区多目标光纤光谱望远镜(large sky area multi-object fiber spectroscopy telescope，LAMOST)(郭守敬望远镜)红移巡天计划的科学目标实现，南极天文的科学预研起到重要的作用。

该研究的主要成果包括：第一，采用所发展的宇宙流体动力学数值模拟程序 WIDGEON，研究宇宙大尺度上速度旋度场及湍流的形成过程，并统计分析其演化特征；第二，在各种星系模型中，开展超新星产生的星系外流的流体动力学模拟，对星风产生的金属抛射和动力学结构进行分析；第三，利用 Gadget 宇宙学数值模拟软件包，开展目前超大规模的宇宙大尺度结构形成和演化的 N 体数值模拟，已取得阶段性进展。

在"深腾 7000"上针对 4096^3 的三维流体计算网格实现 8192 核的星系风计算，并行效率达 97.6%。

4. "凤凰项目"与"盘古计划"

用户姓名：高亮、冯珑珑、景益鹏

用户单位：中国科学院国家天文台、中国科学院紫金山天文台、中国科学院上海天文台

软件来源：开源软件、自主研发软件

计算规模：2048 核

成果简介：

宇宙如何从一个几乎均匀各向同性的状态演变成充满恒星、星系、星系团、空洞以及各种纤维结构的观测宇宙，一直是天文学家关注的热点研究课题。中国

的天文学家运用联想"深腾 7000"超级计算机分别进行了两组世界领先的宇宙学数值模拟。其中"凤凰项目"旨在研究宇宙星系团的结构与形成。该项目已经产出诸多重要成果，其中在星系团暗物质湮灭信号以及星系团物质结构研究方面，研究结果已快速成为世界天文学界在此两个重要领域里的标准文献。"盘古计划"是一个科学家层面组成的合作研究团队——中国计算宇宙学联盟(Computational Cosmology Consortium of China，C4)提出的大型宇宙学数值模拟计划，旨在依托我国自主研发的超级计算机，细致解析暗物质和暗能量主导的宇宙中的结构形成过程。已完成的该项数值实验借助近 300 亿个虚拟粒子，再现了边长为 50 亿光年的立方体积中物质分布的演变过程，是迄今为止同等尺度上规模最大、精度最高的数值实验。这不仅有助于我们理解星系的形成和演化以及超大质量黑洞的形成过程，同时对我国重大科学工程大天区多目标光纤光谱望远镜以及未来南极天文台的科学目标的实现具有重要的意义。

2010 年在"深腾 7000"超级计算机上分别进行了 1024×78 天和 2048×13 天的两个大规模模拟，最终产生的数据文件超过 90T，是当时国内超算中心模拟总时长最大的模拟，并行效率超过 50%。由于核数多，I/O 吞吐大，MPI 通信量大，因此如此长时间的模拟对超级计算机是一个巨大的考验，需要极强的系统运维保障才能顺利实施。此系列模拟的顺利完成，标志着我国已具备驾驭超级计算机进行长时间、大规模模拟的能力。

6.2.1.9　工业仿真与设计

1. 大型水利工程坝体溃决及洪水演进三维精细仿真模拟

用户姓名：许栋、及春宁
用户单位：天津大学
软件来源：自主研发软件
计算规模：1056 核
成果简介：

我国大型水利工程众多，近年来建成的三峡水电站、锦屏水电站、小湾水电站、溪落度水电站等工程规模不断刷新大型水坝建设的世界纪录，坝体安全和洪水风险问题研究意义重大。长期以来受计算规模限制，洪水计算采用简化的一、二维浅水模型，不符合大型水坝溃口发展和洪水演进的复杂三维特性，迫切需要高性能并行计算。另一方面，大坝漫顶溃决伴随强烈局部冲刷，其输沙机理和计算模式是河流动力学经典难题，基于高性能计算的湍流和颗粒流模拟为探索输沙力学机理带来契机。该研究依托国家自然科学基金委员会-广东省政府联合基金超级计算科学应用研究专项等项目，在"天河二号"超算资源及专业服务支持下，研发三维溃坝水流精细仿真模拟和流固耦合高性能计算代码包 CgLes_IBM_Y,开拓以大规模精细模拟为支撑的水利工程基础理论研究。如图 6-63 所示。

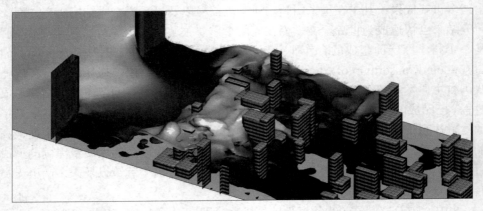

图 6-63　溃坝洪水在局部城区的三维水流运动(溃后 50 秒)

　　三维流体计算采用有限体积法(FVM),湍流采用大涡模型(LES),自由表面采用流体体积法(VOF),坝体溃决采用联合有限元-离散元模拟(FDEM),流固间采用浸入边界法(IBM)耦合。采用空间分区并行模式,仅针对计算块边界区域(EDGES)并行交互,采用优化 MPI 缓冲式高效并行。

　　该研究通过非阻塞式 MPI 通信优化,实现水流模拟在 1000 计算核心规模下较好的并行扩展,成功打破大型城市高分辨率(1m 以内)洪水模拟的计算效率瓶颈;借助高可信仿真模拟揭示城市洪水传播过程中能量耗散、阻力形成和涡漩脱落等微观力学机制,克服实验测量局限性;模拟数百万泥沙颗粒群体运动,揭示湍流输沙深层次机理,为分析大型水利工程灾变机理提供重要的科学依据。

　　2. 基于"天河二号"超算平台的汽车气动噪声数值计算应用

　　用户姓名:陈金华
　　用户单位:广州汽车集团股份有限公司汽车工程研究院
　　软件来源:商业软件
　　计算规模:384 核
　　成果简介:

　　该项目基于"天河二号",着眼于汽车气动噪声工程仿真分析研发需求,开展计算效率、计算精度及部分应用验证研究,有效支撑广州汽车集团股份有限公司自主品牌开发中的仿真分析和优化创新业务。

　　该项目研究广州超算平台与 GAEI HPC 平台在气动噪声仿真计算中的并行计算效率及计算精度,主要结果如图 6-64、图 6-65 所示。以 4000 万网格单元,时

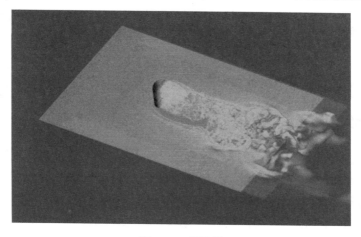

图 6-64　涡量图

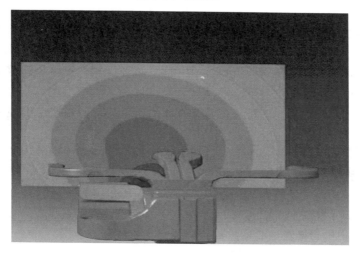

图 6-65　HVAC 声波辐射

间步长 0.00002 秒，单个时间步内迭代 5 次，计算物理时长 0.3 秒为例，广州超算平台与 GAEI HPC 平台单个迭代步耗时分别为 668.2 核秒与 728.2 核秒，完成整个计算任务广州超算平台比 GAEI HPC 平台节约 1250 核小时，而计算精度两者相当。以双精度气动噪声计算为例，对于简化汽车模型，预计单次计算时间可由原来的 7 天降低至 3 天。

基于德国汽车联盟发布的 HVAC 简化标准模型及试验数据，验证仿真分析方法的准确性，然后将该方法应用于某车型 HVAC 开发，通过仿真方法对比分析两种方案的气动噪声性能。

基于韩国现代汽车发布的汽车简化标准模型及试验数据，验证车外与车内风噪声仿真分析方法的准确性，然后将该方法应用于某车型风噪性能的实际开发，通过仿真方法对比分析两种后视镜布置方案对气动噪声性能的影响。

通过该项目的实施，获得基于广州超算平台与 GAEI HPC 平台开展大规模气动噪声仿真时的计算效率与计算精度差异，并将其应用于一些工程实际项目，取得一定成绩，为推进 GAEI HPC 平台与广州超算平台在大规模工程数值仿真合作方面积累宝贵经验，达到预期目的。

3. 实船尺度水动力及推进性能数值模拟分析

用户姓名：陈灏、何光伟、王炳亮、黄丽

用户单位：广州广船国际股份有限公司

软件来源：商业软件、开源软件

计算规模：288 核

成果简介：

模型试验是预估船舶水动力性能的传统方法，其缺点为时间长、费用高。随着计算机技术的发展，计算流体动力学模拟技术以其速度快、耗费低等优点被广泛应用，但模型与实船的流场并不完全相同。如何运用计算流体动力学对实船进行数值模拟成为近年的研究热点。实船计算流体动力学模拟可以更快更真实地反映出船舶的水动力性能，为船型的优化提供直观信息，可以快速实现多型线的对比筛选。

采用滑移网格技术对模型和实船进行数值模拟，实船模拟值与模型模拟修正值对比，模型尺度计算流体动力学模拟计算与模型试验差异在 3% 以内，实船数值模拟时需在模型尺度网格基础上加密，尤其需对艉部特别加密，采用网格量达到1000 万以上时，模拟结果精度基本保持不变，模拟结果与模型试验修正值差异在5% 以内，其中包含模型试验数据修正过程中产生的误差。

实船流场与模型流场存在较大差异，我们通过波形图、伴流图、船体表面流线图、船体表面动压图对比分析模型和实船数值模拟流场的差异，其中波形图、船体表面动压图的差异较小，伴流图、船体表面流线图的差异较大。伴流图和船体表面流线图可以直观反映出船体线型优劣，保证其精确性是极为重要的。

综上所述，模型计算流体动力学模拟并不能真实反映实船的流场情况，而且实船模拟结果精度较高，因而实船计算流体动力学模拟分析船舶水动力性能是可行且必要的。

采用实船数值模拟技术，我们做了多个船型的水动力性能预估，包括 75K 原油船多线型性能预估、50K 原油船多线型性能预估、115K 斜尾原油船多航态性能预估、节能装置性能预估、高速小艇性能预估等。如图 6-66 所示。

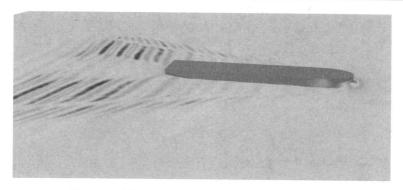

图 6-66　实船尺度水动力及推进性能数值模拟分析

4. 船舶与海洋工程计算流体动力学

用户姓名：段文洋
用户单位：哈尔滨工程大学
软件来源：自主研发软件
计算规模：1296 核
成果简介：

强非线性波浪砰击精细模拟成为海洋工程装备(船舶、海洋浮式平台等)结构设计中准确预报波浪砰击载荷的关键技术之一。该研究基于直角网格计算流体动力学方法自主研制开发强非线性波浪砰击精细模拟软件"数值水池虚拟试验系统"，针对恶劣海况下船舶甲板上浪砰击、海洋浮式平台气隙/砰击等业界关注的问题进行研究。

成果应用于上海船舶运输科学研究所的 14000 箱集装箱船甲板上浪载荷预报，针对船舶上浪砰击问题建立数学模型，并进行软件算法并行优化，在"天河二号"超算平台上实现了 1 亿网格量级的精细计算，准确预报砰击载荷。如图 6-67 所示。

图 6-67　集装箱船上浪砰击模拟

建立极端海况下海洋浮式半潜平台气隙/波浪砰击精细模拟模型,实现气隙高度准确计算,针对极端海况下海洋浮式半潜平台运动和载荷计算问题建立数学模型,并进行软件算法并行优化,在"天河二号"超算平台上实现6千万网格量级的精细计算,准确预报气隙高度。成果将应用于烟台中集来福士海洋工程有限公司设计的第七代深水半潜式平台气隙/波浪砰击载荷预报研究。

5. "江淮和悦"乘用车获 C-NCAP 五星级安全评价

用户单位:安徽江淮汽车集团股份有限公司
软件来源:LS-DYNA
计算规模:28 核
成果简介:

安徽江淮汽车集团股份有限公司利用中国科学技术大学超级计算中心平台对"江淮和悦"乘用车进行碰撞模拟研究,并改进设计。该车型于 2011 年 12 月顺利通过中国新车评价规程(C-NCAP)安全测试,荣获五星级安全评价。如图 6-68 所示。

图 6-68　汽车碰撞模拟研究

6. 拟筛选重大地下工程灾害孕育演化模拟的万核级并行有限元软件研发

用户姓名:张友良
用户单位:中国科学院武汉岩土力学研究所
软件来源:基于其他软件改造的软件
计算规模:万核 CPU("元"超级计算机)
成果简介:

该项目发挥高性能计算技术在国家重大岩土工程数值仿真中的作用,提高数值模拟效率、规模和精度。在自主研发的岩土三维并行有限元程序基础上,完善与优化一种高度并行、可扩展的对偶原始有限元撕裂内联算法(FETI-DP 算法),采用 Newton-Raphson 算法求解材料非线性问题,并编制对应程序。对程序在 MIC 构架上进行优化,主要对其中计算量较大的函数模块进行优化,效果不理想,主要原因是数据高度关联，且进程间数据传输频繁。对某水利工程边坡大规模三维模型采用 1 万核并行计算，得到较好的并行效率(78%)。如图 6-69 所示。

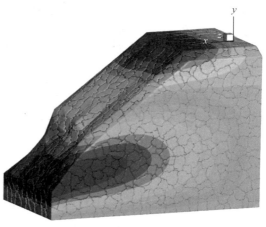

图 6-69   水利工程边坡大规模模拟

6.2.1.10   金融计算

1. 金融特征工程并行处理系统

用户姓名：陈锦辉
用户单位：华南理工大学
软件来源：自主研发软件
计算规模：2400 核+20 GPU
成果简介：

在金融建模的设计与分析中，特征工程是一项非常重要的工作，它能从根本上改善模型效果，其筛选得到的特征变量集是整个模型的信息输入，决定着整个模型的最终效果表现。能否在海量数据及众多数据特征中快速找到稳定发挥作用的特征组合决定着模型能否应用到实际运行的市场中，该应用将"天河二号"强大的高性能计能力引进金融计算中，从而加速金融建模中特征工程的进行。

该应用是为了帮助量化投资者在建模过程中筛选出对模型稳定有效的特征变量。通过对不同模型策略进行计算以得到特定的评估目标，然后根据目标变量在特征初始集中选出优化子集，再将模型运用到实际的投资策略中，以期获得稳定表现的投资策略。

该应用首先由主节点任务管理程序对数据进行初始化并对子节点程序进行任务分配与实时监控，然后子节点任务运行程序会根据运行时配置文件进行任务计算并保存结果，最后对结果进行集合统计并根据目标变量意义进行排名，选取靠前的子集进行实证分析。

为了充分利用"天河二号"上的硬件资源，该应用实现基于 CPU 与 GPU 并行的异构计算系统，有 GPU 的分区节点上实现的计算能力可接近 3 个没有 GPU 的计算节点。对于整体加速效果而言，测试用例通过调用"天河二号"上不到 100 个计算节点，达到上千倍级别的加速比，使采用传统单机实现方案难以完成的特征工程在 2 天内完成。对于模型效果而言，经此特征工程筛选出来的特征组合能有效降低最大回撤并提高胜率和夏普比率，从而获得更稳定的投资策略。如图 6-70 所示。

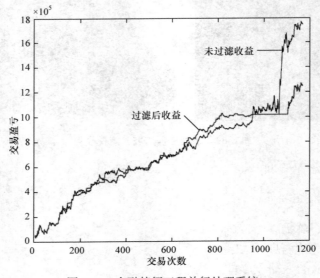

图 6-70　金融特征工程并行处理系统

2. 基于合作演化的社会网络演进规律研究及其在社保治理中的应用

用户姓名：吕天阳
用户单位：审计署计算机技术中心
软件来源：自主研发软件
计算规模：384 核
成果简介：

为何理性自利的个体会相互合作，让众多领域学者困惑和着迷。近年来，相关成果连续在《Nature》《Science》等刊物发表。但现在研究仍未解答行动者为何以现有方式互动并实现合作(如无标度网)，相关研究也缺少对当前重大社会问题的现实指导意义。

该研究采用基于异质社会网络的合作演化模型，并用于研究当前普遍存在的"社保逃避缴费"行为的治理策略。

采用基于异质社会网络的博弈演化方法。节点代表行动者，边表示关系，不同子网具有不同的拓扑特征和演化规则。

初始化：生成拓扑性质接近的 BA、ER 和 WS 子网，建立子网间连边。

博弈演化：任一节点与其每个邻居进行博弈，而后以较高概率学习总收益更高的邻居的策略；重复这一过程，直至合作者比例稳定。

网络增长：各子网按各自规则实现增长，而后开始新一轮博弈演化。

以往研究只是孤立、静态地比较不同构型网络的合作表现。该研究提供一个直接竞争、并行演化的环境，揭示无标度网络更有利于合作者生存，能抵御其他子网的背叛诱惑，可以在更恶劣环境中维持"群体合作"的特点。从而解答人类社会网络多呈现无标度性的原因，具有一定的理论意义。

以往研究对于"逃避缴费"问题，只是定性给出"加强监管"建议。该研究首次给出基于定量分析的结果，即如果能够发现 15%—25% 的违规行为就能基本遏制违规现象，并优化社保机构的核查成本与惩罚收益。这有助于提高政策制定的科学化水平，具有重要的应用价值。

图 6-71 为异质演化网络的构建与合作演化示例，其中黑色节点代表背叛者，白色节点代表合作者，演化稳定后，各子网分别增加 2 个新节点。图 6-72 展示了当背叛诱惑从 1.0 以步长 0.1 增长到 4.0 时，不同子网中合作者所占比率。

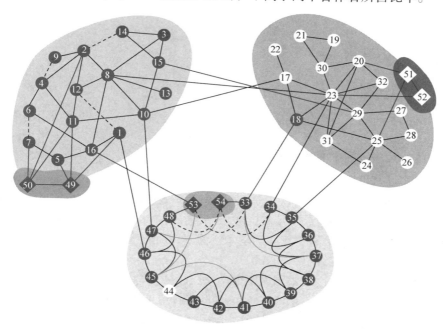

图 6-71　异质演化网络的构建与合作演化示例

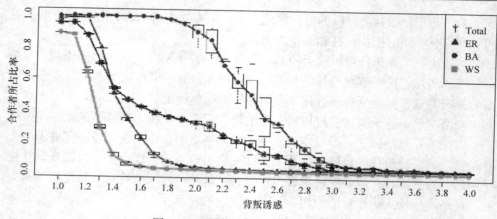

图 6-72　不同子网中合作者所占比率

6.2.2　典型应用成果案例——从作业规模维度

6.2.2.1　百核规模

1. 具有强层间相互作用和高迁移率的新型贵金属硫属化物

用户姓名：季威
用户单位：中国人民大学
应用领域：计算物理
软件来源：自由软件
计算规模：百核
成果简介：

二维层状材料具有原子层厚度和表面无悬挂键等特点，被视为纳米电子学最有希望的材料之一。近年来科学家们高度关注的石墨烯、过渡金属硫属化物、黑磷等二维半导体材料不断取得新进展，为找寻高性能的纳米电子学和光电子学材料打下坚实的基础。此前人们认为在黑磷中，层间电子耦合引起电子结构的强烈层数依赖是其特有的性质。然而，近来发现的一类全新化合物，10B 族的贵金属硫属化物中普遍存在显著层数依赖的电子结构特性和特殊的层间振动耦合特性。同时，该类材料在室温下有着较高的电子迁移率，并在空气中具有很好的稳定性，是相当有潜力的新兴二维材料。

上海超级计算中心用户中国人民大学季威教授与合作者通过实验测量和理论预测对贵金属硫族化合物的代表材料二硫化铂(PtS_2)和二硒化铂($PtSe_2$)进行系列研究。研究发现不仅 PtS_2 的间接带隙在单层(1.6—1.8eV)到体相(0.25—0.48eV)之间可调，单层到体相 $PtSe_2$ 更是发生从具有 1.17eV 带隙的半导体到半金属的转变。该类材料显示出如此强的层数依赖的电子结构特性，主要是由于 Pt 上 d 轨道电子富集，使得层内 Pt-S(Se)间采用八面体构型，S(Se)原子中留下的未参与杂化的 p_z 轨道产生层间轨道交叠引起的。同时，这样强的杂化作用导致材料的剪切模和呼吸模的振动频率相近，可认为这两种材料具有各向同性的振动性质，这在二维材料中是相当特别的性质。同时，研究还讨论了从 d 轨道电子数目和轨道能量差异出发，预测这类材料层间相互作用和层数依赖物性的一般原则。接下来，进一步研究这种新奇的二维材料的电学性质和稳定性，发现该类材料具有高的电子迁移率并在空气中能保持很好的结构稳定性。多层 PtS_2 和 $PtSe_2$ 的迁移率在室温下分别能达到约 $100cm^2V^{-1}s^{-1}$ 和 $210cm^2V^{-1}s^{-1}$，该数值与多层黑磷的迁移率相当且高于一般过渡金属硫族化合物。同时，与多层黑磷材料在空气中性能退化严重不同，这类材料不易被 O_2 氧化且疏水，在空气中放置较长时间(约 1 年)样品形貌亦无明显退化。这些优良的性质为该类材料的应用奠定坚实基础。

这一系列工作不仅激发人们对一类新材料及其物理特性的研究，深化对二维材料层间耦合的认识，而且促进人们探索该类材料的高电子迁移率和优良的结构稳定性，使其成为相当有潜力的纳米电子学和光电子学材料。

2. 边界修饰的磷烯纳米层

用户姓名：杨金龙

用户单位：中国科学技术大学

应用领域：计算化学

软件来源：自由软件

计算规模：百核

成果简介：

高效太阳能电池设计和实现的核心是异质结模型。通过选取合适的施主和受主两种不同半导体材料，可以有效地分离和收集异质结中的载流子。这些半导体材料必须满足合适的能隙(1.2—1.6eV)和高电子迁移率等以便于太阳光吸收和电子输运。其中，很多二维材料(如石墨烯、二硫化钼和磷烯等)由于具有极高的光吸收表面和可调控的光电性质，广泛应用于太阳能电池异质结中。

上海超级计算中心用户中国科学技术大学的杨金龙教授与合作者根据经典的电偶层理论和第一性原理密度泛函理论，设计出不需要选择两种不同半导体材料，仅仅由氢化(施主材料)和氟化(受主材料)磷烯纳米层即可构成的新型太阳能异质结模型，对太阳能量的转换效率高达 20%。该异质结模型可以广泛应用到其他二维材料太阳能电池上，为未来在实验上和理论上设计和实现新型高效太阳能电池提供新思路。

3. 抗冻蛋白的冰结合面和非冰结合面对冰核形成的 Janus 效应

用户姓名：方海平

用户单位：中国科学院上海应用物理研究所

应用领域：生命与健康

软件来源：自由软件

计算规模：百核

成果简介：

抗冻蛋白是生活在寒冷区域的生物经过长期自然选择进化产生的一类用于防止生物体内结冰而导致生物体死亡的功能性蛋白质。对抗冻蛋白抗冻机制的研究有助于揭开冰晶成核、生长和冰晶形貌调控的分子层面的机理。因而，自 20 世纪 60 年代首次发现抗冻蛋白以来，科研人员对这类蛋白的抗冻机制进行了逾半个世纪的研究。但是，科研人员对抗冻蛋白调控冰晶成核的机制一直有争议，即有些科研人员认为抗冻蛋白能促进冰核的形成，而另一些科研人员认为抗冻蛋白可以抑制冰核的生成。

上海超级计算中心用户中国科学院上海应用物理研究所方海平研究员与合作者根据抗冻蛋白的冰结合面(ice-binding face)和非冰结合面(non-ice-binding face)具有截然不同官能团的特性，将抗冻蛋白定向固定于固体基底，选择性地研究抗冻蛋白冰结合面与非冰结合面对冰核形成的影响。研究表明抗冻蛋白的不同面对冰核的形成表现出完全相反的效应：冰结合面促进冰晶成核，而非冰结合面抑制冰晶成核。

通过分子动力学模拟进一步研究抗冻蛋白的冰结合面和非冰结合面界面水的结构，发现冰结合面上羟基和甲基有序间隔排列使得冰结合面上形成类冰水合层，从而促进冰核生成；而非冰结合面上存在的带电荷侧链及疏水性侧链使得非冰结合面上的界面水无序，从而抑制冰核形成。这就揭示了抗冻蛋白对冰成核 Janus 效应分子层面的机制。如图 6-73 所示。

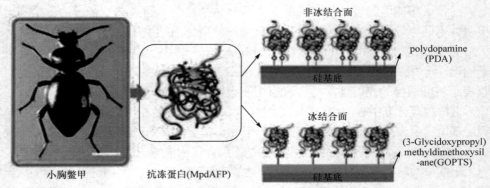

图 6-73　抗冻蛋白的冰结合面和非冰结合面对冰核形成的 Janus 效应

该研究大大加深了人们对抗冻蛋白分子层面防冻机制的理解，同时对研究仿生合成防覆冰材料和低温器官保存材料有着重要的指导意义。

4. 晶体结构揭示 TET 蛋白介导的氧化反应底物偏好性机制

用户姓名：蒋华良

用户单位：中国科学院上海药物研究所

应用领域：生命与健康

软件来源：自由软件

计算规模：百核

成果简介：

上海超级计算中心用户中国科学院上海药物研究所蒋华良研究员和罗成研究员与合作单位首次报道了 TET 蛋白底物偏好性机制，尤其对血液肿瘤(如髓系白血病)治疗性药物开发有重大意义。该成果于 2015 年 10 月 29 日在线发表在国际顶级学术期刊《Nature》上。

DNA 双螺旋结构中包含 4 种经典碱基：腺嘌呤、鸟嘌呤、胸腺嘧啶和胞嘧啶。哺乳动物基因组的胞嘧啶上会产生甲基化修饰，称为 5-甲基胞嘧啶(5mC，即第 5 种碱基)。近期研究发现，TET 蛋白将 5-甲基胞嘧啶连续氧化为 5-羟甲基胞嘧啶(5hmC，第 6 种碱基)、5-醛基胞嘧啶(5fC，第 7 种碱基)、5-羧基胞嘧啶(5caC，第 8 种碱基)。5-甲基胞嘧啶诱导基因沉默，在生命发育过程和疾病发生过程中起重要作用。由 TET 蛋白修饰而产生的新碱基既是去甲基化过程的中间状态，也可能作为基因组的重要"标记物"，具备特定的生物学功能。这些"标记物"的异常，与众多恶性肿瘤的发生相关。值得注意的是，TET2 蛋白丧失活性会导致血液肿瘤。

基因组中 5hmC 稳定存在，且含量远远高于 5fC 和 5caC，但这一现象一直没有合理的生物学解释。该研究团队综合利用结构生物学、生物化学和计算生物学等研究方法，揭开了这一谜底。实验表明，TET 蛋白对 5mC 具备很高活性(产生 5hmC)，而对 5hmC(产生 5fC)和 5fC(产生 5caC)的活性很低。TET 蛋白就如同连续的三个扶梯，在转化不同碱基的情况下转化速度明显不同，如图 6-74 所示。结构研究发现，5mC 在 TET 蛋白催化口袋中的取向使其很容易被催化活性中心俘获并被氧化为 5hmC。5hmC 和 5fC 由于已经有氧的存在，在催化口袋中被限制住，不容易发生进一步的氧化反应，导致 TET 蛋白对这两种碱基活性降低。在这样的催化能力差异下，TET 会很顺利使 5mC 产生 5hmC，一旦 5hmC 产生，TET 将不容易使其进一步被氧化为 5fC 和 5caC，导致细胞内 5hmC 相对稳定，并且含量远远高于 5fC 和 5caC。在特定的基因区域，TET 蛋白可能被特定的调控因子激活，会跨越能垒阻碍产生高活性的 TET，连续被氧化为 5fC 和 5caC。这一发现解决了困扰表观遗传学领域的一个难题，也为揭示其他蛋白质逐步催化反应的分子机制提供了新思路和新方法。

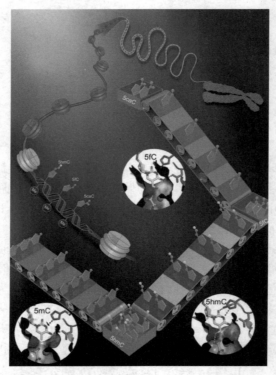

图 6-74　晶体结构揭示 TET 蛋白介导的氧化反应底物偏好性机制

5. C919 大型飞机数值仿真

用户姓名：不详
用户单位：中国商用飞机有限责任公司上海飞机设计研究院
应用领域：航空航天
软件来源：商业软件
计算规模：百核
成果简介：

航空工业是高端装备制造业的典型代表，是国家工业基础、科技水平和综合实力的集中表现。C919 总装下线是中国航空工业史上具有里程碑意义的重要一页。根据工程发展阶段计划安排，后续还将开展一系列的确认和验证方面的工作。中国商用飞机有限责任公司上海飞机设计研究院总体气动设计研究部在上海超级计算中心主要进行了全机复核计算和方案论证阶段的全机高速构型计算流体动力学计算等分析工作。高性能计算在飞机设计各环节都有非常重要的应用，是先进飞机研制的核心技术手段之一。上海超级计算中心一直为我国的大飞机事业贡献着自己的力量。如图 6-75 所示。

图 6-75　C919 大型飞机数值仿真

6. 某电站某重要核级管道热分层分析

用户姓名：不详
用户单位：上海核工程研究设计院
应用领域：工业仿真与设计
软件来源：商业软件
计算规模：百核
成果简介：

热分层现象是热疲劳产生的一个重要原因，温差的大幅度震荡给反应堆容器和容器内部构件造成严重的热应力。在重要核级管道的应力和疲劳分析中，需要考虑运行热瞬态导致的载荷作用，即需要考虑热分层的影响。这一过程采用计算机辅助工程的方法进行模拟，能够快速直观地获知管道内的热分层现象，从而优化设计，既节约时间又节省昂贵的实验成本。数值计算过程借助上海超级计算中心的计算资源，大大缩短分析的计算时间，实现多个复杂算例的并行推进。如图 6-76 所示。

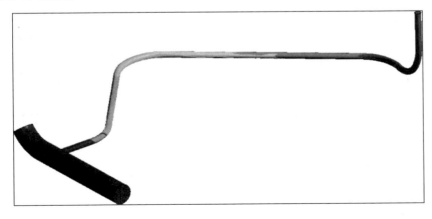

图 6-76　某电站某重要核级管道热分层分析

7. 基于某车型侧面碰撞的优化分析

用户姓名：不详
用户单位：上海世科嘉车辆技术研发有限公司
应用领域：工业仿真与设计
软件来源：商业软件
计算规模：百核
成果简介：

侧面碰撞在 E-NCAP 的基础上要求更高，台车使用 AE-MDB V3.9，但是台车质量增加 100kg，高度增加 50mm。因此要达到 2018 年五星标准，需要优化车型结构。通过计算机辅助工程分析，车身结构变形合理，B 柱和车门侵入量小，而且适当减重，假人伤害值较小，为企业缩减成本，提高效益。几乎所有计算机辅助工程分析都由上海超级计算中心完成，软件齐全、计算速度快，为模拟分析计算提供便利。如图 6-77 所示。

8. 船-桥碰撞过程数值模拟

用户姓名：不详
用户单位：上海交通大学

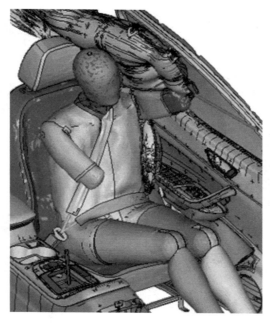

图 6-77　基于某车型侧面碰撞的优化分析

应用领域：工业仿真与设计

软件来源：商业软件

计算规模：百核

成果简介：

基于有限元模态分析和参数优化的等效及多尺度建模方法，在时域内采用基于显式中心差分子循环算法求解系统方程,将船、桥结构的有限元模型进行装配、整合，并设置合理的初始条件和边界条件，进行有限元分析。结果显示船-桥碰撞中桥梁各精细建模位置的应力集中主要在腹杆与弦杆的交叉处。仿真结果能够为桥梁的健康监测和关键位置的疲劳分析提供依据。计算采用上海超级计算中心"蜂鸟"工业计算机群，有力保证计算效率。如图 6-78 所示。

9. 超算资源在功能材料设计与化工领域的应用

用户姓名：易海波

用户单位：湖南大学

应用领域：计算材料

软件来源：商业软件、免费软件

计算规模：20 节点以上(约 300 核)

成果简介：

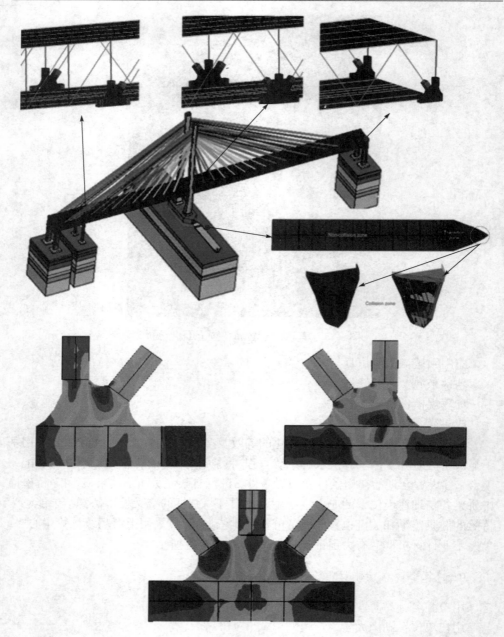

图 6-78　船-桥碰撞过程数值模拟

　　砷环境污染与饮用水砷污染带来严重危害，但是除砷技术与方法的综合效率不高，且在某些条件下效果不稳定。铁盐除砷是最常用也是效果较好的方法。然而实际工艺过程中，冶炼和工业废水中排放的砷(污酸)酸度高，且有其他共存离子等因素使得除砷方法存在很多不足，需要进一步改善铁盐除砷的工艺。为了从分子水平揭示除砷过程的微观机制，该研究采用量子化学方法与分子动力学模拟研究溶液中铁砷的物种形态、不同形态的铁材料与砷酸根物种的缔合作用与微观吸附机制；从理论计算的角度探讨铁盐除砷的沉淀机制与吸附机制，以及铁盐沉淀过程中的主要沉淀物种，并评价在不同 pH 条件下铁盐沉淀除砷的效果；研究影响不同形态铁材料与砷酸根物种之间缔合的微观因素，并分析在不同 pH 条件下铁材料对砷酸根物种的吸附情况。铁氢氧化物胶体对砷的最优吸附条件应限于中性 pH 环境，碱性条件将不利于铁氢氧化物胶体复合物对砷酸根物种的吸附。铁盐除砷通常是沉淀机制和吸附机制共同作用的结果。

因此，对于工业上污酸废水的除砷要注意 pH 的调节，应尽可能在中性环境下进行，这样才能使铁盐除砷达到较高的去除效率。钙元素大量存在于矿物资源和天然水资源中，并且由于在 50℃ 以上硫酸钙溶解度随着温度的升高而降低，因此在盐湖资源开发、海水淡化、制盐、石油开采、湿法冶金过程、工业上水循环利用等领域常常遇到硫酸钙结垢的问题。分子动力学模拟表明单齿缔合结构是 $CaSO_4$ 水溶液中的主要物种。研究结果还显示，中性 $CaSO_4$ 团簇可能是 $CaSO_4$ 水溶液中预成核或者 $CaSO_4$ 结晶过程的初级构建单元；在温度大于 120℃ 时普通盐溶液结晶方法才能获得纯的无水硫酸钙。因此，水溶液中离子缔合和水化并不一定是竞争关系，这也是 $CaSO_4$ 水溶液结晶得到的是含水晶体，而不是无水 $CaSO_4$ 晶体的原因。$CaSO_4$ 水溶液中预成核团簇的一系列新发现有助于 $CaSO_4$ 水溶液中热力学性质、过饱和现象、成核结晶机制以及不同硫酸钙相之间的转变等相关研究，并且对循环水的结垢问题的解决具有借鉴意义。

10. 基于超算的传染病抗原进化计算模拟研究

用户姓名：彭友松

用户单位：湖南大学

应用领域：生命与健康

软件来源：自编 Perl 脚本、R 语言脚本

计算规模：20 个节点(约 200 个核)

成果简介：

基于超算主要做了两个方面的研究。第一个是对核苷酸/氨基酸位点共进化算法 RCOS(residue co-occurrence score)及其 R 软件包 cooccurNet 进行大规模测试。共进化是生物进化的重要驱动力，共进化信息可以反映生物的重要结构和功能约束。该研究基于之前发展的共进化网络算法，提供新的度量位点间共进化的算法 RCOS，并且把该算法与共进化网络算法开发为 R 软件包 cooccurNet。RCOS 算法主要用来计算 DNA 或者蛋白序列中位点之间的共进化程度，对于给定长度为 M，

序列数为 N 的数据集，其计算复杂度为 $(NM)^2$。该算法涉及多个参数，包括位点的保守程度的阈值 $c1$，判断共进化与否的阈值 $c2$，位点的编码方式(根据核苷酸或者氨基酸的物化属性有多种编码方式)等。该算法测试的数据集包括 150 个蛋白家族的多序列比对，每个多序列比对的序列数分布从 511 到 74836，序列长度分布从 50 到 200。

基于超算资源，我们需要测试各个参数对该算法的影响，最终确定该算法在该数据集上的最佳参数。此外，为了确定 RCOS 的统计显著性，需要对每个多序列比对进行扰动 1000 次，建立 RCOS 在零假设下的分布。最终得到该算法在各个参数下的结果，可以帮助用户在使用该算法时根据自身的数据选择最佳的参数。

第二个研究是基于超算对高致病性禽流感 H5N1 病毒的抗原变异预测模型进行测试以及对该病毒进行抗原进化模拟。系统地理解高致病性禽流感 H5N1 病毒的抗原进化规律对于合理准确地推荐流感疫苗进而提高疫苗的效果非常重要。从该病毒的主要抗原蛋白的序列出发，通过发展计算模型对该病毒进行系统的抗原分类，然后基于该抗原分类在该病毒完整进化历史的尺度上研究它的抗原进化模式及其与时空关联规律，发现该病毒的抗原进化呈现分化式的进化模式，其流行具有明显的区域流行和多抗原类共流行的特点。这为合理地制定疫苗政策提供一定的科学依据。

11. 揭示纳米颗粒与肺表面活性剂相互作用新机理

用户姓名：胡国庆
用户单位：中国科学院力学研究所
应用领域：计算力学
软件来源：开源软件
计算规模：480 核
成果简介：

作为呼吸免疫系统的第一道防线，肺表面活性剂分子膜与可吸入细颗粒物的相互作用代表肺部最初始的生物-纳米作用。这类相互作用决定吸入颗粒的最终归宿、毒性效应及潜在的药物用途。由于其细小尺度，很大部分吸入纳米颗粒将沉积到肺泡附近，并与肺表面活性剂发生相互作用。其复杂作用机制与纳米颗粒的物理化学特性密切相关，也依赖于肺表面活性剂的分子组成、动态表面相变行为、单层膜生物力学特性等因素。

中国科学院力学研究所胡国庆研究员、焦豹博士研究生、施兴华副研究员与美国夏威夷大学 Zuo Yi 教授课题组开展合作，结合分子动力学模拟和实验测量，深入研究不同亲水性及表面电荷对纳米颗粒/天然肺表面活性剂单层膜相互作用的影响机理。研究表明，纳米颗粒与肺表面活性剂的相互作用及其脂蛋白冕的形成，不仅影响肺表面活性剂单层膜的生物物理特性，还将对随后的颗粒表面生物分子交换、与肺细胞的相互作用、颗粒进入不同组织和器官等过程产生影响。研究进一步建议，在评估纳米颗粒毒性以及设计以纳米颗粒为载体的吸入式给药方式时，应考虑纳米颗粒-肺表面活性剂脂蛋白复合体的特性。

该研究获得 973 计划、国家自然科学基金以及美国自然科学基金的大力资助。相关成果已发表在期刊《ACS Nano》上(Hu G Q, Jiao B, Shi X H, et al. Physicochemical properties of nanoparticles regulate translocation across pulmonary surfactant monolayer and formation of lipoprotein corona. ACS Nano, 2013, 7, 10525-10533.)。如图 6-79 和图 6-80 所示。

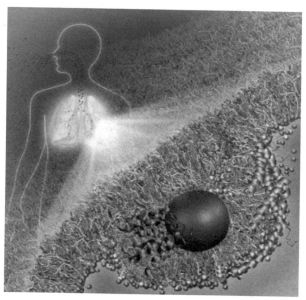

图 6-79 吸入纳米颗粒与肺表面活性剂发生相互作用

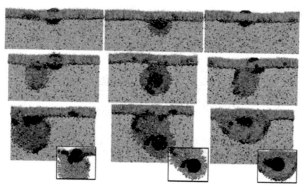

图 6-80 不同表面电荷的疏水颗粒与肺表面活性剂的作用

12. 表面暴露金字塔结构的氧化物纳米线阵列应用于高效电催化

用户姓名：凌涛
用户单位：天津大学
应用领域：新材料
软件来源：商业软件
计算规模：120 核
成果简介：

控制催化剂表面原子结构是提高催化剂性能的有效途径。对于金属氧化物，表面电子结构可控制备及原子尺度结构与催化性能关系研究仍然具有巨大挑战。采用动力学控制的气相离子交换策略，在高导电碳纤维基底上可控制备长度及直接可控的 CoO 纳米线阵列。原子分辨率球差电镜实验及模拟分析表明 CoO 纳米线表面暴露织构化的金字塔结构，这种特殊的结构由两个{100}面和两个高表面能的{111}面组成。X 射线近边吸收结果表明 CoO 纳米线表面富集氧空位。密度泛函理论计算表明在{111}表面氧空位的生长能比{100}面和{110}面低 3eV，因此这种特殊的金字塔结构表面易于富集氧空位。上述特殊的表面原子结构使 CoO 纳米线阵列获得优异的 ORR/OER 催化活性，其氧还原性能(ORR)的开启电压及 ORR 饱和电流已逼近贵金属 Pt；其氧析出性能(OER)已优于商用 RuO$_2$ 催化剂；其 ORR-OER 双功能催化的 $\Delta E=0.71$V 是所有材料中最好的。

"天河一号"计算表明 CoO 纳米线优异的电催化性能与其表面原子结构密切相关，在金字塔{111}表面引入氧空位后能实现有效的反应物 O$_2$ 活化；在 ORR/OER 催化反应过程中，所有反应中间体获得最适合的吸附能变化；另外，在{111}表面引入氧空位后能在 CoO 能带中增加新的电子态，大大提高氧化物的导电性，实现电催化过程中快速的电荷转移。该成果已发表在期刊《Nature Communications》上(Ling T, Yan D Y, Jiao Y, et al. Engineering surface atomic structure of single-crystal cobalt(II) oxide nanorods for superior electrocatalysis. Nature Communications, 2016, 7, 12876.)。如图 6-81 所示。

6.2.2.2　千核规模

1. 区域超高分辨率多圈层耦合数值预报系统

用户单位：青岛海洋科学与技术国家实验室
应用领域：海洋领域
软件来源：开源软件(WRF、ROMS)
计算规模：3960 核心
成果简介：

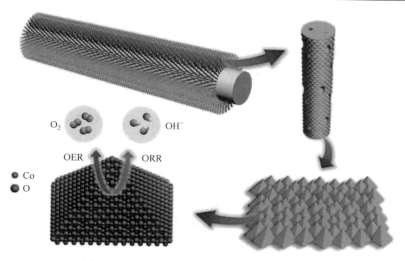

图 6-81　调控表面原子结构制备优异电催化剂

"两洋一海"聚焦西太平洋-南海-印度洋这一关键海区，通过实时或准实时获取这一海区不同尺度的海洋环境综合信息，研究其多尺度变化的机理，构建我国特色的海洋动力系统数值模式体系,建立海洋环境和气候变化的预报和预测系统，从而实现海洋的状态、过程和变化透明。"两洋一海"区域超高分辨率多圈层耦合数值预报系统采用青岛海洋科学与技术国家实验室、美国德州农工大学、美国国家大气研究中心联合研发的 CRESM 模式，主要针对"两洋一海"区域做高分辨率耦合数值预报，目前对该区域的研究处于国际前沿水平。选取的 CRESM 模式的大气和海洋分量分别是 WRF 和 ROMS 模式，此外还有海浪模式 SWAM、陆地模式,化学等分量也在不断补充和完善,这些分量用耦合器使其有机地运转起来。目前实现实时预报的大气分量分辨率为 27km，海洋分量分辨率为 9km。测试运行版本将大气分量分辨率提高到 9km，海洋分量分辨率提高到 3km。

2. 高压下新型 Na-He 化合物

用户姓名：李阔
用户单位：北京高压科学研究中心
应用领域：计算材料
软件来源：商业软件、自编程序
计算规模：720 核
成果简介：
该课题组主要关注材料计算，以及新型能带结构和极端条件下出现的新的物理和化学现象。通过结构预测、相变路径预测和分子动力学等方法探究新型材料在极端条件下的行为，并通过能带结构计算等手段预测其用途。

元素周期表上第二个元素 He 是一个非常神奇的元素，是 6 种稀有气体元素之一。He 拥有所有元素中最大的电离能，这意味着 He 是所有元素中最难以给出电子的。同时 He 的亲和能几乎观测不到，这就意味着 He 也难以得到电子。所以研究 He 的化合物对基础化学和高压凝聚态物理学具有重要意义。

该课题组发现 He 在高压下能够得到部分电子，说明 He 在高压下具有一定的化学活性，该发现被评价为改变教科书的成果。该课题组分析 He 的特殊成键方式的时候，意外发现高压下的电子结构被外力扭曲，导致在常压下的很多常识和化学理论不再适用。该课题组尝试不同的成键描述方法，发现采用不同近似方法会得到完全不同的结果，所以应该重新审视基本化学理论和定义在高压下是否适用。该课题组认为 Na 将在高压下成为最强的单质还原剂。同时，同族的 K、Rb、Cs 等随着 s-d 跃迁的发生，变得不那么活泼。此外与 Na 相邻的 Ne 变成高压下最惰性的元素。如图 6-82 和图 6-83 所示。

图 6-82　高压下新型 Na-He 化合物

图 6-83　新能源新材料

3. 基于深度学习的 RNA 编辑位点的识别及应用

用户姓名：舒文杰

用户单位：军事科学院军事医学研究院

应用领域：生命与健康

软件来源：开源软件、自编程序

计算规模：1440 核

成果简介：

该课题组提出一种基于深度学习的 RNA 编辑识别算法 DeepRed。DeepRed 采用 TensorFlow 的框架，直接从训练样本的原始序列中提取和学习 RNA 编辑的特征，不需要任何基于先验知识的过滤步骤，也不需要 SNP 注释信息，使得 RNA 编辑的识别变得简单、省时，且可以应用于 SNP 信息不全的物种中。在训练集和测试集的评估中，DeepRed 取得高达 97.81%和 97.50%的 AUC；基于 U87 细胞系实验数据及大型转录组计划的 RNA-seq 数据，对 DeepRed 和现有的方法进行比较，DeepRed 具有更高的准确率、敏感性和特异性，显示出 "art-of-the-state" 性能。

在此基础上，该课题组将 DeepRed 应用于 SEQC 计划的数据，从识别准确率及重复率的角度系统评估实验室、建库方法、测序深度、测序平台，以及序列比对软件和变异位点识别软件等因素对 RNA 编辑识别的影响。

同时，该课题组应用 DeepRed 研究人和小鼠早期胚胎的 RNA 编辑发育模式，以及灵长类谱系和果蝇物种的 RNA 编辑进化模式，发现 RNA 编辑在人和小鼠的胚胎早期呈现阶段性特异发育，在谱系相近的灵长类和果蝇中呈现进化保守性特点。

进一步，该课题组将 DeepRed 应用于 GEUVADIS 计划的数据，首次构建出人类种群的 RNA 编辑景观图。从人群结构、共享性和大洲差异三个方面分析 RNA 编辑，共识别出 146175 个 A-to-I 编辑位点，并从转录组的层面分析人类种群的共性和特异性，说明 RNA 编辑能够刻画人类种群内部结构和变化规律，可以用来探究人群迁徙等问题。

最后，该课题组利用 DeepRed 可适用于多物种的特性，收集来自 ENCODE、Roadmap、modENCODE、TCGA 等大型研究计划中包含人、小鼠、大鼠、果蝇、线虫、灵长类动物等近 20 个物种的超过 10000 个 RNA-seq 样本数据，并对这些样本进行 RNA 编辑的识别和注释，采用 django-MySQL 的框架，构建千万条 RNA 编辑位点及近 200T 注释信息的 dbRED 数据库，dbRED 旨在提供更方便的 RNA 编辑资源及功能注释服务。如图 6-84 所示。

4. 大规模壳模型计算研究原子核结构

用户姓名：袁岑溪

用户单位：中山大学

应用领域：地球科学

软件来源：自编程序

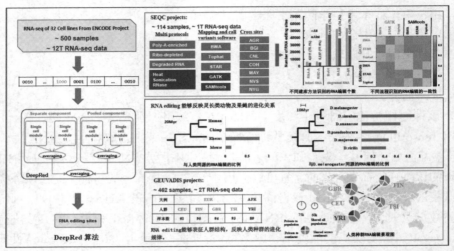

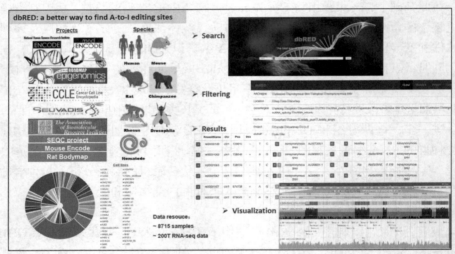

图 6-84　基于深度学习的 RNA 编辑位点的识别及应用

计算规模：3000 核

成果简介：

每种元素有多少同位素？这些同位素的性质是什么？这些问题仍有很多未知。壳模型能同时描述基态和激发态，非常适合研究这些问题，但需要较大规模的计算量，有些需要求解 $10^{7\text{-}30}$ 维矩阵。该项目借助"天河二号"的计算能力，广泛探索核结构性质。

① 预言 132Sn 附近的同核异能态，并预言 129Pd 的 19/2$^+$ 态通过中子放射性衰变。同核异能态是寿命较长的激发态，包含丰富的物理信息。中子放射性一般

寿命非常短，有可能存在寿命较长的衰变态，对研究中子放射性规律很有价值，但尚未发现。

② 解决 14C 能谱、衰变、电磁跃迁等性质理论描述困难的问题。由图 6-85 可知，只有 YSOX 相互作用(负责人于 2012 年提出)在 4hw 或更大的模型空间才能同时描述好 14C 的这些性质。大的模型空间需要较大的计算量，可在"天河二号"以其他类似核为对象延续研究。

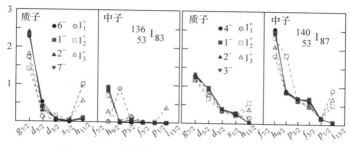

图 6-85　大规模壳模型计算研究原子核结构-1

③ 中国原子能科学研究院张焕乔院士、林承键研究员团队于 2017 年发表了 22Si 质量的首次测量，邀请负责人理论分析，负责人用 2014 年提出的包含弱束缚效应的相互作用计算，在实验误差内完全符合测量值。

④ 日本理化学研究所 RIBF 装置 EURICA 合作组于 2017 年发表了 140I 的 GT 强度的首次测量，发现与 136I 的 GT 强度差别巨大，邀请负责人理论分析，发现两个核的核子所占据轨道变化巨大。

⑤ 中国科学院近代物理研究所刘忠研究员团队于 2017 年发表了 223Np 基态自旋宇称的首次测量，邀请负责人理论分析。在该成果论文的审稿过程中，审稿人指出从实验数据分析 223Np 基态自旋宇称可能是 9/2⁻或 7/2⁻，但大规模壳模型计算给出 9/2⁻，所以 9/2⁻是合理的。如图 6-86 所示。

5. 石油勘探数据处理平台

用户单位：某石油公司
应用领域：地球科学
软件来源：用户自行安装
计算规模：3072 核
成果简介：

基于国家超级计算深圳中心的计算平台，通过更精细化的勘探及更大规模的数据处理，大幅提高勘探分辨率，发现更多有开采价值的油田。在继续寻找中深油层的同时，向深层底层要油，进一步提高石油及天然气的探明率 50%以上，有效提升石油勘探过程的投入产出比。如图 6-87 所示。

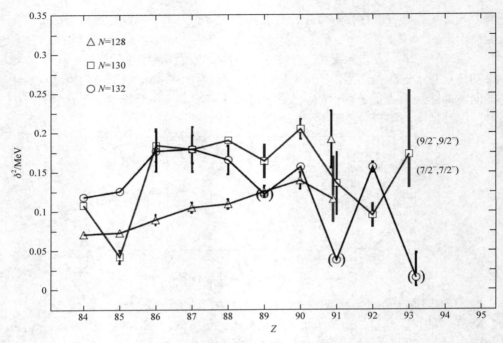

图 6-86　大规模壳模型计算研究原子核结构-2

图 6-87　石油勘探数据处理平台

6. 功能材料模拟与设计

用户姓名：江俊

用户单位：中国科学技术大学

应用领域：功能材料设计

软件来源：商业软件、自主研发软件

计算规模：100 节点以上(约 900 核)

① 太阳能光解水安全制氢储氢材料的设计。太阳能光解水制氢具有广阔的前景，也是光化学研究的重点方向。长久以来光解水制氢的发展停滞不前，其原因在于氢气生成后很难与氧气分离，二者混合容易发生逆反应并带来安全风险。基于复杂体系的电子动力学演化模拟设计一种"三明治"结构材料体系石墨烯-碳氮-石墨烯，该设计有效抑制氢气和氧气的逆反应，实现氢气的有效提纯，获得首个安全制氢与储氢一体化的设计。该成果引起巨大社会反响，被新华社、中国科学院、南方日报等广泛报道，并于 2017 年以 "Combining photocatalytic hydrogen generation and capsule storage in graphene based sandwich structures" 为题发表在期刊《Nature Communications》上。如图 6-88 所示。

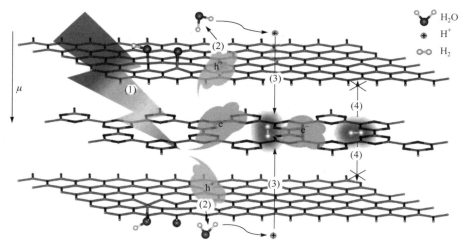

图 6-88　太阳能光解水安全制氢储氢材料的设计

② 功能材料的多态相变调控。对材料进行相变操纵是广泛应用的手段，近期的模拟工作揭示少量的氢原子掺杂或氧缺陷能够使得室温下的绝缘态 VO_2 晶体金属化，而进一步的氢强掺杂会使得金属化的 VO_2 重新变成绝缘态。通过原位的 R-T 电输运测试实现 VO_2 晶态薄膜中氢原子或缺陷的逐步析出，得到氢注入掺杂调控 VO_2 相变的整个过程。实验和理论证实这样一个相变机理：氢原子或氧缺陷修饰诱导固体材料产生电荷极化，引起电子填充能级的移动，导致电子相变。同

时，传统的热退火或压力诱导相变的方法存在目标结构控制困难的问题。该项目创新提出利用光辐照来驱动晶体材料发生智能相变，选取二维材料 $MoTe_2$ 和三维体材料 $NaYF_4$ 晶体，在第一性原理层次进行相变模拟和电子结构计算。模拟结果表明，晶格局域加热产生缺陷，驱动原子非均匀重排，重排后的结构将很可能具有电声耦合极弱的优点，因而能够在激光的持续辐照下稳定下来，而未达成弱电声耦合的晶格会被光辐照驱动，继续运动。因此光诱导的非均匀相变具有产物选择性和抑制电声耦合的优点。如图 6-89 所示。

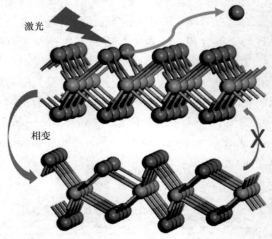

激光

相变

图 6-89　功能材料的多态相变调控

　　③ 二维线二色光谱识别蛋白二级结构。作为生命基石，蛋白质的动态结构信息对理解生命行为至关重要。如何实时跟踪蛋白质动态结构，尤其是膜蛋白、纤维化蛋白、离子通道蛋白的分子取向，是蛋白质结构研究的前沿问题。当前极受关注的冷冻电镜技术就依赖于对不同取向的蛋白结构信息进行二维分类。该项目从激子耦合对偶极子取向的依赖关系出发，结合新型二维紫外光谱和线二色光谱的优点，创新提出二维线二色光谱的概念，并论证信号与蛋白二级结构的取向角度 θ 之间的 $\cos 4\theta$ 依赖关系，相对传统的线二色光谱的 $\cos 2\theta$ 依赖，分辨率提高了一倍。如图 6-90 所示。

7. 航空发动机设计

　　用户姓名：陈敏敏
　　用户单位：中国航空发动机集团有限公司株洲动力机械研究所
　　应用领域：工程仿真与设计
　　软件来源：商业软件
　　计算规模：200 个节点以上(约 2000 核)

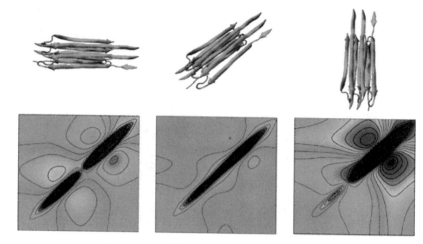

图 6-90　二维线二色光谱识别蛋白二级结构

成果简介：

500 万以上网格密度的精细仿真是工程设计的必需，优化设计要求 3000 万以上网格密度，进一步考虑增加边界条件，计算量呈几何级增长。利用该所原有平台，单个部件每一个模型约需计算 1 周，工程上不可接受，超算中心只需约 5 小时。共建"航空装备仿真设计研究平台"以快速提升我国航空装备制造业整体创新水平。如图 6-91 所示。

图 6-91　航空发动机设计

8. 首次实现基于结构的电压门控钾离子通道激动剂发现

用户姓名：阳怀宇

用户单位：中国科学院上海药物研究所

应用领域：生命与健康

软件来源：开源软件

计算规模：2048 核

成果简介：

中国科学院上海药物研究所药物发现与设计中心通过"天河一号"超级计算机运用分子对接、动力学模拟方法，从 20 万个化合物中挑选出 25 个候选分子，经电生理测试确认 9 个 KCNQ2 新激动剂，其中 2 个在两类动物模型中表现出优异的抗癫痫活性。国际顶级期刊《Cell Research》在线发布了该研究结果。如图 6-92 所示。

图 6-92   KCNQ2 与 ZTZ240 结合模式研究

9. 白鹤滩与溪洛渡水电站的抗震安全模拟分析

用户姓名：郭胜山
用户单位：中国水利水电科学研究院
应用领域：工业仿真与设计
软件来源：自主研发软件
计算规模：数百万自由度的多重非线性耦合时程计算
成果简介：

白鹤滩水电站是国家"十三五"能源发展规划建设中最具代表性的重大清洁能源工程，总装机容量 1600 万千瓦，建成后将成为仅次于三峡的中国第二大水电站，世界第三大水电站。白鹤滩水电站拱坝坝高 289m，在 300m 级高坝中抗震参数最高。中国水利水电科学研究院利用自主研发的高性能并行计算软件 PSDAP，运用"天河一号"超级计算机平台开展白鹤滩水电站拱坝抗震安全模拟分析，通过构建自由度规模达 250 多万的大坝三维模型模拟大坝在地震作用下的变形、应力、稳定性，为大坝抗震设计提供依据。如图 6-93 和图 6-94 所示。

图 6-93   拱坝-坝肩体系在超设计地震作用下的变形示意图(放大后)

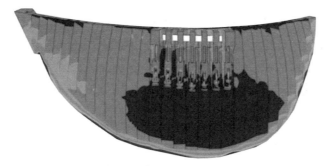

图 6-94　在超设计地震作用下的拱坝应力

　　溪洛渡水电站是我国投产电站中装机规模仅次于三峡的特大型水电站，工程规模巨大，大坝高达 285.5m，地震设防烈度高达 9 度。大坝抗震安全是影响工程安全运行的关键问题，为研究大坝地震损伤机理及抗震能力，大坝坝体网格尺寸设为 2m 左右，并按大坝实际横缝布置模拟所有横缝，总自由度达 350 多万；建立能够考虑地基辐射阻尼影响、横缝接触非线性、坝体损伤材料非线性的大坝抗震多重非线性耦合分析模型。中国水利水电科学研究院利用自主研发的高性能并行计算软件 PSDAP，运用"天河一号"超级计算机平台开展模拟分析，研究不同级别地震下坝体损伤破坏情况，为大坝抗震设计和安全运行提供依据。如图 6-95 和图 6-96 所示。

图 6-95　溪洛渡水电站拱坝坝体精细网格

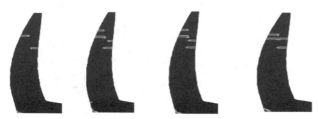

图 6-96　不同级别地震下坝体损伤破坏情况

10. 《熊出没》系列三维大电影计算渲染

用户姓名：不详
用户单位：深圳华强数字动漫有限公司
应用领域：文化创意
软件来源：商业软件
计算规模：4000 核
成果简介：

国家超级计算深圳中心为多家知名企业的动漫、电影提供渲染服务，完成电影中使用的大量计算处理特效制作、高端三维技术等大量图像处理工作，大大节省制作成本及缩短制作工期，项目整个工期缩短了 50%以上。依托"星云"超级计算机强大的硬件资源及技术服务支撑，国家超级计算深圳中心连续 5 年成功助力《熊出没之夺宝熊兵》《熊出没之雪岭熊风》《熊出没之熊心归来》《熊出没之奇幻空间》《熊出没之变形记》等 5 部国产三维动画大电影如期生产完成，并屡次突破国产三维动画电影的票房纪录，前 4 部累计票房突破 14 亿元，第 5 部票房突破 5 亿元。如图 6-97 到图 6-101 所示。

图 6-97　熊出没之夺宝熊兵(2014 年)

图 6-98　熊出没之雪岭熊风(2015 年)

图 6-99　熊出没之熊心归来(2016 年)

图 6-100　熊出没之奇幻空间(2017 年)

图 6-101　熊出没之变形记(2018 年)

6.2.2.3　万核规模

1. HPIC-LBM 及其在大时空湍流磁重联磁能耗散及带电粒子加速研究中的应用

用户姓名：朱伯靖
用户单位：中国科学院云南天文台
应用领域：天文学
软件来源：商业软件、自编程序

计算规模：24000 核

成果简介：

太阳大气湍流磁重联中磁能转化为等离子体热能和动能是导致太阳爆发的根本原因，同时太阳爆发产生的日冕物质抛射高能粒子又是影响日地空间电磁环境的最主要因素。现在已知太阳耀斑、爆发日珥、日冕物质抛射是一个典型太阳爆发过程的三个结果，而磁重联电流片是将三者有机地连接在一起的重要结构，也是爆发过程中能量转换的核心区域。

该研究基于波尔兹曼控制方程，通过拓展(广义)分布函数，把波尔兹曼(LB)中的 Lattice Grid 模型与粒子云(PIC)YEE Grid 模型结合，同时对大时空尺度湍流磁重联(large temporal-spatial turbulence magnetic reconnection，LTSMR)中的等离子体湍流运动(plasma bubbles)、磁场拓扑结构的湍动变化(magnetic islands)以及两者间相互作用三个方面湍流过程进行研究。

物理图像上，实现对 Kinetic-Dynamic-Hydro 耦合尺度完整爆发过程湍流磁重联过程分析。结果显示，Dynamic-Hydro 尺度模拟结果与已有理论研究和观测结果吻合良好，在 Kinetic-Dynamic 尺度可以定量描述非理想等离子体区内电流片精细演化过程、磁岛与等离子体团相互作用引起不稳定性、随演化时间增加"级联"和"逆级联"过程中磁能与等离子体能相互转化机制，实现跨尺度耦合分析，达到同时分析大时空湍流磁重联问题宏观大尺度 Dynamic 属性和微观小尺度 Kinetic 属性目的。

计算效率上，通过与美国洛斯阿拉莫斯国家实验室 VPIC 程序比较和相互借鉴，现有 HPIC-LBM 在二维问题方面对 Hydro-Dynamic-Kinetic 耦合大时空湍流磁重联进行数值模拟研究优于 VPIC；在三维问题方面对磁岛产生和演化精细结构方面优于 VPIC。如图 6-102 和图 6-103 所示。

图 6-102　三维湍流磁重联磁岛形成过程

图 6-103　三维湍流磁重联磁岛形成过程

总之，HPIC-LBM 对 VPIC 的方法进行移植和改造，对 HPIC-LBM 算法和程序，在同时兼顾太阳大气微观小尺度精细结构与宏观大尺度结构前提下，为我国太阳物理及空间物理领域研究跨尺度级联分形湍流磁重联机理及应对 2020 年国际开源软件最后使用期限提供解决方案。

2. 深圳雷暴尺度集合预报系统

用户姓名：不详
用户单位：深圳市气象局
应用领域：地球科学
软件来源：开源软件、自主研发软件
计算规模：10000 核
成果简介：

深圳市气象局自 2013 年开始，基于国家超级计算深圳中心"曙光 6000"超级计算机，在国内首个建立对流尺度集合预报系统——雷暴尺度集合预报系统，并投入业务运行。该系统覆盖泛华南地区，包含 11 个集合预报成员，最高分辨率为 4 公里，逐 3 小时运行一次，每天运行 8 次，每次预报未来 24 小时的天气状况，逐小时提供暴雨、大风等集合预报产品，供预报人员在业务中应用，为提高深圳市暴雨、强对流等灾害性天气的预报能力提供技术支撑。高水平分辨率和先进的雷达资料同化技术，使得雷暴尺度集合预报系统在预报强对流天气时有较大优势，研究和业务应用表明在降水特别是对流系统降水预报方面，对流尺度集合预报系统可以更好地用于预报雨强和落区。目前雷暴尺度集合预报系统产品不仅用于支撑深圳天气预报业务，也共享给国家气象中心。

3. 石油地震勘探叠前深度偏移处理的大规模生产应用

用户姓名：不详
用户单位：中国石油化工股份有限公司石油物探技术研究院
应用领域：地球科学
软件来源：不详
计算规模：10240 核（"天河一号"）、31727 核（"神威蓝光"）
成果简介：

针对石油地震勘探技术发展需求，系统开展地震叠前时间偏移与深度偏移处理算法的研究与大规模并行计算软件的研发与性能优化，形成包括 K-PSTM、K-PSDM、SSF-PSDM、GB-PSDM、RTM 等算法在内的先进地震成像技术系列。部分算法支持 CPU-GPU 异构并行计算平台，在"天河一号 A"和"神威蓝光"国产千万亿次高性能计算机系统上实现大规模应用测试和生产性应用，并行计算测试规模超过 10000 核（最大达到 30000 多核），测试表明软件具有较好的实用性和并行加速比。研发的软件已经在我国南方、西北、东部等复杂探区的地震资料处理中得到应用，其成像精度和计算效率达到并部分超越国际主流软件产品，在我国山前带、隐蔽油气藏、海相碳酸盐岩等复杂地区的油气勘探中发挥积极作用。如图 6-104 和图 6-105 所示。

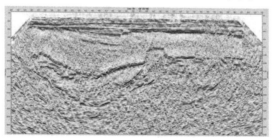

图 6-104　起伏地表叠前时间偏移剖面

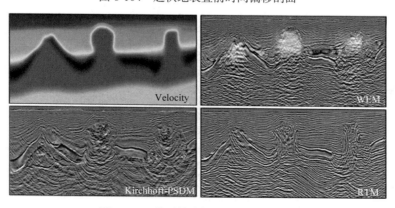

图 6-105　盐丘构造深度偏移剖面对比

4. 稀薄流到连续流气体运动论统一算法研究

用户姓名：李志辉

用户单位：北京航空航天大学

应用领域：航空航天

软件来源：自主研发软件

计算规模：24225 核

成果简介：

研究发展适应连续流到稀薄流、准确模拟各流域复杂飞行器再入空气动力学特征的一体化计算方法，可以应用于大规模并行计算与型号工程研制。该应用结合从事稀薄气体动力学 DSMC 方法与计算流体力学有限差分方法研究基础，将计算流体力学有限差分法引入基于时间、位置空间和速度空间的气体分子速度分布函数方程数值求解，建立起从稀薄流到连续流的气体运动论统一算法理论与系列计算技术。率先在国际上提出基于玻尔兹曼模型方程求解各流域复杂高超声速绕流问题的气体运动论大规模并行算法研究方向。

通过在"神威蓝光"千万亿次高效能计算机系统上移植与优化，实现用 2048、8000、16000、24225 个 CPU 核开展近地空间机动飞行器再入 110 公里到 70 公里高度飞行绕流大规模并行计算。计算结果表明，飞行器跨流区飞行高超声速绕流流场密度与马赫数流线结构，以及再入飞行关注点的绕流驻点线密度、温度分布并行计算结果与参考实验数据很好吻合。如图 6-106 和图 6-107 所示。

基于"神威蓝光"千万亿次高效能计算机系统建立我国自主创新研究特色的玻尔兹曼方程求解航天飞行器跨流域空气动力学问题应用研究体系；应用系统能够解决我国航天领域依靠传统流体力学研究方法难以解决的空气动力学问题。

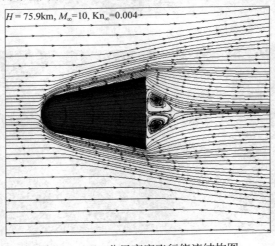

$H = 75.9\text{km},\ M_\infty = 10,\ Kn_\infty = 0.004$

图 6-106　76 公里高度飞行绕流结构图

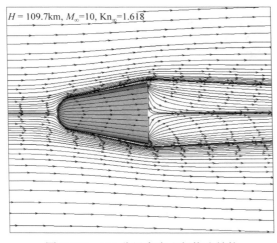

图 6-107　110 公里高度飞行绕流结构

5. 南中国海内孤立波预报系统

用户姓名：陈学恩

用户单位：中国海洋大学

应用领域：地球科学

软件来源：MITgcm

计算规模：28000 核

成果简介：

内孤立波的研究对海洋科学的理论研究，尤其是海洋内部动力学方面的研究举足轻重；对海洋表面波谱、海气相互作用、遥感科学、浅海声学等学科有很大的影响；对海洋资源的开发、海洋生态环境的保护、海洋军事和海洋工程等方面都有重要的意义。建立基于实际地形和温盐层结的全南海海域的内孤立波数值模型，对南海海域内孤立波的生成、发展、演变和消衰进行全过程模拟，在数值结果可行性验证基础上进行内海内孤立波的预报，填补此研究的国内外空白，在南海内孤立波的数值模拟和业务化预报研究领域确立我国科学家的话语权。完成对包括完整吕宋海峡的南海北部、南海西北部、台湾岛北部等海域进行初步的高分辨率内孤立波三维数值模拟。最大并行度达到 28000 核，实现系统业务化运行，为进一步深入研究提供数值模拟平台支持。如图 6-108 到图 6-114 所示。

6. 山东省精细化集合数值天气预报系统

用户姓名：不详

用户单位：山东省气象科学研究所

应用领域：地球科学

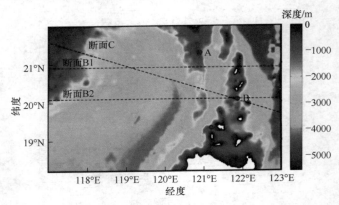

图 6-108　三维模拟区域海底地形

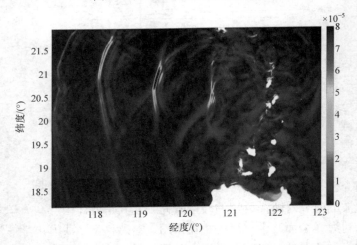

图 6-109　M2 分潮驱动下 96.5h 时的海面高度梯度

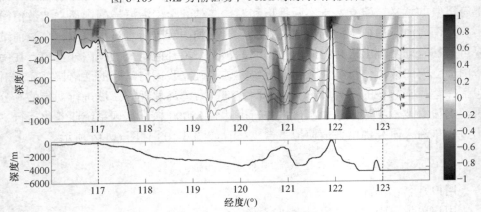

图 6-110　M2 分潮驱动下 96.5h 时 B2 断面流场与温度分布

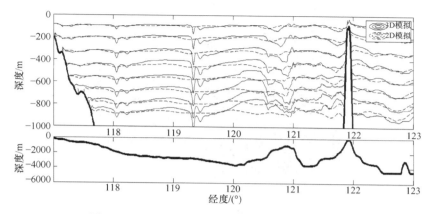

图 6-111　96.5h 时 B1 断面二维与三维模拟结果对比

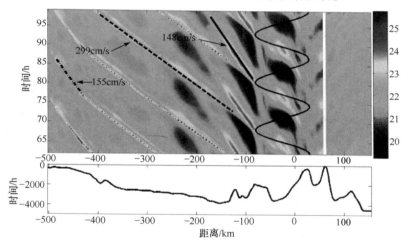

图 6-112　断面 C 时间-距离坐标轴下温度填色图与断面 C 处的地形

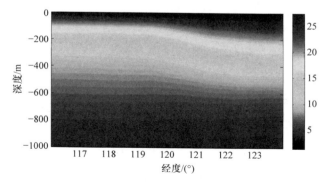

图 6-113　初始纬向温度分布情况(单位：℃)

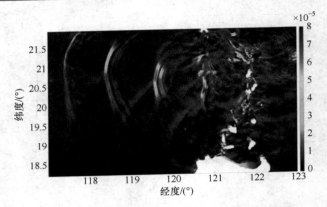

图 6-114　M2 分潮驱动下 95h 时海面高度地图分布

软件来源：开源软件(WRF)

计算规模：12288 核心

成果简介：

开展精细到街区预报预警，优化城市积水风险等级预报技术，完善气象预报系统等，是城市运行管理的新需求。基于国家超级计算济南中心的软硬件环境，研发高分辨率的数值预报关键技术，建成集合数值天气预报平台，为山东省天气预报及灾害性、关键性、转折性重大天气的精确预报提供技术支撑。技术难点在于：实现中尺度集合预报业务系统的建设；实现不同中尺度模式数据融合、模式移植与优化，实现全国 5 公里、山东省 4 公里分辨率的 WRF、MM5 集合模式运行；每天 2 次运行，最大并行规模 12288 核。

业务系统已运行，并实现水平分辨率 4 公里，山东省覆盖，并提供每天 2 个时次的预报产品。目前属于业务中试运行阶段，效果良好。

7. 空气质量数值预报系统

用户姓名：不详

用户单位：山东省气象科学研究所

应用领域：地球科学

软件来源：WRF、SMOKE、CMAQ

计算规模：8000 核

成果简介：

随着环境污染问题的日益凸显，如何提高大气质量成为社会焦点问题。该应用成果旨在利用激光雷达的纵向多层次监测数据，将目前国际主流的空气质量计算及预报模型移植到国产“神威蓝光”系统，并最终实现空气质量数据和污染物扩散、迁移的可视化。该应用聚焦目前社会普遍关心的 PM2.5 问题，在国际上首先实现针对一个特定区域的污染颗粒物的迁移模式及可视化研究，为未来大气质量改善决策提供必要的技术支撑。技术难点在于：完成 WRF+SMOKE+CMAQ 在国产机上的并行化移植和优化；针对济南等地进行中尺度的大气污染物迁移模式研究；针对大气污染物迁移模式进行可视化；实现结合激光雷达的对多种污染物的立体监测功能；对区域空气质量预报和大气污染治理提供决策支持。

　　系统可提供全国及重点区域 AOD、PM10、NO_2、SO_2 等指标的逐时预报结果，预报未来 72 小时有利(不利)目标区域污染扩散的气象条件，定量预报未来 3 天目标区域各种大气污染物浓度的分布情况，并对污染物的来源及贡献率进行定量分析，为空气质量保障提供有利的技术支撑。目前处于应用推广阶段，能够提供 1—3 天气象要素和空气质量的精细预报，以及减排规划模拟。如图 6-115 所示。

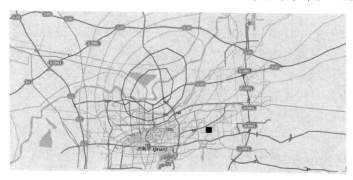

图 6-115　济南市 PM2.5 预报图

8. 分子/集团统计热力学方法的并行软件研发及应用

用户姓名：宋凡
用户单位：中国科学院力学研究所
应用领域：计算力学
软件来源：基于其他软件改造的软件
计算规模：万核 CPU("元"超级计算机)
成果简介：

　　航空、航天材料和结构的破坏往往耦合多个空间、时间尺度上的非线性物理过程。而现有的有限元方法难以刻画破坏过程中的微观细节，分子动力学方法又难以计算大尺寸体系的准静态过程。因此，发展能耦合原子/连续介质表象的新型多尺度计算方法具有重要的现实意义。该项目以分子/集团统计热力学(MST/CST)多尺度理论为基础，完成分子/集团统计热力学耦合并行多尺度计算软件和后处理可视化软件的研发。在"元"超级计算机并行环境中的测试表明，分子/集团统计热力学并行计算程序的万核并行效率为 66.8%，达到考核指标。基于此，对材料的压入破坏过程进行大规模数值模拟，结合精细的纳米压入实验解决硬度测量中尺寸效应的来源和机理问题。该项目为材料和结构的多尺度力学性能研究提供高效、可靠的计算工具。

9. 材料的高压冲击响应模拟研究

用户姓名：胡望宇

用户单位：湖南大学

应用领域：计算材料

软件来源：开源软件(LAMMPS)

计算规模：10 亿个原子的模拟体系，12000 个以上的核计算

成果简介：

自 20 世纪 50 年代第一个高压相变——铁的 $\alpha \rightarrow \varepsilon$ 相变被发现以来，以揭示该相变在冲击下的转变过程和机理为主要目标的研究一直是高压领域关心的一个热点问题。由于该相变发生的时间极其短暂且过程是可逆的，当前的实验技术难以做到对冲击下整个相变过程进行直接的观察。课题组利用超大规模并行非平衡分子动力学方法研究单晶铁相变对斜波加载准等熵性的影响，发现相变是造成温度显著升高，破坏加载的准等熵性的主要原因，其引起的温升随斜波上升时间的增大而减小，随最终加载速率的增大而增大。另外，利用非平衡分子动力学方法研究单晶铁与纳米多晶铁中的冲击塑性、相变和两者间的微观耦合机制，分别从塑性机制及相变机制角度研究它们之间的微观相互作用。发现在单晶铁中仅会出现应力援助的相变耦合模式，而在多晶铁中可以同时出现应力援助和应变诱导的相变耦合模式。对这两种相变耦合模式在原子层次上分别从运动学和动力学角度进行比较与分析，结果表明，作为区别不同物理过程的一个重要标志——相转变路径，在这两种相变耦合模式下表现出截然不同的特征。在应力援助相变耦合模式中，整个相转变过程总是以沿 $\langle 001 \rangle$ BCC 晶向的压缩开始，以相邻 {110}BCC 面间的穿插运动结束，其中第一步的压缩过程以积累应变能的形式为后续相变提供力学驱动力，促使相变的发生。在应变诱导相变耦合模式中，整个相转变过程可以看成是先由 BCC 铁沿[110]BCC 和[1-10]BCC 压缩形成一个类似 FCC 的晶格，然后在每两层(10-1)BCC 面上沿[101]BCC 滑移形成最终的 HCP 相，并且这两步几乎是同时开始的，因此这个过程中没有出现 FCC 相。在该模式中，局域应力驱动的塑性滑移通过相关晶体缺陷的应变场来贡献相变的驱动力。根据这两种相变耦合模式的特点，可推断出它们的马氏体变体选择规则分别满足应变能准则和施密特因子准则，该结论同直接得到的模拟结果相符。相关研究成果发表在国际著名力学期刊《International Journal of Plasticity》上(2014(59)：180-198；2015(71)：218-236)，受到国内外同行的广泛关注。如图 6-116 所示。

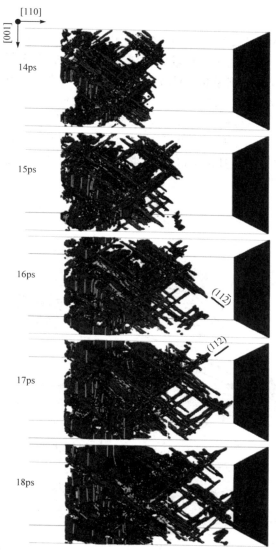

图 6-116　相变波前的位错传播过程

10. 磁约束聚变模拟 CPU+GPU 异构并行开发

用户姓名：林志宏
用户单位：北京大学
应用领域：计算材料
软件来源：自编程序
计算规模：5 万核

成果简介：

通过开展磁约束聚变研究，在该领域中国受到国际广泛关注，特别是美国橡树岭国家实验室等希望在这一领域加强与中国的合作，开发新能源，解决人类对能源的巨大需求问题。国家超级计算天津中心与北京大学聚变模拟中心建立长期合作，在"天河一号"上实现高达 5 万核的大规模模拟，模拟的电子数超过 300 亿，测试性能达到美国橡树岭国家实验室的超级计算机"美洲豹(Jaguar)"近 3 倍。双方合作开发的 GTC-GPU 版本程序在"天河一号"上实现 3072 个 CPU+GPU 异构节点的并行模拟，性能比原 CPU 版本大幅提升，相关成果也入选世界超级计算大会 ISC2013 会议报告论文。如图 6-117 所示。

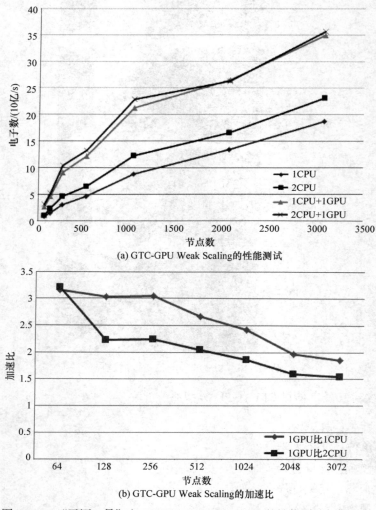

(a) GTC-GPU Weak Scaling的性能测试

(b) GTC-GPU Weak Scaling的加速比

图 6-117　　"天河一号"上 GTC-GPU Weak Scaling 的性能测试与加速比

6.2.2.4　十万核及以上规模

1. 中微子对宇宙大尺度结构演化的影响

用户姓名：张同杰
用户单位：北京师范大学
应用领域：天文学
软件来源：自编程序
计算规模：30 多万核

成果简介：

该研究利用"天河二号"超级计算机 13824 个节点，总计超过 30 多万核，首次测量到以往任何宇宙学数值模拟看不到的中微子在宇宙结构中的微分凝聚 (differential neutrino condensation) 效应：中微子质量可以通过对比宇宙中含有不同中微子丰度 (即本地中微子与暗物质密度比) 的区域中星系的特性来测量。相对于"贫"中微子区域，在"富"中微子区域更多的中微子被大质量暗物质晕俘获，这种效应导致暗物质晕的质量函数的扭曲，最终导致星系的特性发生变化。因此这种效应在当今和将来的宇宙学观测中开辟出一条独立测量中微子质量的道路。

该研究的计算规模比美国阿贡国家实验室的 Mira 超级计算机去年进行的 1.07 万亿粒子数数值模拟超出 2 倍多，创造了新的世界纪录。对多达 3 万亿粒子数中微子和暗物质的宇宙学进行数值模拟，好比一架"像素"极高的"超高速摄像机"，通过上述模拟能够"还原"出宇宙清晰而漫长的演化"视频"，使宇宙大爆炸 1600 万年之后至今约 137 亿年的漫长演化过程得以"呈现"，为通过天文观测手段测量中微子质量带来新的契机和希望。如图 6-118 和图 6-119 所示。

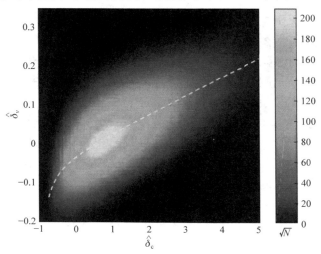

图 6-118　暗物质晕在宇宙大尺度结构"贫"中微子区域和"富"中微子区域中的分布

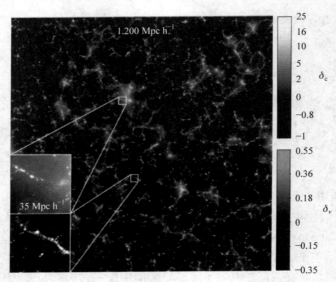

图 6-119　冷暗物质和中微子结构的二维可视化结果

2. GRAPES 高分辨率数值天气预报业务模式

用户姓名：胡东明

用户单位：广州市气象台

应用领域：地球科学

软件来源：自编程序

计算规模：62464 核

成果简介：

该项目以"天河二号"超级计算机为依托，在国内率先建立自主研发的
GRAPES 高分辨率数值天气预报业务模式，并成功实现业务化运行，构建短临数
值预报系统。GRAPES-1km 超高分辨率模式的应用成果为广州乃至珠三角区域频
发的短时极端天气的预报预警提供关键技术支撑，提高政府决策效率，以最快最
准最全面的服务保证人民生命财产安全。

借助"天河二号"构建 GRAPES 高分辨率数值预报业务模式，对影响严重的
气象灾害进行准确预警、预报，科学有效防御气象灾害，已成为政府公共安全的
重要组成部分和履行社会管理和公共服务职能的重要体现，同时成为社会防灾减
灾的关键决策服务、专业服务和公共服务的关键支撑。

在推进与多部门的共建、共管、共享的基础上，GRAPES 高分辨率数值天气
预报业务模式也为海洋预报、航空调度和安全保障、陆上交通(尤其是高速公路和
高铁)、水上交通和海上工程的安全保障、城市空气质量的预报和调控，以及应对
由气象灾害诱发的其他次生灾害(如地质灾害、洪涝和风暴潮等)提供直接的服务，

还在应对气候变化、碳排放的国际谈判，以及新能源(如风能必须有风机功率的气象预报)等经济可持续发展诸多方面起着重要的作用。

3. 大规模并行环境下的飞行器亿级网格流动模拟

用户姓名：赵钟

用户单位：中国空气动力研究与发展中心

应用领域：航空航天

软件来源：自主研发软件

计算规模：98304 核

成果简介：

PHengLEI 软件在"天河二号"集群上，对美国航空航天学会(American Institute of Aeronautics and Astronautics，AIAA)组织的第 3 届高升力预测活动中提供的 JSM 外形进行了大规模并行计算测试。采用 33.2 亿非结构网格，在近 10 万核条件下并行效率保持在 90%以上。

高升力外形是航空飞行器起降状态的标模外形，大攻角状态下，由于背风区大分离涡的存在，利用现有二阶计算方法，采用较稀疏的计算网格在小规模模拟下难以捕获空间细致结构，尤其是对最大升力系数和失速攻角难以预测，而这正是影响飞行器安全性的关键因素。由图 6-120 可知，采用大规模的并行计算后结果与试验值符合更好，充分证明大规模高性能计算对实际工程应用的推动作用，表明计算流体动力学应用领域对高性能计算机的实际需求。图 6-121 为在"天河星光"上绘制的 4.2 亿网格的大攻角流场图，"天河星光"是中山大学国家超级计算广州中心推出的融合高性能计算、大数据分析与人工智能应用的云超算平台。

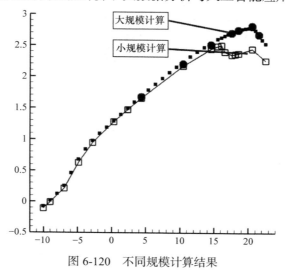

图 6-120　不同规模计算结果

图 6-121　大攻角流场图

　　此外, 还采用 33.2 亿非结构网格, 在近 10 万核条件下进行大规模并行测试, 并行效率保持在 90%以上, 如图 6-122 所示。大规模测试中, 用到并行分区、分组存储等技术: 并行生成的初始网格分区数为 192, 然后将这些分区进一步并行地划分为 3072—98304 个子分区; 对于 33.2 亿网格而言, 仅网格文件大小就有 204G, 加上流场文件会成倍增加, 如果不用分组存储, 会使得文件过大。为此, 计算中将所有存储文件分为 192 组, 每组文件管理 512 个网格块及对应的流程文件, 每个文件大小约为 1G, 有效地解决了超大规模网格及流场数据的存储问题。

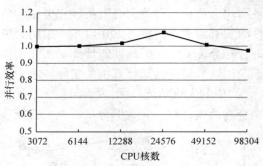

图 6-122　并行效率

4. 高分辨率海气耦合模式研究

用户姓名: 不详
用户单位: 国家海洋局第一海洋研究所
应用领域: 地球科学
软件来源: MASNUM、POP、MOM
计算规模: 131072 核
成果简介:
　　发展海气耦合系统模式, 提高模式预测预估能力, 不但对提高我国气候发言权具有重要的作用, 而且对预防气候灾害, 增强气象减灾防灾的应对能力具有重要的现实意义。该项目建立高分辨率大气-海浪-海洋环流耦合模式，一方面发展高分辨率的海气耦合模式能够提高我国的气候系统模式能力，另一方面通过引入海浪的作用来完善海-气界面的通量交换和海洋混合的关键过程，提高海气耦合模式的模拟效果和预测预估能力。技术难点主要包括两个方面：

① 高性能计算技术。"神威蓝光"超级计算机为我国完全自主研发的高性能计算平台，硬件和软件都是自主研发的。现有国际上通用海洋模式软件一般支持千核左右计算规模，因此项目很大工作量在于优化程序的可扩展性和并行效率。最终，海洋环流模式能够有效使用 24000 核计算规模，并研发出具有良好扩展性的海浪模式，运行规模可达满机 131072 核。通过重写输出接口，输出效率可提高 50% 以上。

② 物理过程。随着分辨率的提高，为了确定已有物理过程和参数化方案，需要多次对数值实验进行研究和调整；对模式的地形分辨率、水深精度要求较高；各分量模式的选择、耦合的技术以及通量计算都是难点。

在"神威蓝光"超级计算机上完成全球大气-海浪-海洋环流耦合模式框架的移植，并分别基于 POP 和 MOM 建立高分辨率海洋环流数值模式，为推动高分辨率地球系统模式的发展奠定基础，拓展国产处理器的应用。如图 6-123 所示。

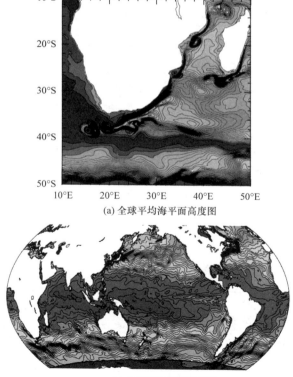

(a) 全球平均海平面高度图

(b) 全球海洋表层温度图

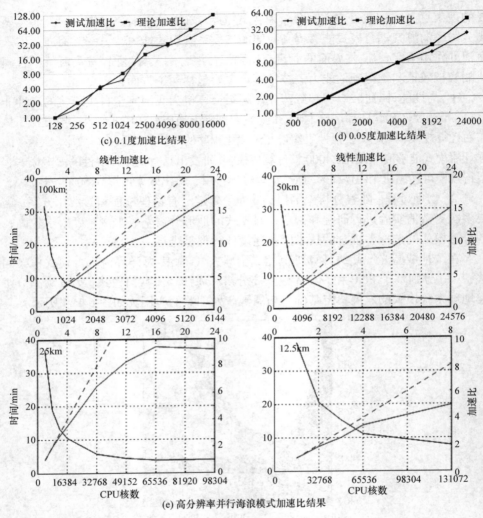

(c) 0.1度加速比结果　　　　(d) 0.05度加速比结果

(e) 高分辨率并行海浪模式加速比结果

图 6-123　高分辨率海气耦合模式研究

5. 大规模数理金融研发与服务平台

用户姓名：魏刚

用户单位：山东大学

应用领域：金融计算

软件来源：自主研发软件

计算规模：10 万核

成果简介：

该应用是我国金融业者与数学家的前沿工作。根据我国金融业急需的金融计量服务(如银行业压力测试、客户评级、违约概率、预期损失、资产回报评估、BASEL Ⅱ 和 BASEL Ⅲ 协议要求的资金转移定价、资产负债管理、金融风险提示等)，提取部分业务和模型，实现已成熟的计量技术，特别是需要大规模数据处理和并行计算的专题，优化设计，对我国金融业者和学者全面开放，建成一个用户界面友好，有良好社会效益和全国知名度的公共金融服务和研发平台。

　　该平台面向我国金融业提供数据存储、金融数据分析、金融资产风险管理、金融衍生品定价、自动交易策略模拟和交易模型验证评估等服务，为企业进行大型资本的优化配置、经营策略量化分析、风险计量等提供服务。金融风险分析并行程序在"神威蓝光"超级计算机上实现 10 万核并行效率 90%。为 973 项目"金融风险控制中的定量分析与计算"提供验证平台，已为广发银行、东莞农村商业银行、恒丰银行、齐鲁证券等金融机构提供风险咨询和计量服务。如图 6-124 所示。

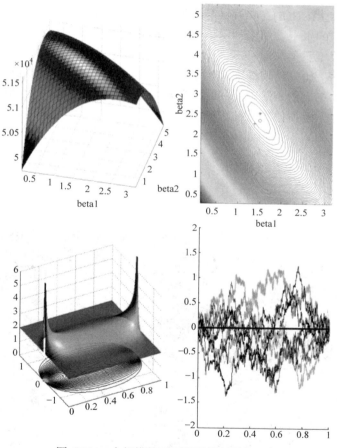

图 6-124　大规模数理金融研发与服务平台

6. 外切纤维素酶 I 高效降解结晶纤维素动态学过程与充分条件模拟

用户姓名：王禄山
用户单位：山东大学
应用领域：生命与健康
软件来源：开源软件(GROMACS)
计算规模：10 万核
成果简介：

利用国家超级计算济南中心的"神威 4000A"百万亿次集群，首先进行单副本的分子动力学模拟，然后利用外切纤维素酶催化结构域的模拟体系(约 5 万原子)进行多达 128 个温度副本的分子动力学模拟，一次模拟任务最多成功利用 6720 个 CPU 核同时进行计算，为分子动力学模拟利用十万核心进行计算提供新的思路。外切纤维素酶 I (CBHI)在降解结晶纤维素方面有很好的应用前景，如果能够达到淀粉转化效率的水平，那么利用秸秆生产燃料乙醇技术就可以进入工业阶段，对国家的能源战略意义深远。

通过计算，研究外切纤维素酶 I 催化机理，并了解其催化机制可为其理性改造或全新设计奠定物质基础。同时，通过采用外切纤维素酶催化结构域温度副本交换分子动力学模拟技术，在国产"神威蓝光"系统上实现十万核级的大规模并行计算模拟。如图 6-125 和图 6-126 所示。

7. 复杂电磁环境数值模拟

用户姓名：张玉
用户单位：西安电子科技大学

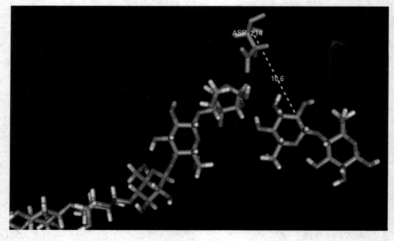

图 6-125　催化残基 ASP214 N 原子与纤维二糖分子 453 C1 原子的距离

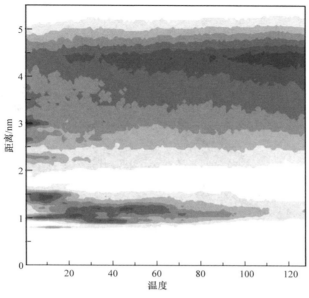

图 6-126　128 个温度下距离的统计分布

应用领域：工业仿真与设计

软件来源：自主研发软件

计算规模：10 万核

成果简介：

在当前陆、海、空、天、电磁一体化的战争特点下，以天线综合布局为代表的复杂电磁环境数值模拟研究，已经是制约装备研制水平的共性、基础、前沿性课题。国家超级计算济南中心与西安电子科技大学天线与微波技术国家重点实验室合作，张玉教授带领团队围绕基于国产超级计算机的高性能电磁算法研究及软件系统研制，在"神威蓝光"超级计算机上突破 10 万 CPU 核的矩量法、时域有限差分法、物理光学法的大规模并行电磁计算；研发适用于求解复数稠密矩阵方程的高效并行 CALU 直接求解器；研制大规模精细电磁仿真软件系统。相关研究成果应用于机载天线布局、电磁隐身设计、电磁污染评估等多个电磁领域，并入选国家"十二五"科技创新成就展。

在"神威蓝光"超级计算机上，对某战机的雷达散射截面进行 10 万核并行规模的仿真测试，求解时间的并行效率达到 30%以上，"神威蓝光"计算资源得到充分利用。精细电磁仿真完成以后，需要对产生的仿真结果数据进行研究分析，来获知仿真的一系列结果。自主研发的电磁仿真后处理软件 EMSVIEW 可以直观地图形化展示电磁远场的方向图、近场的电磁分布图和电流分布云图等电磁场特性，并在后处理中实现网格模型的透明显示及隐藏功能。如图 6-127 所示。

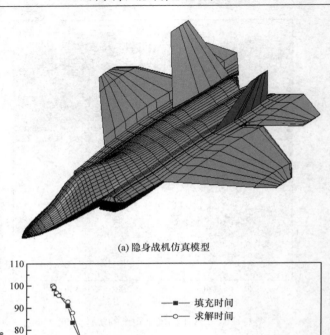

(a) 隐身战机仿真模型

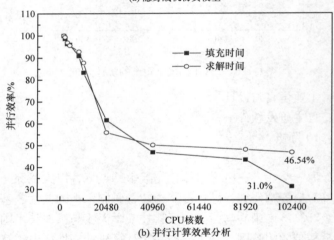

(b) 并行计算效率分析

(c) 1Hz双站雷达散射截面

(d) 1.5Hz双站雷达散射截面

(e) EMSVIEW启动界面

(f) 电磁远场辐射方向图

图 6-127　复杂电磁环境数值模拟

8. 基于 GPU 的晶体硅大规模分子动力学模拟

用户姓名：葛蔚

用户单位：中国科学院过程工程研究所

应用领域：计算材料

软件来源：自编程序

计算规模：7168 CPU+GPU 计算节点

成果简介：

随着石化能源日益匮乏、环境污染日趋严重，开发新的可再生能源成为世界各国的研究重点。太阳能因其来源广泛、无污染等优点得到广泛的重视，被视为未来 20 年人类可资利用的重要的一次能源。因为原料来源丰富，硅材料是目前最重要的高性价比的太阳能光电转换材料，而晶体硅(单晶硅/多晶硅)太阳能电池以其稳定性高、资源丰富、无毒性而成为市场的主导产品，在德、日、美等国获得快速推广。同时，随着太阳能级多晶硅材料在我国的大规模生产，随之产生的高能耗、高污染和高二氧化碳排放，使我国已经开始沦为为发达国家制造清洁太阳能电池而自身被严重污染的硅材料"生产车间"。

生产多晶硅材料导致的环境污染和高能耗源自落后的生产工艺。目前占绝对优势的生产方法是在硅棒发热体上用氢气还原三氯氢硅来制备多晶硅。该方法的反应器的表面积/体积比非常小，化学气相沉积效率低，同时容易发生气相成核，进一步降低三氯氢硅的转化效率，为此必须采用冷壁高温反应器，大量热能被循环冷却系统带走，造成高能耗；同时由于化学热力学原因，该工艺产生大量四氯化硅副产品，难以回收利用，造成严重环境污染。

为克服该方法的固有缺陷，国外开发了硅烷流化床法、金属置换法与物理冶金法等替代技术，其中硅烷流化床法已经在欧美获得工业应用。但是由于气体扩散-表面反应过程难以协调，容易在反应器内生成大量无定形超细硅粉，造成硅烷利用率降低，提高了制造成本。为此，课题组采用分子动力学模拟方法对该反应和沉积过程进行微观的直接模拟，以了解组分、气氛和传递等各种因素对该过程的影响和优化调控的方法。

该应用需要从原子、分子尺度(埃-飞秒量级)出发计算到颗粒和流体微元尺度(毫米-纳秒量级)，计算的跨度已挑战目前分子模拟的极限。课题组根据 GPU-CPU 耦合体系的特点自主研发相应的模拟程序，并在中国科学院过程工程研究所自建的 Mole-8.5 系统上获得良好的单机效率和并行加速比。在此基础上，课题组在"天河"系统上将计算规模扩大到原来的 4 倍，成功利用其所有 7168 个节点模拟预定的反应过程，规模较国际已有报道的成果增大一个量级以上，充分显示出 GPU-CPU 耦合计算的效率。如图 6-128 所示。

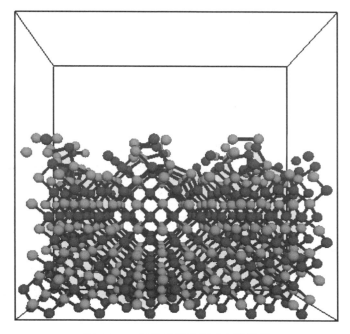

图 6-128　晶体硅的分子动力学模拟

6.3　入围戈登·贝尔奖应用

　　高性能计算应用领域最高奖——戈登·贝尔奖设立于 1987 年，由 VAX 系列的先驱者戈登·贝尔倡议发起，并由美国计算机协会于每年 11 月在美国召开的超级计算大会上颁发，旨在奖励时代前沿的并行计算研究成果，特别是高性能计算创新应用的杰出成就，被誉为"超级计算应用领域的诺贝尔奖"。

　　2016 年，基于"神威·太湖之光"的 3 项千万核量级并行应用入围戈登·贝尔奖提名，这不仅是中国团队首次入围，而且占全球入围项目的二分之一。其中"千万核可扩展全球大气动力学全隐式模拟"应用最终获奖，这是该奖自设立 29 年以来中国第一次获奖，之前一直被美国和日本垄断。

　　2017 年，又有基于"神威·太湖之光"的 2 项应用入围戈登·贝尔奖提名，占全球入围项目的三分之二。其中"非线性地震模拟"应用最终获奖，实现我国高性能计算应用蝉联该奖。

　　这证明中国不仅有能力用自己研制的国产处理器造出世界一流的超级计算机，还能有效利用世界领先的计算性能来解决高精尖的科学计算问题。

　　本节就入围戈登·贝尔奖提名的 5 项应用进行专门介绍。

6.3.1　千万核可扩展全球大气动力学全隐式模拟

中国科学院软件研究所杨超研究员与清华大学薛巍副教授、付昊桓副教授等联合北京师范大学组成研究团队，设计并开发一种用于大气动力学中经常出现的强时间依赖问题的高可扩展性全隐式求解器。该求解器使用异构多重网格局部分解算法，显著加快求解器的收敛过程，并利用粗粒度并行。此外，设计在物理上的多块异步不完全 LU 分解方法来解决每个重叠子域上的子问题，从而进一步取得粗粒度并行。同时，在不同硬件层级上实现系统层面上的优化，充分利用异构计算单元，减少数据移动的开销。基于"神威·太湖之光"超级计算机，采用在线数据共享等技术，使非静力大气动力模拟的显式性能达到 2.4 亿亿次，隐式性能达到 0.8 亿亿次，可支持 500 米大气动力模拟，是国际上领先的研究成果，对发展大气模式具有重要作用。

戈登·贝尔奖评奖委员会主席、美国国家航空航天局(National Aeronautics and Space Administration，NASA)塞尼博士说："在我本人看来，戈登·贝尔奖就是高性能计算领域的诺贝尔奖。隐式求解器的模拟能力大幅度超越显式求解器，令人印象深刻"。

戈登·贝尔奖评奖委员会副主席、日本东京工业大学松岗聪教授说："赢得戈登·贝尔奖最终表明中国在全球超算领域已经成为领跑者之一，成果会对科学和产业应用领域产生重大影响"。如图 6-129 所示。

6.3.2　非线性地震模拟

基于国产超算系统"神威·太湖之光"的计算能力，突破系统存储及带宽的限制，以精巧的并行设计和高效的实时压缩传输方案，实现对唐山大地震 18Hz 8

(a) 证书

(b) 颁奖现场

图 6-129　2016 年戈登·贝尔奖证书及颁奖现场

米分辨率的高精度模拟，性能达到 1.9 亿亿次，是国际上首次实现如此大规模高分辨率、高频率的非线性可塑性地震模拟。这将会为科学家理解地质构造、地震发生与传播机理提供支持，同时对防震救灾以及地震高发区城市建筑的规划设计具有重要的价值。

2017 年 11 月 17 日在美国丹佛举行的全球超级计算大会上，由清华大学付昊桓副教授等共同领导的团队所完成的"非线性地震模拟"应用获得戈登·贝尔奖，实现我国高性能计算应用蝉联该奖。该应用由清华大学地球系统科学系、计算机系与山东大学、南方科技大学、中国科学技术大学、国家并行计算机工程技术研究中心和国家超级计算无锡中心等单位共同完成。如图 6-130 所示。

(a) 证书

(b) 颁奖现场

图 6-130　2017 年戈登·贝尔奖证书及颁奖现场

6.3.3　合金微结构演化相场模拟

在材料科学的研究中，许多重要工程材料的设计都需要通过控制其相变和组织演变过程来实现。比如说，通过固态形核析出反应提高镍基高温合金和铝基时效强化合金的机械性能，通过控制铁电晶体的相变达到介电和机电效应的耦合，以及通过马氏体相变得到形状记忆合金的记忆效应，等等。而采用计算机辅助虚拟分析技术代替耗时耗材的实验，可以大幅提高研发效率，缩短研发周期，加速新材料研发进程。

合金制备工艺复杂，微观组织形成机制和规律难以通过实验获得，常借助于软件模拟。相场法能够模拟微观组织的演化过程，广泛应用于新材料的设计。合金微组织演化大模拟并行软件 ScETD-PF 是基于可扩展紧致指数时间差分算法库的相场模拟软件。该软件由中国科学院计算机网络信息中心自主研发，支持计算材料科学、计算物理科学、计算生命科学等学科的科研模拟。该应用实现国际最大规模的合金微结构粗化相场模拟，有助于加快我国新型合金的设计和加工工艺优化。

在"神威·太湖之光"上运行的合金微结构粗化过程相场模拟，规模比之前提高近百倍，实现超千万核的扩展性能，相场模拟的实际性能可达到峰值的 40%，远高于普通软件约 5% 的水平。据了解，使用"神威·太湖之光"可在数小时内完成一次数千亿体系的合金微结构粗化过程的高精度模拟。该应用已获得 2016 年戈登·贝尔奖提名。如图 6-131 所示。

6.3.4　全球高分辨率海浪数值模式

海浪与国家安全保障、防灾减灾、航海安全等有关。随着国家海洋强国战略和"一带一路"倡议的不断推进，海上活动更加频繁，对海洋精确预报的需求也日益迫切。国家海洋局第一海洋研究所与清华大学合作，基于我国自主知识产权

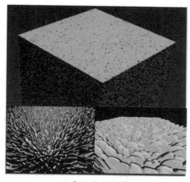

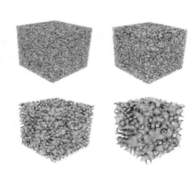

(a) 多晶片层结构　　　　　　(b) 应用二元合金相分离(粗化)过程

图 6-131　2016 戈登·贝尔奖提名——合金微结构演化相场模拟

的 MASNUM 海浪模式,在国际上首次开展全球空间分辨率 2 公里海浪模式研究,能够使用到"神威·太湖之光"全系统的计算资源,且计算效率超过 36%,实现超高分辨率全球表面波数值模拟,大大推进高分辨率高质量海浪预报的产品化进程。这标志着我国海洋防灾减灾、海上军事保障能力可以提高上万倍。如图 6-132 所示。

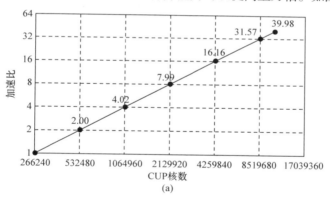

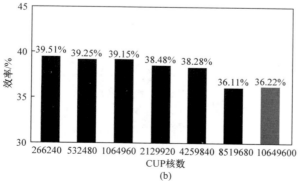

图 6-132　全球高分辨率海浪数值模式

6.3.5　全球气候模式的高性能模拟

全球气候模式的数值模拟是研究全球气候变化规律，预测与预防未来极端气候灾害的重要工具；为保护地球生态环境，实现可持续发展提供重要理论依据。随着科学技术的不断发展，地球系统模式包含的研究内容也变得更加丰富，由此带来海量的模拟数据、巨大的模拟区域、复杂的变化过程等诸多问题。这也使得实现高分辨率、高可扩展性与高性能的气候模式模拟变得更加具有挑战性，对优化方法、计算机性能等都提出全新的要求。

针对全球气候模拟面临的诸多挑战，由清华大学、北京师范大学与山东大学组成的联合研究团队，从"神威·太湖之光"超级计算机的系统特点出发，设计出从进程到线程的一整套的优化方案，对具有海量代码任务的经典大气模式 CAM 进行重构设计，将其成功移植到国产平台上，并实现千万核规模下 25 公里分辨率的模拟，取得 3.4 模拟年每天的计算性能；对于模式的动力框架部分，更是实现千万核规模下 750 米的分辨率能力，以及 3.3PFlops 的计算性能。基于该研究成果，研究团队借助"神威·太湖之光"的强大计算能力，首次实现全球范围对科特琳娜台风整个生命周期的准确模拟。作为对真实应用的大规模数值模拟，该工作的成功完成对于未来面向 E 级计算系统的应用发展具有重要借鉴意义，对程序设计、优化方法等提供宝贵的经验。

第四篇　评价与展望篇

第7章 高性能计算环境发展水平综合评价

为科学地衡量和测度我国高性能计算环境的发展水平及变化趋势，基于国家高性能计算环境结点单位的相关历史数据，我们研究并建立了高性能计算环境发展水平综合评价指标体系，编制了高性能计算环境发展水平综合评价指数体系。借此评价我国高性能计算环境发展状况，为今后制定我国高性能计算环境发展战略规划提供决策参考。希望该项创新性的研究工作能够为我国高性能计算环境发展水平提供科学的量化评价依据。

本章首先建立高性能计算环境发展水平综合评价指标与指数体系，在此基础上设计指数体系计算方法，最后基于 2015—2017 年我国高性能计算环境指标数据测算我国高性能计算环境发展水平，进行综合评价与统计分析。

7.1 综合评价指标体系的建立

建立高性能计算环境发展水平综合评价指标体系的依据是"高性能计算环境发展"的内涵。"高性能计算环境发展"指在超级计算硬件环境发展的基础上，能为科学研究和技术创新提供强有力的计算服务支撑，并且将超级计算应用到相关领域或行业，取得具有一定价值的应用研究成果。此外还应包括超级计算应用领域的专业支撑人才队伍的培养。

深入分析"高性能计算环境发展"要义发现："系统能力"能够衡量我国高性能计算环境的硬件基础设施的发展状况；"服务能力"能够测度高性能计算面向用户所提供的服务支撑能力的水平；"人员能力"能够对高性能计算环境中专业性人才队伍的发展进行合理评价；"超级计算应用水平"则能够度量超级计算在实际行业应用或相关领域研究中的应用成果状况。

根据高性能计算环境评价指标体系的科学性、目的性、可操作性等构建原则，高性能计算环境发展水平综合评价指标拟从"系统能力""服务能力""人员能力""超级计算应用水平" 4 个维度综合考量，每一维度都构成具体评价方面的分指数，每个分指数又由若干个评价指标合成，由分指数综合形成总指数。经专家组多次充分讨论，高性能计算环境发展水平综合评价指标体系共计 67 个评价指标，高性能计算环境发展水平综合评价指数体系如图 7-1 所示。

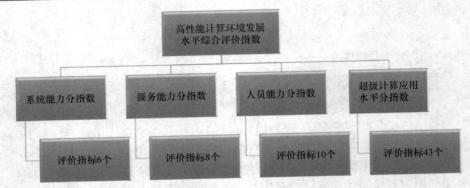

图 7-1　高性能计算环境发展水平综合评价指数体系框架图

在高性能计算环境发展水平综合评价指数体系中，超级计算应用水平分指数还包括"平台应用能力""高性能计算应用获奖""服务科研项目""国家及地方政府投入资金""用户发表论文""社会效益" 6 个子指数，从应用获奖、用户科研产出和社会效益等方面衡量超级计算应用发展的状况，每个子指数由若干评价指标合成。超级计算应用水平分指数结构如图 7-2 所示。

图 7-2　超级计算应用水平分指数结构

7.2　综合评价指数体系的设计

在构建高性能计算环境发展水平综合评价指标体系基础上设计综合评价指数体系，具体步骤包括：评价指标数据无量纲化、评价指标权重确定、指标转化值合成(分指数计算)、总指数计算。

7.2.1　评价指标权重确定

综合评价过程中，权重反映评价指标的重要性以及评价工作的导向性。评价指标权重确定常采用的方法有主观经验法、德尔菲法、层次分析法和熵值法等，各有优缺点。鉴于数据的可获得性及调查的可操作性，高性能计算环境发展水平综合评价指数体系采取集值迭代法和德尔菲法相结合的赋权方法确定评价指标权重，实施步骤如下：

① 由高性能计算领域专家在含有 k 个指标的指标集中依次选出认为最重要的 q 个指标、$2q$ 个指标、……、tq 个指标，直至下一轮挑选指标数超出指标总数，迭代过程终止($1 \leqslant q < k$)。

② 计算出每个指标在迭代过程中被选中的次数，归一化得到指标权重。

在确定指标权重时，首先根据评价指标体系设计"国家高性能计算环境发展水平综合评价指标重要性调查问卷"（见附录 2），对高性能计算研究领域方面的专家进行调查，根据回收到的 21 份有效问卷得到专家对指标重要性的判断，利用集值迭代法计算出各指标权重，为保证各指标权重准确性和差异性，集值迭代参数 q 设为 1。各级评价指标权重如表 7-1 所示，超级计算应用水平分指数各评价指标权重如表 7-2 所示。

7.2.2　综合评价指数计算

高性能计算环境发展水平综合评价指数采用阈值法无量纲化指标数据，以 100 作为基点，利用加权算术平均的方法合成指标转化值与分指数。指数的具体计算方法为：

① 确定各评价指标的基期值：根据数据可得性，各指标基期值设定为指标 3 年的算术平均值。

② 计算各评价指标的转化值：

$$第 i 个评价指标的转化值 = \frac{第 i 个评价指标的实际值}{第 i 个评价指标的基期值} \times 100$$

③ 计算分指数值：

$$分指数值 = \frac{\sum_{i=1}^{n} 第 i 个评价指标的转化值 \times 第 i 个评价指标的权重}{\sum_{i=1}^{n} 第 i 个评价指标的权重}$$

其中，n 为合成该分指数的评价指标的个数。

④ 计算总指数：高性能计算环境发展水平综合评价总指数为各分指数的算术加权平均。

指数的计算结果反映出高性能计算环境当期的发展水平。当期指数结果大于 100(基期水平)，说明该期高性能计算环境发展水平与基期相比有所提高以及提高的程度，反之则相反。不同时期的指数计算结果反映出高性能计算环境发展水平的变化趋势。

表 7-1　高性能计算环境发展水平综合评价指数及评价指标的计量方法与权重

总指数	分指数(权重)	二级评价指标(权重)	三级评价指标(权重)	评价指标计量方法
高性能计算环境发展水平综合评价指数	系统能力分指数(0.286)	计算(0.459)	CPU 计算能力(0.469)	各结点单位 CPU 计算能力累加
			协处理器能力(0.254)	各结点单位协处理器能力累加
			内存总容量(0.277)	各结点单位内存总容量累加
		存储(0.255)	在线存储总容量(0.477)	各结点单位在线存储总容量累加
			I/O 聚合带宽(0.523)	各结点单位 I/O 聚合带宽平均值
		通信(0.286)	互连通信带宽	各结点单位的系统中每个计算结点间的点点通信带宽平均值
	服务能力分指数(0.251)	网络环境(0.202)	网络出口带宽(0.408)	各结点单位互联网接入中国国家网格环境的带宽平均值
			网络延迟(0.261)	各结点单位互联网接入中国国家网格环境的网络延迟平均值
			网络可靠性(0.331)	各结点单位内的互联网设计可靠性平均值
		系统在线情况(0.283)	登录结点的可访问情况(0.576)	从中国国家网格各结点处的网格服务器到系统的登录结点可以正常访问的比例的平均值
			结点处的网格服务器的可访问情况(0.424)	从运管中心到中国国家网格各结点处的网格服务器可以正常访问的比例的平均值
		开通用户账号数(0.190)	—	截至年末各结点单位累计开通的用户账号数量总和
		服务用户单位数(0.202)	—	截至年末各结点单位累计开通的用户账号所属的单位数量(隶属于一个法人单位的计为一个)总和
		用户培训人数(0.123)	—	各结点单位本年度举办面向用户的培训总人数
	人员能力分指数(0.194)	专职人员(0.465)	高级职称职工占总职工人数的百分比(0.540)	各结点单位高级职称职工占总职工人数的百分比平均值
			具有博士学位职工占总职工人数的百分比(0.460)	各结点单位具有博士学位职工占总职工人数的百分比平均值

续表

总指数	分指数(权重)	二级评价指标(权重)	三级评价指标(权重)	评价指标计量方法
高性能计算环境发展水平综合评价指数	人员能力分指数(0.194)	学生培养(0.283)	硕士毕业人数(0.429)	用户当年培养硕士毕业人数总量
			博士毕业人数(0.571)	用户当年培养博士毕业人数总量
		国际学术交流(0.252)	来访总人次(0.164)	各结点单位在学术交流中接待的来访总人次
			出访总人次(0.121)	各结点单位在学术交流中进行出访的总人次
			出访专家报告次数(0.207)	各结点单位在学术交流中出访专家进行报告的总次数
			邀请国外专家报告次数(0.174)	各结点单位在学术交流中邀请国外专家进行报告的总次数
			举办国际会议次数(0.198)	各结点单位举办国际会议次数总和
			国际参展次数(0.136)	各结点单位国际参展次数总和
	超级计算应用水平分指数(0.269)	详见表 7-2	—	—

表 7-2　超级计算应用水平分指数各评价指标的计量方法与权重

指数	子指数(权重)	二级评价指标名称(权重)	三级评价指标(权重)	评价指标计量方法
超级计算应用水平分指数	平台应用能力子指数(0.220)	应用最大并行核数(0.252)	—	各结点单位应用最大并行核数的最大值
		科研教育应用软件数(0.226)	开源软件数(0.351)	各结点单位已部署的科研教育方面开源软件数量总和
			国产软件数(0.260)	各结点单位已部署的科研教育方面国产软件数量总和
			商业软件数(0.389)	各结点单位已部署的科研教育方面商业软件数量总和
		企业应用软件数(0.191)	开源软件数(0.298)	各结点单位已部署的企业应用方面开源软件数量总和
			国产软件数(0.313)	各结点单位已部署的企业应用方面国产软件数量总和
			商业软件数(0.389)	各结点单位已部署的企业应用方面商业软件数量总和

指数	子指数(权重)	二级评价指标名称(权重)	三级评价指标(权重)	评价指标计量方法
超级计算应用水平分指数	平台应用能力子指数(0.220)	政府应用软件数(0.131)	开源软件数(0.290)	各结点单位已部署的政府应用方面开源软件数量总和
			国产软件数(0.260)	各结点单位已部署的政府应用方面国产软件数量总和
			商业软件数(0.450)	各结点单位已部署的政府应用方面商业软件数量总和
		作业完成情况(0.200)	百核规模(0.167)	各结点单位百核规模作业情况(百核规模作业个数×百核规模作业平均时长)累加
			千核规模(0.257)	各结点单位千核规模作业情况(千核规模作业个数×千核规模作业平均时长)累加
			万核规模(0.288)	各结点单位万核规模作业情况(万核规模作业个数×万核规模作业平均时长)累加
			十万核规模(0.288)	各结点单位十万核规模作业情况(十万核规模作业个数×十万核规模作业平均时长)累加
	高性能计算应用获奖子指数(0.147)	国家自然科学奖(0.262)	一等奖数量(0.685)	各结点单位获国家自然科学奖一等奖数量总和
			二等奖数量(0.315)	各结点单位获国家自然科学奖二等奖数量总和
		国家科学技术进步奖(0.225)	特等奖数量(0.492)	各结点单位获国家科学技术进步奖特等奖数量总和
			一等奖数量(0.300)	各结点单位获国家科学技术进步奖一等奖数量总和
			二等奖数量(0.208)	各结点单位获国家科学技术进步奖二等奖数量总和
		国家技术发明奖(0.195)	一等奖数量(0.653)	各结点单位获国家技术发明奖一等奖数量总和
			二等奖数量(0.347)	各结点单位获国家技术发明奖二等奖数量总和
		国际奖(0.216)	—	各结点单位获国际奖数量总和
		省级奖(0.102)	—	各结点单位获省部级奖数量总和
	服务科研项目子指数(0.205)	国家重大项目(0.300)	—	各结点单位的用户使用超级计算需求来源于国家重大项目的数量总和
		国家重点研发计划项目(0.251)	—	各结点单位的用户使用超级计算需求来源于国家重点研发计划项目的数量总和
		国家自然科学基金项目(0.214)	—	各结点单位的用户使用超级计算需求来源于国家自然科学基金项目的数量总和

续表

指数	子指数(权重)	二级评价指标名称(权重)	三级评价指标(权重)	评价指标计量方法
超级计算应用水平分指数	服务科研项目子指数(0.205)	省部级项目(0.142)	—	各结点单位的用户使用超级计算需求来源于省部级项目的数量
		其他项目(0.093)	—	各结点单位的用户使用超级计算需求来源于其他项目的数量
	国家及地方政府投入资金子指数(0.157)	科技部投入资金额(0.356)	—	科技部在超级计算应用方向投入的资金额
		国家自然科学基金委员会投入资金额(0.278)	—	国家自然科学基金委员会在超级计算应用方向投入的资金额
		地方政府投入资金额(0.227)	—	地方政府在超级计算应用方向投入的资金额
		其他机构投入资金额(0.139)	—	其他机构在超级计算应用方向投入的资金额
	用户发表论文子指数(0.126)	SCI 及 EI 论文篇数(0.324)	—	各结点单位的用户发表 SCI 和 EI 论文(要求明确致谢结点)的数量总和
		核心期刊论文篇数(0.202)	—	各结点单位的用户发表核心期刊论文(要求明确致谢结点)的数量总和
		SC 及 PPoPP 大会录取论文篇数(0.310)	—	各结点单位的用户在国际会议 SC 及 PPoPP 大会上录取论文(要求明确致谢结点)篇数总和
		HPCChina 大会录取论文篇数(0.164)	—	各结点单位的用户在 HPCChina 大会上录取论文(要求明确致谢结点)篇数总和
	社会效益子指数(0.145)	为企业节省资金额(0.177)	—	各结点单位为用户企业结省的资金总额
		研制周期缩短时间(0.182)	—	各结点单位为用户提供高性能计算技术支持和支撑服务而缩短的研制周期平均值
		国际领先的应用领域个数(0.213)	—	各结点单位在国际领先的应用领域个数总和
		高性能计算科普活动参加人数(0.100)	—	各结点单位参加高性能计算科普活动人数总和
		国内超算大赛报名队伍数(0.110)	—	各结点单位报名参加国内超算大赛(ASC/PAC/CPC)队伍总数
		国际超算大赛获奖情况(0.137)	—	各结点单位在国际超算大赛(ISC/SC)中的获奖情况，由专家打分获得
		超级计算创新联盟成员单位数量(0.081)	—	超级计算创新联盟成员单位数量

7.3　综合评价指数(2015—2017 年)

7.3.1　高性能计算环境发展水平综合评价指数

通过向国家高性能计算环境结点单位收集高性能计算环境相关历史数据，整合得到 2015—2017 年高性能计算环境发展水平综合评价指标体系的基础数据。本次评价中各评价指标的基期值取各评价指标数据 3 年的平均值。以高性能计算环境的历史数据为支撑，计算出 2015—2017 年高性能计算环境发展水平综合评价指数，如图 7-3 所示。

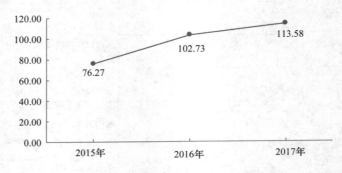

图 7-3　高性能计算环境发展水平综合评价指数

可以发现，2015—2017 年高性能计算环境发展水平综合评价指数呈上升趋势，稳步增长。2016 年增长快些，增长率为 34.69%；2017 年有所下降，增长率为 10.57%。2017 年高性能计算环境发展水平综合评价指数为 113.58，说明 2017年当期高性能计算环境发展水平相比基期(3 年平均水平)提高了 13.58%。

各分指数走势如图 7-4 所示。可以看出，2015—2017 年各分指数均呈稳定上升趋势，增长速度有所不同，具体而言：

① 系统能力分指数增长最快，年平均增长率达到 41.02%，表明高性能计算在硬件基础设施方面发展迅速，高性能计算硬件环境的发展为我国高性能计算提供强大的动力。

② 服务能力分指数年平均增长率为 19.95%，发展态势较好，增长比较平稳。

③ 人员能力分指数增长最慢，年平均增长率相对较低，尚不足 6%，表明高性能计算在人员培养方面存在一定的滞后，在后续发展中应注重专职人员的培养，加大高性能计算专业人员队伍的建设力度，以强化专业人员对高性能计算环境的支撑作用。

④ 超级计算应用水平分指数年平均增长率为 20.25%，3 年间提升较为明显，

但后续发展动力相对不足，需继续强化超级计算应用成果方面的研究，积极推动超级计算应用的深度和广度，更好地发挥超级计算在科学发现和科技创新中的作用，从而加强我国高性能计算软环境的建设。

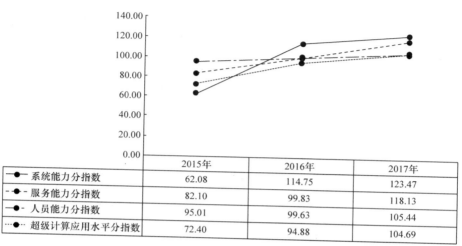

	2015年	2016年	2017年
系统能力分指数	62.08	114.75	123.47
服务能力分指数	82.10	99.83	118.13
人员能力分指数	95.01	99.63	105.44
超级计算应用水平分指数	72.40	94.88	104.69

图 7-4　高性能计算环境发展水平综合评价分指数走势

7.3.2　超级计算应用水平综合评价指数

进一步对超级计算应用水平分指数的 6 个子指数进行计算与分析，如图 7-5 所示。可以看出，除平台应用能力子指数呈下降趋势外，其他子指数都呈上升趋势，具体而言：

① 平台应用能力子指数 2016 年降幅为 61.01%，2017 年增幅为 18.56%，这是由于 2016 年应用最大并行核数较小和作业完成情况相对较差，较 2015 年下降明显，直接导致平台应用能力子指数的回落，在后续发展中应注意保持平台应用能力发展的稳定性，以保证超级计算应用的良性发展。

② 高性能计算应用获奖子指数在 2015—2017 年持续稳定增长，年均增长率为 126.11%，增长速度在各子指数中最快。分析发现，3 年间超级计算应用所获得的国家科学技术进步奖、国际奖和省部级奖数量增多，在国家自然科学奖方面实现了零的突破，整体较 2015 年进步较大。另一方面，高性能计算应用获奖子指数 3 年数值均小于 100，主要是由于国家自然科学奖一等奖、国家科学技术进步奖特等奖、国家技术发明奖 3 个奖项的所有数据均为零。这些方面欠缺明显，今后需加大力度，争取实现零的突破。

③ 服务科研项目子指数呈现持续增长的态势，年均增长率为 43.33%，并于 2016 年超过基期值，增长较为稳定。

④ 国家及地方政府投入资金子指数 2016 年增幅为 88.73%，实现快速跃进，2017 年由于科技部投入资金额减少而有所下降，回落 15.94%。3 年间整体提升较为明显，表明国家及地方政府在超级计算应用发展方面的重视程度及支持力度提高明显。

⑤ 用户发表论文子指数在 2015—2017 年保持稳定增长，年均增长率为 31.91%，表明超级计算支持用户研究方面发展状况较好。

⑥ 社会效益子指数发展最为缓慢，年均增长率不足 4%，主要由于超级计算在为企业节省资金额方面呈下降趋势，在研制周期缩短方面增长不明显，在国际领先的应用领域个数方面没有增长。这些都是超级计算应用中较为薄弱的环节，拉低该指数的增长趋势，需要在今后发展中予以重点突破。

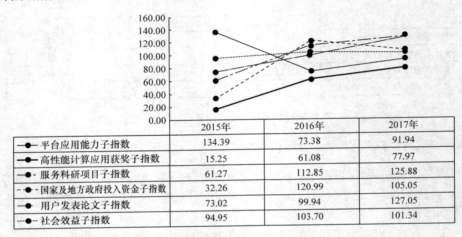

	2015年	2016年	2017年
●— 平台应用能力子指数	134.39	73.38	91.94
●— 高性能计算应用获奖子指数	15.25	61.08	77.97
●- 服务科研项目子指数	61.27	112.85	125.88
●- 国家及地方政府投入资金子指数	32.26	120.99	105.05
—— 用户发表论文子指数	73.02	99.94	127.05
●— 社会效益子指数	94.95	103.70	101.34

图 7-5　超级计算应用水平分指数的子指数走势

7.4　超级计算应用成果统计与分析

基于国家高性能计算环境结点单位收集的数据，本章重点就超级计算应用成果进行统计与分析，包括平台应用能力、高性能计算应用获奖、服务科研项目、国家及地方政府投入资金、用户发表论文、社会效益等 6 个方面。

7.4.1　平台应用能力

1. 应用最大并行核数

2015—2017 年，在 19 家结点单位中，应用最大并行核数达到 300 万 CPU 核，超过 60% 的结点单位达到千核规模应用，超过 30% 的结点单位达到万核规模应用。

国家高性能计算环境已普遍进入千核规模应用，这与国家及地方政府支持超级计算基础设施建设息息相关。如图 7-6 所示。

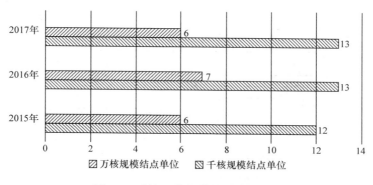

图 7-6　千核/万核规模结点单位统计

2. 科研教育应用软件数

无论是国外开源软件、商业软件还是国产软件，科研教育应用软件数连续 3 年都持续增长。国外开源软件数最多，2017 年超过 1500 个，比 2015 年增长 66.7%；国外商业软件数 2017 年超过 200 个，比 2015 年增长 30%；国产软件数 2017 年接近 300 个，虽然只有国外开源软件的五分之一，但是比 2015 年翻了一番多。这充分说明从国家层面，包括科技部及国家自然科学基金委员会在应用方面的投入取得较好的成效。如图 7-7 所示。

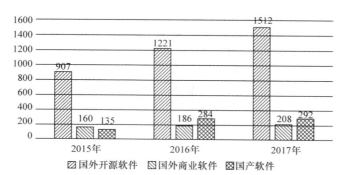

图 7-7　科研教育应用软件数

3. 企业应用软件数

无论是国外开源软件、商业软件还是国产软件，企业应用软件数连续 3 年都持续增长。国外开源软件数 2017 年为 886 个，比 2015 年增长 88.11%；国外商业软件数 2017 年接近 100 个，比 2015 年增长 48.65%；国产软件数 2017 年超过 200

个,增长非常迅速,是 2015 年的 4 倍。这充分说明各个结点单位为国家及地方相关企业做出较大贡献。如图 7-8 所示。

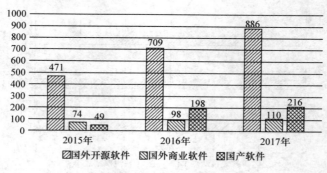

图 7-8　企业应用软件数

4. 政府应用软件数

无论是国外开源软件、商业软件还是国产软件,政府应用软件数连续 3 年都持续增长。国外开源软件数 2017 年为 733 个,比 2015 年增长 86.99%;国外商业软件数偏少,2017 年为 39 个,比 2015 年增长近 130%;国产软件数 2017 年为 192 个,增长非常迅速,是 2015 年的 4 倍多。这充分说明各个结点单位为地方政府做出较大贡献。如图 7-9 所示。

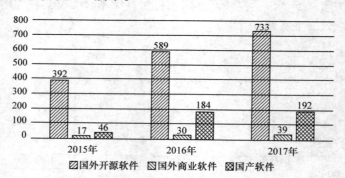

图 7-9　政府应用软件数

总体而言,无论是科研教育应用软件,还是企业应用软件,或者是政府应用软件,国外开源软件数都是最多的,占比超过 70%。这说明国外开源软件占据重要地位,同时对我国高性能计算各领域的科学家提出更高的要求,国产软件任重道远。如图 7-10 所示。

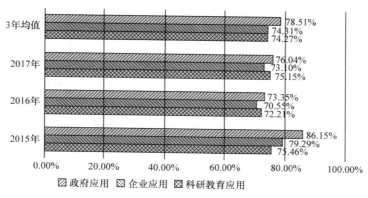

图 7-10 国外开源软件占比

5. 作业完成情况

根据超级计算应用水平评价体系，百核规模定义为小于等于 500 CPU 核的作业，千核规模定义为大于 500 CPU 且小于等于 5000 核的作业，万核规模定义为大于 5000 CPU 且小于等于 50000 核的作业，十万核规模定义为大于 50000 核的作业。作业完成情况定义为对应规模的作业个数乘以对应规模的作业平均时长(小时)，也就是对应规模的作业总 CPU 核小时数。

2015—2017 年国家高性能计算环境为全国广大用户提供了超过 500 亿 CPU 核小时的作业量。2015 年万核规模比例最高，超过三分之一，高达 37.639%，可能和"天河二号"研制成功有很大的关系；2016 年和 2017 年百核规模超过 90%，可能和用户数量增长有关系；十万核规模比例最高的年份是 2016 年，超过 1%，可能和"神威·太湖之光"投入使用有关。如图 7-11 所示。

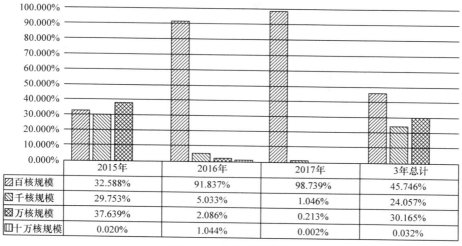

	2015年	2016年	2017年	3年总计
百核规模	32.588%	91.837%	98.739%	45.746%
千核规模	29.753%	5.033%	1.046%	24.057%
万核规模	37.639%	2.086%	0.213%	30.165%
十万核规模	0.020%	1.044%	0.002%	0.032%

图 7-11 作业完成情况

7.4.2　高性能计算应用获奖

　　这里主要就国家自然科学奖、国家科学技术进步奖、国家技术发明奖、国际奖、省部级奖 5 大类奖项进行统计。2015—2017 年总共获得 47 个奖项,其中主要是省部级奖,有 34 项,占比为 72.34%。虽然总奖项数量不是很多,但是在有些奖项方面取得突破,比如湖南大学"功能纳米材料和微生物修复难降解有机物和重金属污染湿地新方法"获得 2017 年国家自然科学奖二等奖;中国科学院软件研究所杨超研究员团队 2016 年获得戈登·贝尔奖,实现自该奖项设立以来中国零的突破,这是非常鼓舞人心的。其他国际奖项还有 Alexander M. Cruickshank Award 和 Peter C. Waterman Award 等。如图 7-12 所示。

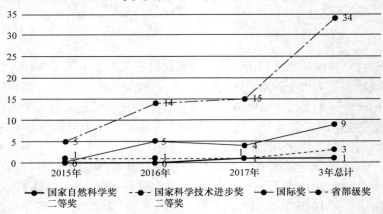

图 7-12　高性能计算应用获奖统计

部分省部级奖如下(排名不分先后):

2015 年度山东省自然科学奖一等奖;

2015 年度山东省自然科学奖二等奖;

2016 年教育部高等学校科学研究优秀成果奖;

2016 年辽宁省自然科学学术成果奖三等奖;

2016 年山西省科学技术奖二等奖;

2016 年陕西省科学技术奖二等奖;

2016 年广东省第六届哲学社会科学优秀成果奖一等奖;

2016 年全国商业科技进步奖一等奖;

2016 年度中国海洋工程咨询协会海洋工程科学技术奖一等奖;

2017 年中国气象学会科学技术进步奖一等奖;

2017 年山西省科学技术奖二等奖;

2017 年广东省科技进步奖二等奖;

2017 年广东省第七届哲学社会科学优秀成果奖三等奖;

2017 年黑龙江省科技进步奖三等奖；

2017 年北京高校青年教师社会调研优秀项目奖一等奖；

2017 年辽宁省自然科学学术成果奖二等奖；

2017 年河南省第四届自然科学学术奖论文奖二等奖；

2017 年山东省自然科学奖一等奖；

2017 年甘肃省科技进步奖三等奖。

遗憾的是 3 年以来没有获得国家自然科学奖一等奖、国家科学技术进步奖特等奖、国家科学技术进步奖一等奖和国家技术发明奖的奖项，希望以后高性能计算应用成果不断涌现，能突破这些奖项。

7.4.3　服务科研项目

国家高性能计算环境服务众多科研项目，主要包括国家重大项目、国家重点研发计划项目、国家自然科学基金项目、省部级项目及其他项目等。2015 年服务科研项目共 1951 个；2016 年增长超过 30%，达到 2537 个；2017 年增长 8.83%，达到 2761 个。这说明国家和地方政府对高性能计算环境的重视，支持力度越来越大。如图 7-13 所示。

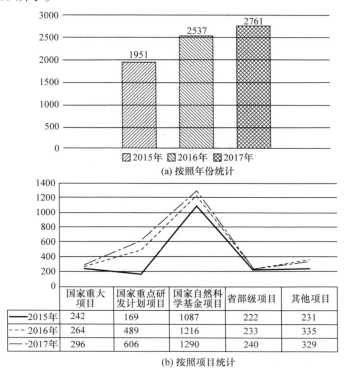

图 7-13　服务科研项目数量统计

从近 3 年的服务科研项目分布来看，最多的是国家自然科学基金项目，2015 年占比为 56%，2016 年占比为 48%，2017 年占比为 47%。由于国家重点研发计划项目从 2016 年才开始立项，估计以后的比例会逐年提升。如图 7-14 所示。

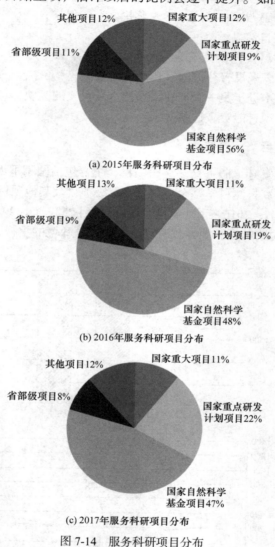

(a) 2015年服务科研项目分布

(b) 2016年服务科研项目分布

(c) 2017年服务科研项目分布

图 7-14　服务科研项目分布

7.4.4　国家及地方政府投入资金

在超级计算应用发展的过程中得到国家和地方政府的大力支持，这里主要就科技部、国家自然科学基金委员会和地方政府 3 方的投入资金进行统计，3 年总共投入资金超过 10 亿元。如图 7-15 所示。

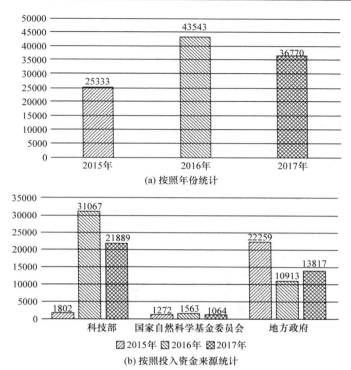

(a) 按照年份统计

(b) 按照投入资金来源统计

图 7-15　国家及地方政府投入资金总额(单位：万元)

科技部从 2016 年开始设立国家重点研发计划高性能计算专项，其中与超级计算应用直接相关的 3 年国拨经费超过 5.4 亿元，尤其 2016 年超过 3 亿元。国家自然科学基金委员会投入的与超级计算应用直接相关的项目经费，年平均超过 1 千万元。地方政府一直为各结点单位的建设与运营提供强有力的支撑与保障，3 年累计投入资金超过 4.6 亿元。如图 7-16 所示。

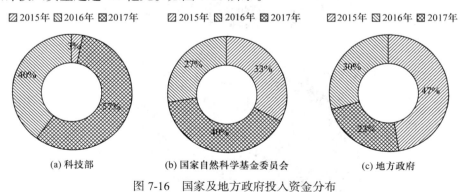

(a) 科技部　　　　　(b) 国家自然科学基金委员会　　　　　(c) 地方政府

图 7-16　国家及地方政府投入资金分布

7.4.5　用户发表论文

用户发表论文是超级计算应用成果很重要的组成部分，这里主要就 SCI 及 EI 论文篇数、核心期刊论文篇数、SC 及 PPoPP 大会录取论文篇数、HPCChina 大会录取论文篇数 4 个方面进行统计。如图 7-17 所示。

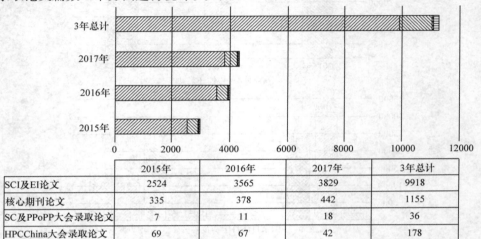

	2015年	2016年	2017年	3年总计
SCI及EI论文	2524	3565	3829	9918
核心期刊论文	335	378	442	1155
SC及PPoPP大会录取论文	7	11	18	36
HPCChina大会录取论文	69	67	42	178

▨SCI及EI论文　▧核心期刊论文　▨SC及PPoPP大会录取论文　▤HPCChina大会录取论文

(a) 总体情况

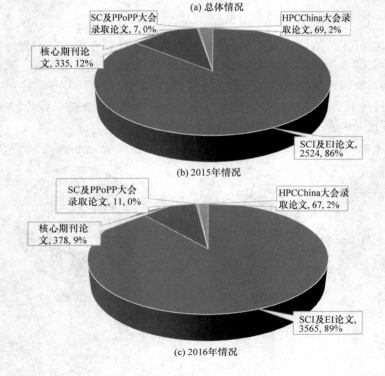

(b) 2015年情况

(c) 2016年情况

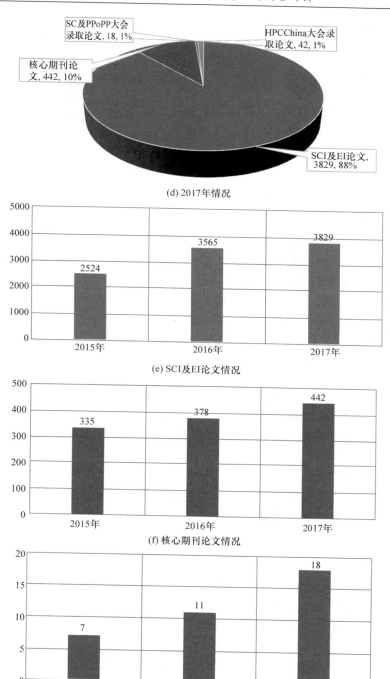

(d) 2017年情况

(e) SCI及EI论文情况

(f) 核心期刊论文情况

(g) SC及PPoPP大会录取论文情况

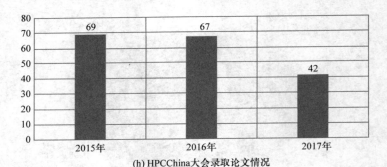

(h) HPCChina大会录取论文情况

图 7-17　用户发表论文统计

SCI 及 EI 论文篇数 3 年总共 9918，在 4 种论文类型中比例最高，占比为 87.87%，这充分说明基于国家高性能计算环境产出的应用成果绝大多数在国际期刊发表，提高了国际学术地位与知名度。SCI 及 EI 论文篇数连续 3 年不断攀升，平均年增长率达到 25.85%。

核心期刊论文篇数 3 年总共 1155，在 4 种论文类型中排名第二，占比超过 10%，平均年增长率近 20%。

SC 及 PPoPP 大会录取论文篇数总共 36，虽然数量最少，但是其含金量非常高。随着国家高性能计算环境实力的加强，在国际顶尖学术会议上发表论文的涨势喜人，平均年增长率超过 78%。

HPCChina 是我国高性能领域规模最大的会议，每年有来自国内外的知名专家、学者、厂商、学生等 1000 余人参会。近 3 年一共收到投稿 642 篇，最终录取 178 篇，录取率为 27.73%，论文质量逐年提高。

7.4.6　社会效益

这里就为企业节省资金额、研制周期缩短时间、国际领先的应用领域个数、高性能计算科普活动参加人数、国内超算大赛报名队伍数、国际超算大赛获奖情况、超级计算创新联盟成员单位数量 7 个维度进行统计。

为企业节省资金额近 16000 万元，其中 2015 年节省 6500 多万元，2016 年节省近 5000 万元，2017 年节省 4000 多万元，这或许就是国家及地方政府大力发展超级计算机的最好佐证。如图 7-18 所示。

研制周期平均缩短了 3.27 年，这对某些应用领域来说就是创造了巨大价值。如图 7-19 所示。

国际领先的应用领域个数 3 年都是 5，虽然还是个位数，但是提升潜力巨大。如图 7-20 所示。

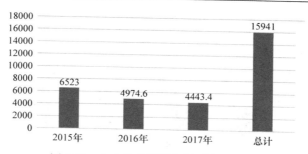

图 7-18　为企业节省资金额(单位：万元)

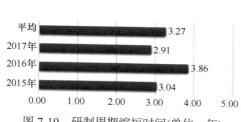

图 7-19　研制周期缩短时间(单位：年)

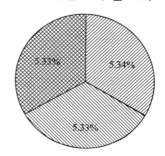

图 7-20　国际领先的应用领域个数

　　高性能计算科普活动让更多大众了解该领域，并吸引更多的人才加入高性能计算事业。每年高性能计算科普活动参加人数都超过 1.5 万人次，3 年累计超过5.3 万人次。如图 7-21 所示。

图 7-21　高性能计算科普活动参加人数

　　国内超算大赛主要包括 ASC、PAC 和 CPC，详见第 1.5 节。3 年共有 1488 支队伍参赛，平均年增长率为 33.20%。如图 7-22 所示。

　　近 3 年国际超算大赛获奖情况如下：

　　2015 年，清华大学代表队获得 ISC15 和 SC15 全球大学生超算竞赛(Student Cluster Competition)总冠军。

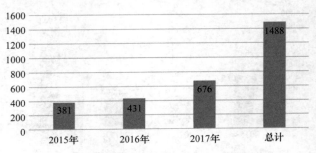

图 7-22　国内超算大赛报名队伍数

　　2016 年，SC16 宣布中国科学院软件研究所与清华大学、北京师范大学合作的"千万核可扩展全球大气动力学全隐式模拟"应用首次获得戈登·贝尔奖；ISC16 全球大学生超算竞赛上，清华大学代表队和上海交通大学代表队分获总成绩的第二名和第三名，华中科技大学代表队获最高计算性能奖；SC16 全球大学生超算竞赛上，中国科学技术大学代表队获得总分以及 LINPACK 测试双料冠军，这是该项赛事历史上首次有队伍获得双料冠军。

　　2017 年，ISC17 全球大学生超算竞赛上，清华大学代表队获得总冠军；SC17 宣布基于"神威·太湖之光"的"15-PFlops 非线性 10Hz 级地震模"拟获得戈登·贝尔奖，这是我国第二次摘得此桂冠。

　　超级计算创新联盟于 2013 年 9 月 25 日在北京正式成立，由具有一定规模的国家或地方超级计算中心，高性能计算应用单位，从事超级计算相关技术和产品的研发、制造、推广、服务的企业、大学、科研机构等具备独立法人资格的单位或其他组织类机构，按照"平等自愿、统一规划、合理分工、权利义务对等、开放共享"的原则组成。超级计算创新联盟挂靠在中国科学院计算机网络信息中心，理事长由钱德沛教授担任，秘书长由迟学斌研究员担任，副秘书长由谢向辉研究员担任。截至 2017 年，已有 61 家单位加入超级计算创新联盟，包括超级计算产学研用链条上的相关科研机构、高等院校及企事业单位。如图 7-23 所示。

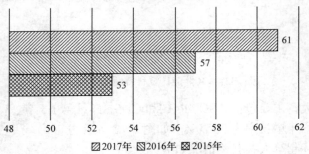

图 7-23　超级计算创新联盟成员单位数量

第 8 章　未来发展态势

"十二五"以来,我国科技创新从跟踪为主转向跟踪和并跑、领跑并存,正处于从量的积累向质的飞跃、从点的突破向系统能力提升的重要时期,在国家发展全局中的核心位置更加凸显。我国在全球创新版图中的地位进一步提升,已成为具有重要影响力的世界科技大国。

1. 千万亿次时代向百亿亿次时代发展

尽管在硬件、编程模型、软件方面有着诸多困难,但不出意外的话 E 级超级计算机应该在 2020 年左右面世。如今,美国、中国、日本及印度、俄罗斯和欧盟等都加入研发 E 级超级计算机的角逐。

2. 我国将进一步加大力度支持超级计算应用发展

应用是超级计算发展的驱动力,而应用水平则是一个国家信息技术能力的重要指标。我们必须结合科学研究、经济建设、社会发展、国防安全等对高性能计算的巨大需求,加大投入,加深和拓展超级计算应用,使得高性能计算应用发展与国民经济和国家重大战略需求相结合、相统一,充分发挥超级计算的社会效益。相信在戈登·贝尔奖的舞台上将会有更多的中国面孔出现。

3. 继续加强自主应用软件研发和改善高性能计算软环境

尽管计算能力迅猛发展,但超级计算软环境的改善更值得关注。超级计算机只有通过软件这个载体和工具,执行计算任务,得到计算结果,方可体现其自身价值。而且,应用软件的生命周期一般而言可持续几十年,但一般超级计算机的生命周期仅仅不过 5 年左右,研制应用软件的重要性和价值由此可见一斑。

因此,必须继续加强自主应用软件的研发和改善超级计算软环境,率先重点支持一些学科领域和行业的应用软件研发,提高其高性能计算应用水平和能力,以点带面发挥示范作用,逐步地不断改善我国高性能计算软环境,为我国科研创新、经济与社会发展提供强有力的计算技术手段和支撑服务。

4. 超级计算交叉复合型人才队伍不断壮大

超级计算应用的发展涉及多个层面和环节,需加强多学科的密切协作。物理建模、数值算法、并行软件编写、软硬件协同等均需进行专业和深入的研究，这无疑需要加强对超级计算交叉学科人才的培养。超级计算机软硬件已呈现出跨越式发展的趋势，对于系统运维和多学科应用人才的需求越来越强烈，对人才综合素质的要求也越来越高。为了更好地运维和使用超级计算机，必须从体制、机制上进行探索，大力培养超级计算综合应用人才，即可以较好地融合相关学科领域理论与方法及高性能计算技术的复合型人才。在全国针对各超级计算应用领域，特别是某些新兴应用(如精准医学、脑科学、深度学习等)，加大人才培养的投入力度，稳定相应的人才队伍，并面向未来适当储备人才，以应对超级计算应用的快速发展。

5. 发展适应多种需要的开放性的国家高性能计算环境

为促进国家高性能计算环境的进一步发展，必须朝着开放、适应面更广的方向发展。把握机遇，加快与云计算、大数据及人工智能的融合，发挥超级计算的更大价值，为新兴领域提供多样化的高性能计算环境。

附录 1　名 词 术 语

TOP500：对全球已安装的超级计算机"排座次"的权威排行榜。从 1993 年起，由 TOP500 国际组织以实测计算速度为基准进行排名，每半年发布一次。

LINPACK：国际上最流行的用于测试高性能计算机系统浮点性能的基准。通过利用高性能计算机，用高斯消元法求解 N 元一次稠密线性代数方程组的测试，评价高性能计算机的浮点性能。TOP500 就是根据 LINPACK 进行排名。

TFlops：常用于描述超级计算机的浮点运算速度，1TFlops=每秒 1 万亿次浮点运算。

PFlops：1PFlops=每秒千万亿次浮点运算。

E 级：Exa-scale，百亿亿次。

TB：计算机中的一种储存单位，1TB=1024GB。

PB：计算机中的一种储存单位，1PB=1024TB。

GPU：graphic processing unit 的简写，即图形处理器。

HPC：high performance computing 的简写，即高性能计算。

NSFC：National Nature Science Foundation of China 的简写，即国家自然科学基金委员会。

计算账号：超级计算系统使用过程中的一种身份标识，简称账号。

用户：计算账号的申请人或课题组，用户数量等于计算账号数量。

作业：用户提交至高性能计算机系统上进行计算的任务。

计算规模：通常指一个作业同时使用的处理器核心的数量。

Walltime：(作业结束时间—作业开始时间)×占用 CPU 核心数，单位为 CPU 核小时。

机时：即 CPU 核小时，通常指作业运行过程中所消耗的 CPU 时间。

附录 2 国家高性能计算环境发展水平综合评价指标重要性调查问卷

尊敬的＿＿＿＿＿＿专家：

您好！

为了能合理地评价超级计算应用发展状况以及国家高性能计算环境发展水平，特向您征询意见，咨询您对各评价指标权重的看法。请结合您自身的观点完成指标重要性及部分指标临界值调查，您的意见对高性能计算环境的评价具有重要价值，感谢您的支持与配合！

请您最迟于 2017 年 7 月 10 日之前将本调查问卷反馈给我们。如是电子版请直接发送到邮箱 liulp@cnic.cn，如是纸质版请快递到如下地址(可到付)：

北京市海淀区中关村南四街 4 号中国科学院软件园区 2 号楼 刘利萍(收)

如您在填写过程中，有任何问题、意见及建议，欢迎随时联系我们。

一、超级计算应用指标重要性调查

(一) 一级指标重要性调查

在超级计算应用水平评价中，拟从"平台应用能力""高性能计算应用获奖""服务科研项目""国家及地方政府投入资金""用户发表论文""社会效益"6 个维度进行评价，请您对以上指标按重要性由高到低进行排序，并将排序后指标序号分别填在对应空格中(1—6 重要性依次递减)，同等重要可用相同序号，下同。

表 1　超级计算应用一级指标重要性排序

指标	平台应用能力	高性能计算应用获奖	服务科研项目	国家及地方政府投入资金	用户发表论文	社会效益
重要性序号						

(二) 二级指标重要性调查

1. 平台应用能力维度

在超级计算应用水平评价中，拟采用"应用最大并行核数""科研教育应用软件数""企业应用软件数""政府应用软件数""作业完成情况"5个指标对平台应用能力进行评价,请您对以上指标按重要性由高到低进行排序,并将排序后指标序号分别填在对应空格中(1—5重要性依次递减)。

表2　平台应用能力二级指标重要性排序

指标	应用最大并行核数	科研教育应用软件数	企业应用软件数	政府应用软件数	作业完成情况
重要性序号					

2. 高性能计算应用获奖维度

在超级计算应用水平评价中,拟采用"国家自然科学奖""国家科学技术进步奖""国家技术发明奖""国际奖""省部级奖"5个指标对高性能计算应用获奖进行评价,请您对以上指标按重要性由高到低进行排序,并将排序后指标序号分别填在对应空格中(1—5重要性依次递减)。

表3　高性能计算应用获奖二级指标重要性排序

指标	国家自然科学奖	国家科学技术进步奖	国家技术发明奖	国际奖	省部级奖
重要性序号					

3. 服务科研项目维度

在超级计算应用水平评价中,拟采用"国家重大项目""国家重点研发计划项目""国家自然科学基金项目""省部级项目""其他项目"5个指标对服务科研项目进行评价,请您对以上指标按重要性由高到低进行排序,并将排序后指标序号分别填在对应空格中(1—5重要性依次递减)。

表4　服务科研项目二级指标重要性排序

指标	国家重大项目	国家重点研发计划项目	国家自然科学基金项目	省部级项目	其他项目
重要性序号					

4. 国家及地方政府投入资金维度

在超级计算应用水平评价中,拟采用"科技部投入资金额""国家自然科学基金委员会投入资金额""地方政府投入资金额""其他机构投入资金额"4 个指标对国家及地方政府投入资金进行评价，请您对以上指标按重要性由高到低进行排序，并将排序后指标序号分别填在对应空格中(1—4 重要性依次递减)。

表 5　国家及地方政府投入资金二级指标重要性排序

指标	科技部投入资金额	国家自然科学基金委员会投入资金额	地方政府投入资金额	其他机构投入资金额
重要性序号				

5. 用户发表论文维度

在超级计算应用水平评价中，拟采用"SCI 及 EI 论文篇数""核心期刊论文篇数""SC 及 PPoPP 大会录取论文篇数""HPCChina 大会录取论文篇数"4 个指标对用户发表论文进行评价，请您对以上指标按重要性由高到低进行排序，并将排序后指标序号分别填在对应空格中(1—4 重要性依次递减)。

表 6　用户发表论文二级指标重要性排序

指标	SCI 及 EI 论文篇数	核心期刊论文篇数	SC 及 PPoPP 大会录取论文篇数	HPCChina 大会录取论文篇数
重要性序号				

6. 社会效益维度

在超级计算应用水平评价中，拟采用"为企业节省资金额""研制周期缩短时间""国际领先的应用领域个数""高性能计算科普活动参加人数""国内超算大赛报名队伍数""国际超算大赛获奖情况""超级计算创新联盟成员单位数量"7 个指标对社会效益进行评价，请您对以上指标按重要性由高到低进行排序，并将排序后指标序号分别填在对应空格中(1—7 重要性依次递减)。

表 7　社会效益二级指标重要性排序

指标	为企业节省资金额	研制周期缩短时间	国际领先的应用领域个数	高性能计算科普活动参加人数	国内超算大赛报名队伍数	国际超算大赛获奖情况	超级计算创新联盟成员单位数量
重要性序号							

(三) 三级指标重要性调查

1. 科研教育应用软件数维度

在平台应用能力评价中,拟采用"开源软件数""商业软件数""国产软件数" 3 个指标对科研教育应用软件数进行评价,请您对以上指标按重要性由高到低进行排序,并将排序后指标序号分别填在对应空格中(1—3 重要性依次递减)。

表 8　科研教育应用软件数三级指标重要性排序

指标	开源软件数	商业软件数	国产软件数
重要性序号			

2. 企业应用软件数维度

在平台应用能力评价中,拟采用"开源软件数""商业软件数""国产软件数" 3 个指标对企业应用软件数进行评价,请您对以上指标按重要性由高到低进行排序,并将排序后指标序号分别填在对应空格中(1—3 重要性依次递减)。

表 9　企业应用软件数三级指标重要性排序

指标	开源软件数	商业软件数	国产软件数
重要性序号			

3. 政府应用软件数维度

在平台应用能力评价中,拟采用"开源软件数""商业软件数""国产软件数" 3 个指标对政府应用软件数进行评价,请您对以上指标按重要性由高到低进行排序,并将排序后指标序号分别填在对应空格中(1—3 重要性依次递减)。

表 10　政府应用软件数三级指标重要性排序

指标	开源软件数	商业软件数	国产软件数
重要性序号			

4. 作业完成情况维度

在平台应用能力评价中,拟采用"百核规模""千核规模""万核规模""十万核规模" 4 个指标对作业完成情况进行评价,请您对以上指标按重要性由高到低进行排序，并将排序后指标序号分别填在对应空格中(1—4 重要性依次递减)。

表 11　作业完成情况三级指标重要性排序

指标	百核规模	千核规模	万核规模	十万核规模
重要性序号				

5. 国家自然科学基金项目维度

在服务科研项目评价中，拟采用"重大项目""重点项目""面上项目""青年项目" 4 个指标对国家自然科学基金项目进行评价，请您对以上指标按重要性由高到低进行排序，并将排序后指标序号分别填在对应空格中(1—4 重要性依次递减)。

表 12　国家自然科学基金项目三级指标重要性排序

指标	重大项目	重点项目	面上项目	青年项目
重要性序号				

(四) 特殊指标权重调查

1. 国家自然科学奖维度

在高性能计算应用获奖评价中，拟采用"一等奖数量""二等奖数量" 2 个指标对国家自然科学奖进行评价，请您直接填入指标权重，要求权重和为 1，例如(0.7，0.3)。

表 13　国家自然科学奖三级指标权重

指标	一等奖数量	二等奖数量
指标权重		

2. 国家科学技术进步奖维度

在高性能计算应用获奖评价中，拟采用"特等奖数量""一等奖数量""二等奖数量" 3 个指标对国家科学技术进步奖进行评价，请您直接填入指标权重，要求权重和为 1，例如(0.5，0.3，0.2)。

表 14 国家科学技术进步奖三级指标权重

指标	特等奖数量	一等奖数量	二等奖数量
指标权重			

3. 国家技术发明奖维度

在高性能计算应用获奖评价中，拟采用"一等奖数量""二等奖数量"2 个指标对国家技术发明奖进行评价，请您直接填入指标权重，要求权重和为 1，例如 (0.7，0.3)。

表 15 国家技术发明奖三级指标权重

指标	一等奖数量	二等奖数量
指标权重		

二、高性能计算环境发展指标重要性调查

(一) 一级指标重要性调查

在高性能计算环境发展水平评价中，拟从"系统能力""服务能力""人员能力""超级计算应用水平"4 个维度进行评价，请您对以上指标按重要性由高到低进行排序，并将排序后指标序号分别填在对应空格中(1—4 重要性依次递减)。

表 16 高性能计算环境发展一级指标重要性排序

指标	系统能力	服务能力	人员能力	超级计算应用水平
重要性序号				

(二) 二级指标重要性调查

1. 系统能力维度

在高性能计算环境发展水平评价中，拟采用"计算""存储""通信"3 个指标对系统能力进行评价，请您对以上指标按重要性由高到低进行排序，并将排序后指标序号分别填在对应空格中(1—3 重要性依次递减)。

表 17 系统能力二级指标重要性排序

指标	计算	存储	通信
重要性序号			

2. 服务能力维度

在高性能计算环境发展水平评价中, 拟采用 "网络环境" "系统在线情况" "开通用户账号数" "服务用户单位数" "用户培训人数" 5 个指标对服务能力进行评价, 请您对以上指标按重要性由高到低进行排序, 并将排序后指标序号分别填在对应空格中(1—5 重要性依次递减)。

表 18　服务能力二级指标重要性排序

指标	网络环境	系统在线情况	开通用户账号数	服务用户单位数	用户培训人数
重要性序号					

3. 人员能力维度

在高性能计算环境发展水平评价中, 拟采用 "专职人员" "学生培养" "国际学术交流" 3 个指标对人员能力进行评价, 请您对以上指标按重要性由高到低进行排序, 并将排序后指标序号分别填在对应空格中(1—3 重要性依次递减)。

表 19　人员能力二级指标重要性排序

指标	专职人员	学生培养	国际学术交流
重要性序号			

(三) 三级指标重要性调查

1. 计算维度

在系统能力评价中, 拟采用 "CPU 计算能力" "协处理器能力" "内存总容量" 3 个指标对计算进行评价, 请您对以上指标按重要性由高到低进行排序, 并将排序后指标序号分别填在对应空格中(1—3 重要性依次递减)。

表 20　计算三级指标重要性排序

指标	CPU 计算能力	协处理器能力	内存总容量
重要性序号			

2. 存储维度

在系统能力评价中, 拟采用 "在线存储总容量" "I/O 聚合带宽" 2 个指标对存储进行评价，请您对以上指标按重要性由高到低进行排序，并将排序后指标序号分别填在对应空格中(1—2 重要性依次递减)。

表 21　存储三级指标重要性排序

指标	在线存储总容量	I/O 聚合带宽
重要性序号		

3. 网络环境维度

在服务能力评价中，拟采用"网络出口带宽""网络延迟""网络可靠性" 3 个指标对网络环境进行评价，请您对以上指标按重要性由高到低进行排序，并将排序后指标序号分别填在对应空格中(1—3 重要性依次递减)。

表 22　网络环境三级指标重要性排序

指标	网络出口带宽	网络延迟	网络可靠性
重要性序号			

4. 系统在线情况维度

在服务能力评价中，拟采用"登录结点的可访问情况"、"结点处的网格服务器的可访问情况" 2 个指标对系统在线情况进行评价，请您对以上指标按重要性由高到低进行排序，并将排序后指标序号分别填在对应空格中(1—2 重要性依次递减)。

表 23　系统在线情况三级指标重要性排序

指标	登录结点的可访问情况	结点处的网格服务器的可访问情况
重要性序号		

5. 专职人员维度

在人员能力评价中，拟采用"高级职称职工占总职工人数的百分比""具有博士学位职工占总职工人数的百分比" 2 个指标对专职人员进行评价，请您对以上指标按重要性由高到低进行排序，并将排序后指标序号分别填在对应空格中(1—2 重要性依次递减)。

表 24　专职人员三级指标重要性排序

指标	高级职称职工占总职工人数的百分比	具有博士学位职工占总职工人数的百分比
重要性序号		

6. 学生培养维度

在人员能力评价中，拟采用"硕士毕业人数""博士毕业人数"2 个指标对学生培养进行评价，请您对以上指标按重要性由高到低进行排序，并将排序后指标序号分别填在对应空格中(1—2 重要性依次递减)。

表 25　学生培养三级指标重要性排序

指标	硕士毕业人数	博士毕业人数
重要性序号		

7. 国际学术交流维度

在人员能力评价中，拟采用"来访总人次""出访总人次""出访专家报告次数""邀请国外专家报告次数""举办国际会议次数""国际参展次数"6 个指标对国际学术交流进行评价，请您对以上指标按重要性由高到低进行排序，并将排序后指标序号分别填在对应空格中(1—6 重要性依次递减)。

表 26　国际学术交流三级指标重要性排序

指标	来访总人次	出访总人次	出访专家报告次数	邀请国外专家报告次数	举办国际会议次数	国际参展次数
重要性序号						

三、指标无量纲化临界值调查

指标数据无量纲化是指标合成的前提。无量纲化需要用到各指标的满意值和不允许值。为了超级计算应用发展评价以及国家高性能计算环境发展水平评价过程的顺利进行，请您结合自身看法，分别给出三级指标及部分二级指标在国家水平取值的满意值(可以得满分的指标数值)与不允许值(可以得及格分的指标数值)。

（一）超级计算应用水平指标临界值

1. 二级指标临界值调查

表 27 超级计算应用二级指标临界值调查表

所属一级指标	指标	单位	满意值	不允许值
平台应用能力	应用最大并行核数	CPU 核		
高性能计算应用获奖	国际奖	个		
	省部级奖	个		
服务科研项目	国家重大项目	个		
	国家重点研发计划项目	个		
	省部级项目	个		
	其他项目	个		
国家及地方政府投入资金	科技部投入资金额	万元		
	国家自然科学基金委员会投入资金额	万元		
	地方政府投入资金额	万元		
	其他机构投入资金额	万元		
用户发表论文	SCI 及 EI 论文篇数	篇		
	核心期刊论文篇数	篇		
	SC 及 PPoPP 大会录取论文篇数	篇		
	HPCChina 大会录取论文篇数	篇		
社会效益	为企业节省资金额	万元		
	研制周期缩短时间	年		
	国际领先的应用领域个数	个		
	高性能计算科普活动参加人数	人次		
	国内超算大赛报名队伍数	支		
	国际超算大赛获奖情况	个		
	超级计算创新联盟成员单位数量	个		

2. 三级指标临界值调查表

表 28　超级计算应用三级指标临界值调查表

所属二级指标	指标	单位	满意值	不允许值
科研教育应用软件数	开源软件数	个		
	商业软件数	个		
	国产软件数	个		
企业应用软件数	开源软件数	个		
	商业软件数	个		
	国产软件数	个		
政府应用软件数	开源软件数	个		
	商业软件数	个		
	国产软件数	个		
作业完成情况	百核规模	作业个数×作业平均时长（小时）		
	千核规模	作业个数×作业平均时长（小时）		
	万核规模	作业个数×作业平均时长（小时）		
	十万核规模	作业个数×作业平均时长（小时）		
国家自然科学奖	一等奖数量	个		
	二等奖数量	个		
国家科学技术进步奖	特等奖数量	个		
	一等奖数量	个		
	二等奖数量	个		
国家技术发明奖	一等奖数量	个		
	二等奖数量	个		
国家自然科学基金项目	重大项目	个		
	重点项目	个		
	面上项目	个		
	青年项目	个		

(二) 高性能计算环境发展水平指标临界值

1. 二级指标临界值调查

表 29　高性能计算环境发展二级指标临界值调查表

所属一级指标	指标	单位	满意值	不允许值
服务能力	开通用户账号数	个		
	服务用户单位数	个		
	用户培训人数	人次		

2. 三级指标临界值调查表

表 30　高性能计算环境发展三级指标临界值调查表

所属二级指标	指标	单位	满意值	不允许值
计算	CPU 计算能力	TFlops		
	协处理器能力	TFlops		
	内存总容量	TB		
存储	在线存储总容量	TB		
	I/O 聚合带宽	GB/s		
通信	互连通信带宽	GB/s		
网络环境	网络出口带宽	MB		
	网络延迟	ms		
	网络可靠性	百分比		
系统在线情况	登录结点的可访问情况	百分比		
	结点处的网格服务器的可访问情况	百分比		
专职人员	高级职称职工占总职工人数的百分比	百分比		
	具有博士学位职工占总职工人数的百分比	百分比		
学生培养	硕士毕业人数	人		
	博士毕业人数	人		

续表

所属二级指标	指标	单位	满意值	不允许值
	来访总人次	次		
	出访总人次	次		
国际学术交流	出访专家报告次数	次		
	邀请国外专家报告次数	次		
	举办国际会议次数	次		
	国际参展次数	次		

四、国家级别指标数据计算方式调查

结合目前数据现状，可获得的评价指标数据均为各结点单位数据。为对国家高性能环境整体发展水平进行评价，可对结点单位数据采取加总求和、取结点水平最大值、取结点水平最小值、取结点水平平均值、取结点水平加权平均等方式得到国家层面数据，以衡量国家整体发展水平。对于明确的可加总指标，本次评价采取加总求和方式进行度量，对部分专业指标，请专家结合专业知识与自身经验，根据指标特点选择出一种衡量国家水平的合适的测度方式，并在所选方式下标注"√"。若选择方式为加权平均，请写明权重变量；若所列方式均不合适，请在其他方式一栏中填写您认为合适的方法。

表 31　国家级别指标数据计算方式调查表

所属上级指标	评价指标	单位	取结点单位最大值	取结点单位最小值	取结点单位平均值	取结点单位总和	取结点单位加权平均	其他方式请说明
平台应用能力	应用最大并行核数	CPU 核						
应用软件数	开源软件数	个						
	国产软件数	个						
	商业软件数	个						
作业完成情况	百核规模	作业个数×作业平均时长						
	千核规模	作业个数×作业平均时长						
	万核规模	作业个数×作业平均时长						
	十万核规模	作业个数×作业平均时长						

续表

所属上级指标	评价指标	单位	取结点单位最大值	取结点单位最小值	取结点单位平均值	取结点单位总和	取结点单位加权平均	其他方式请说明
社会效益	研制周期缩短时间	年						
计算	CPU 计算能力	TFlops						
	协处理器能力	TFlops						
	内存总容量	TB						
存储	在线存储总容量	TB						
	I/O 聚合带宽	GB/s						
通信	互连通信带宽	GB/s						
网络环境	网络出口带宽	MB						
	网络延迟	ms						
	网络可靠性	百分比						
系统在线情况	登录结点的可访问情况	百分比						
	结点处的网格服务器的可访问情况	百分比						

　　本次调查到此结束，感谢您在百忙之中抽出时间积极配合国家高性能计算环境发展水平评价指标重要性及临界值调查工作。谢谢您的积极参与，祝您生活愉快！

问卷填写人：＿＿＿＿＿＿＿＿＿＿
填写人单位：＿＿＿＿＿＿＿＿＿＿

后　　记

值此书定稿之际，满怀感恩之情，因为本书的完成得到了很多领导、专家和老师的无私帮助与大力支持。

首先，感谢科技部长期以来的大力支持，本书受益于"十三五"国家重点研发计划高性能计算专项"国家高性能计算环境服务化机制与支撑体系研究"项目的资金支持才得以面世。

特别感谢科技部高技术研究发展中心谈儒云高级项目主管、国家重点研发计划高性能计算专项总体专家组组长钱德沛教授、中国科学院计算机网络信息中心主任廖方宇研究员，在你们的精心指导与帮助下，本书内容得到丰富和完善。

衷心感谢《高性能计算环境发展水平评价体系》的 25 位顾问，你们多次现场开会讨论，发表各自的真知灼见，多次邮件往返就指标体系进行沟通。你们精益求精、严谨治学的态度，让我等受益匪浅。

特别感谢国家高性能计算环境(中国国家网格)19 家结点单位的领导及老师对本书的鼎力支持。虽然时间紧任务重，但你们认真、及时、有效地提供了相关数据与材料，本书内容才得以充实。

特别感谢承担"国家高性能计算环境服务化机制与支撑体系研究"项目的来自 24 家单位的老师的无私帮助与支持，尤其感谢承担课题 5"超级计算应用综合评价体系建设与研究"的中央财经大学胡永宏副教授和秦晨研究生、山东大学龚斌教授、上海交通大学网络中心林新华副主任和韦建文老师、吉林省计算中心叶冠世主任和孙贺老师等。

特别向我国高性能计算环境各应用领域用户表示最崇高的敬意。正因为有你们辛勤耕耘并取得诸多超级计算应用成果，我国高性能计算环境发展才成效显著，本书的相关数据也才更有说服力。尤其感谢本书中 100 个典型应用和 5 个入围戈登·贝尔奖应用的科学家及所在单位，由衷钦佩你们取得了创新成果。特别说明，本着公开、促进应用发展的原则，经再三斟酌，典型应用成果中标注了主要完成人的姓名及当时完成成果所在的单位名称，如有冒犯恳请谅解。希望通过本书搭建一个交流与学习平台，让不同应用领域的科学家互相学习、互相促进，呈现百家争鸣、百花齐放之态势。

最后感谢关心我国高性能计算发展的社会各界同仁，我国超级计算发展所取得的成就，与你们一如既往的支持密不可分。

　　几代人怀着赤子报国之心，奋勇拼搏和团结协作，克服无数艰难与险阻，甚至付出了宝贵的生命，我国高性能计算机水平才走到了世界前列，实现了中国的超算梦。

　　在这也特别呼吁，希望更多热爱高性能计算事业的年轻人加入我们的行列，共同肩负起发展新时代国家战略科技力量的历史使命和责任担当，为创新型国家和世界科技强国建设，为实现"两个一百年"奋斗目标，不断做出应有的贡献。

　　最后，祝愿我国高性能计算环境发展取得更加辉煌的成就！

2018 年 4 月于北京